Python
数据分析
快速上手

王靖 商艳红 张洪波 卢军 编著

清华大学出版社
北京

内 容 简 介

本书通过通俗易懂的语言、丰富多彩的实例，详细介绍了使用 Python 进行数据分析应该掌握的各方面技术。本书内容包括 Python 基础，用 NumPy 进行数据计算，用 Pandas 进行数据分析，用 SciPy 进行数据分析，用 Scikit-learn 进行数据分析、数据预处理、数据可视化，用 Matplotlib 进行可视化等内容。本书示例丰富，所有涉及的程序代码都给出了详细的注释，读者可以轻松学习，快速提升开发技能。除此之外，本书还附配了教学视频、PPT 课件和全书示例源码。

本书适合数据分析的初学者、职场人士和所有对数据分析感兴趣的人员阅读，也适合作为大中专院校相关专业的教学用书。

图书在版编目（CIP）数据

Python 数据分析快速上手 / 王靖等编著. —北京：清华大学出版社，2024.1
ISBN 978-7-302-65175-8

Ⅰ. ①P… Ⅱ. ①王… Ⅲ. ①软件工具－程序设计 Ⅳ. ①TP311.561

中国国家版本馆 CIP 数据核字（2024）第 013932 号

责任编辑：王金柱
封面设计：王　翔
责任校对：闫秀华
责任印制：刘海龙

出版发行：清华大学出版社
　　　　　网　　　址：https://www.tup.com.cn，https://www.wqxuetang.com
　　　　　地　　　址：北京清华大学学研大厦 A 座　　　　　邮　　编：100084
　　　　　社 总 机：010-83470000　　　　　邮　　购：010-62786544
　　　　　投稿与读者服务：010-62776969，c-service@tup.tsinghua.edu.cn
　　　　　质 量 反 馈：010-62772015，zhiliang@tup.tsinghua.edu.cn

印 装 者：北京嘉实印刷有限公司
经　　销：全国新华书店
开　　本：190mm×260mm　　　　印　　张：19.5　　　　字　　数：526 千字
版　　次：2024 年 2 月第 1 版　　　　印　　次：2024 年 2 月第 1 次印刷
定　　价：89.00 元

产品编号：092617-01

前　　言

在当今这个信息爆炸的时代，数据已经成为我们生活中不可或缺的一部分。从社交媒体到电子商务，从医疗健康到金融投资，数据分析无处不在，它已经成为各行各业的核心竞争力。然而，对于许多初学者来说，数据分析似乎是一门高深莫测的学问，让人望而生畏。为了帮助初学者快速掌握数据分析的技能，我们编写了这本《Python 数据分析快速上手》。

本书的特色在于通俗易懂的语言和丰富多彩的实例。我们深知数据分析的学习曲线较为陡峭，因此特意采用了简洁明了的文字表述，力求让读者能够轻松理解。同时，我们还通过大量的实例来展示如何运用 Python 进行数据分析，让读者在学习过程中能够不断地巩固所学知识，提高自己的实际操作能力。

本书的内容涵盖了使用 Python 进行数据分析应该掌握的各方面技术。首先，从 Python 基础开始讲解，让读者熟悉 Python 的基本语法和常用库。接下来，详细介绍如何使用 NumPy 进行数据计算，包括数组、矩阵运算等。在此基础上，进一步讲解如何使用 Pandas 进行数据分析，包括数据读取、数据筛选、数据排序等。此外，还介绍如何使用 SciPy 进行数据分析，包括插值、拟合、优化等。为了让读者能够更好地应用机器学习算法进行数据分析，讲解如何使用 Scikit-learn 进行数据分析，包括分类、回归、聚类等。在数据处理的过程中，讲解数据预处理的方法，包括缺失值处理、异常值处理等。为了让读者能够更直观地了解数据分析的结果，讲解数据可视化的方法，包括折线图、柱状图、散点图等。最后，详细介绍如何使用 Matplotlib 进行可视化，让读者能够根据自己的需求绘制出美观的图表。书中还给出了项目实例，演示数据分析的工作流程，以使读者了解在面对实际数据时应如何运用所学工具和方法开展工作，从而提升实战技能。

本书面向的读者主要是数据分析初学者，包括在校学生、职场新人以及对数据分析感兴趣的其他人士。只要你对数据分析感兴趣，都可以从本书中获益。通过阅读本书，你将能够掌握使用 Python 进行数据分析的基本技能，为自己的职业生涯增添一项重要的竞争力。

本书还提供了丰富的学习资源，包括示例源码、PPT 课件和教学视频，扫描下方二维码即可下载。如果读者在使用本书过程中遇到问题，可发邮件至 booksaga@126.com，邮件主题为"Python 数据分析快速上手"。

限于编者水平，书中难免存在疏漏之处，敬请广大读者指正。

编　者

2023 年 12 月

目　　录

第1章

构建 Python 开发环境

数据分析技能的掌握是一个循序渐进的过程，明确数据分析概念、分析流程和分析方法等相关知识是迈出数据分析的第一步。由于 Python 简单易学，并且提供了丰富的库，因此其已成为主流的数据分析工具。

本章我们首先简要介绍数据分析的目的，然后介绍数据分析基础语言 Python 的初步使用及其从各种文件中读取数据的方法。

1.1　理解数据分析

本节将介绍什么是数据分析，以及数据分析的目的和步骤。

1.1.1　数据分析是什么

数据分析是指利用合适的工具在统计学理论的支撑下，对数据进行一定程度的预处理，然后结合具体业务分析数据，帮助相关业务部门监控、定位、分析、解决问题，从而帮助企业高效决策，提高经营效率，发现业务机会点，让企业获得持续竞争的优势。

1. 数据分析简介

数据分析指用适当的统计、分析方法对收集来的大量数据进行分析，将它们加以汇总、理解并消化，以求最大化地开发数据的功能，发挥数据的作用。数据分析是为了提取有用信息和形成结论而对数据加以详细研究和概括总结的过程。

数据也称为观测值，是实验、测量、观察、调查等的结果。数据分析中所处理的数据分为定性数据和定量数据。只能归入某一类而不能用数值进行测度的数据称为定性数据。定性数据中表现为类别但不区分顺序的，是定类数据，如性别、品牌等；定性数据中表现为类别但区分顺序的，是定序数据，如学历、商品的质量等级等。定量数据是指以数量形式存在的数据，并因此可以对其进行测量，以物理量为例，距离、质量、时间等都是定量数据。

2. 数据分析的目的

数据分析的目的是把隐藏在一大批看似杂乱无章的数据中的信息集中和提炼出来，从而找出所研究对象的内在规律。在实际应用中，数据分析可帮助人们做出判断，以便采取适当行动。数据分析是有组织有目的地收集数据、分析数据，使之成为信息的过程。这一过程是质量管理体系的支持过程。在产品的整个生命周期，包括从市场调研到售后服务和最终处置的各个过程都需要适当运用数据分析过程，以提升有效性。例如设计人员在开始一个新的设计以前，要通过广泛的设计调查，分析所得数据以判定设计方向，因此数据分析在工业设计中具有极其重要的地位。

1.1.2 数据分析的步骤

数据分析主要有以下 5 个步骤。

1. 明确数据分析的思路

数据分析一定是带着某种业务目的的。它可能是要追踪一个新产品上线之后的用户使用情况，也可能是观察用户在某段时间的留存情况，还有可能是运营某种优惠券是否有效，等等。因此数据分析的思路首先是明确分析目的，确定要从哪几个角度进行分析，然后找到能够说明目的的指标。

比如想要验证最近运营的一批优惠券是否有效，我们可以从优惠券的领取情况和优惠券的使用情况两个方面进行分析，而优惠券的领取情况的指标可以细化为领取率，使用情况的指标可以细化为使用率、客单价等。

2. 数据的收集

在确定了此次数据分析的核心指标后，就要针对数据指标做数据收集。有些企业的数据准备非常充分，数据仓库、数据集市等早早就建设好了。有一些企业在数据分析上比较落后，那就需要我们自己做大量的前期数据收集工作：使用一些自己公司的或者第三方的数据分析工具进行埋点，拿到日志；或者使用数据库中的现有数据，比如订单数据、基础的用户信息，等等。

3. 数据的处理

数据处理是指对采集到的数据进行加工整理，如从大量的、可能杂乱无章的、难以理解的数据中抽取并推导出对解决问题有价值、有意义的数据，保证数据的一致性和有效性，是数据分析前必不可少的阶段。

一般的数据都需要进行一定的处理才能用于后续的数据分析工作，即使再"干净"的原始数据也需要先进行一定的处理才能使用。数据处理常用的方法有数据清洗、数据转化、数据抽取、数据合并、数据计算等。

4. 数据分析

数据分析是指用适当的分析方法及工具将收集的数据通过加工、整理和分析，使其转化为有价值的信息。

一般的数据分析我们可以通过 Excel 完成，而高级的数据分析就要采用专业的数据分析工具，常用的数据分析工具有 SPSS、SAS、Python、R 语言等。

5. 数据展现

通过数据分析，隐藏在数据内部的关系和规律就会逐渐浮现出来，之后即可通过图表呈现出来。常用的数据图表包括饼图、柱形图、折线图、条形图、散点图、雷达图等。当然，还可以进一步整理加工这些图表，使之变为我们所需要的图形，例如金字塔图、矩阵图、瀑布图、漏斗图、帕雷托图等。

多数情况下，人们更愿意接受图形这种数据展现方式，因为它能更加有效、直观地传递出分析师所要表达的观点。

1.2　安装 Python 及开发工具

由于本书介绍的是 Python 数据分析，因此要安装 Python 这个分析工具，本节我们简要介绍一下在不同操作系统上安装 Python 3 及相关开发工具的方法。

1.2.1　安装 Python 3

1. 在 Mac 上安装 Python

在 Mac 上安装 Python 3 的操作步骤如下：

步骤01 下载安装包：访问 http://www.python.org/download/，下载需要的 Python 版本。

步骤02 安装。一直单击"下一步"按钮即可。

步骤03 验证安装是否成功：终端输入 python version，查看 Python 当前的版本。

2. 在 Windows 上安装 Python

在 Windows 上安装 Python 的操作步骤如下：

步骤01 下载安装包：访问 http://www.python.org/download/ 下载需要的 Python 版本。若成功显示版本号，则表示 Python 安装成功。

步骤02 安装下载包：双击 exe 程序，依照提示安装即可。

提　示

安装前勾选 Add Python 3.8 to PATH，Python 会自动添加环境变量。如未勾选，需要进入系统设置手动配置环境变量。

步骤03 在 cmd 中输入如下命令验证是否安装成功：

```
python—version
```

若成功显示版本号，则表示 Python 安装成功。

3. 在 Linux 上安装 Python 3

一般情况下，Linux 都会预装 Python，但是这个预装的 Python 版本一般都非常低，很多 Python 的新特性都没有，必须重新安装新一点的版本。在 Linux 上安装 Python 3 的操作步骤如下：

步骤01 找到安装包：访问 http://www.python.org/download/，找到下载需要的 Python 版本地址。

步骤02 在 Linux 服务器下执行如下命令执行如下命令下载安装包：

```
wget "https://www.python.org/ftp/python/3.9.7/Python-3.9.7.tgz"
```

步骤03 执行如下命令解压安装包：

```
tar -xzf Python-3.9.7.tgz
```

步骤04 解压后执行如下命令进入 Python-3.9.7 目录：

```
cd Python-3.9.7
```

步骤05 安装程序。./configure、make 和 make install 是 Linux 中安装程序常用的三个命令。命令用来生成 make，为下一步的编译做准备。可以通过在 configure 后加上参数来对安装进行控制。

```
./configure
```

make 命令实际上就是编译源代码，并生成执行文件。

make install 命令用来进行安装。

```
make install
```

make install 实际上是把生成的执行文件复制到 Linux 系统中必要的目录下，比如复制到 /usr/local/bin 目录下，这样所有的 user（用户）就都能运行这个程序了。

1.2.2　安装第三方开发工具

在安装完成 Python 后，为了提高开发效率，还可以安装相应的开发工具，如 PyCharm、Microsoft Visual Studio 等。

1. PyCharm

PyCharm 是由 JetBrains 公司开发的一款 Python 开发工具，在 Windows、macOS 和 Linux 操作系统中都可以使用。它具有语法高亮显示、Project（项目）管理代码跳转、智能提示、自动完成、调试、单元测试和版本控制等一般开发工具都具有的功能。另外，它还支持在 Django（Python 的 Web 开发框架）下进行 Web 开发。

注　意
本文后续的代码主要在 PyCharm 中完成。

2. Microsoft Visual Studio

Microsoft Visual Studio 是 Microsoft（微软）公司开发的用于进行 C# 和 ASP.NET 等应用的开发工具。Visual Studio 也可以作为 Python 的开发工具，只需要在安装时选择安装 PTVS 插件即可。安装 PTVS 插件后，在 Visual Studio 中就可以进行 Python 应用开发了。

1.2.3　认识 Python 程序

本节我们先来认识一下 Python 程序，了解 Python 程序的构成，使初学者对 Python 有一个初步印象，以便于今后的学习。

以下是一个简单的计算圆的面积的 Python 程序：

```python
import math
r = float(input("请输入圆的半径: "))
area = math.pi * math.pow(r, 2)
print("圆的面积为: ", area)
```

这个程序可以计算给定半径的圆的面积。程序首先使用 import 关键字导入 Python 的 math 模块，以便在程序中使用数学常量 pi 和 pow 函数，pow 函数用来计算半径的平方。

在 Python 中，import 语句用来引入其他模块或库的功能，使得我们可以在自己的程序中直接使用这些功能，而不需要重新编写它们。

当我们在程序中使用 import 关键字时，Python 会执行以下操作：

（1）Python 在当前工作目录中寻找指定的模块或库。

（2）如果在当前目录下没有找到指定的模块或库，则会在 Python 的标准库路径中继续寻找。

（3）如果在 Python 的标准库路径中也没有找到指定的模块或库，则会尝试查找用户自定义的路径。

（4）一旦 Python 找到指定的模块或库，就会加载和执行它，并将它的命名空间中的所有对象全部导入当前程序的命名空间中。对于比较大的模块或库，通常只需要引入其中的一部分功能。在这种情况下，可以使用 import 语句后面跟上 from 关键字和模块或库中需要引入的具体功能。例如，如果我们只需要使用 Python 的 math 库中的 pi 常数和 sqrt 函数，那么可以这样写：

```
from math import pi, sqrt
```

这样，我们就只能使用 math 库中的 pi 常数和 sqrt 函数，而不是整个 math 库的所有功能。这样可以提高程序的运行效率和可读性。

然后，代码会要求用户输入圆的半径。我们使用 float()函数将用户输入的字符串转换为浮点数，并将其保存在变量 r 中。之后，使用公式 πr^2 计算圆的面积，并将结果保存在变量 area 中。

最后，程序会使用 print()函数将计算出的圆的面积打印在屏幕上。

要运行这个程序，我们可以将代码保存在一个以.py 为扩展名的文件中，例如 area.py。打开控制台或终端，并在程序所在的目录下输入以下命令：

```
python area.py
```

程序将会交互式运行，在控制台上提示用户输入半径的值。

这是一个非常简单的示例，但它演示了 Python 的基本语法和功能。我们看到，一个 Python 程序包括很多内容，如变量、函数、字符串等，这些概念我们会在后续的内容中详细介绍。

如果你刚开始学习 Python，请试着把这个程序打印出来并检查每一行的作用，以便更好地理解 Python 程序的工作方式。

1.3　Python 语言基础

本节详细介绍 Python 的语法特点，然后介绍 Python 中的保留字、标识符、变量、基本数据类型及数据类型间的转换，接下来介绍运算符与表达式，最后介绍通过输入和输出函数进行交互的方法。

1.3.1　初识 Python 语法

学习 Python 首先需要了解它的语法特点，如注释规则、代码缩进、编码规范等。下面将详细介绍 Python 的这些语法特点。

1. 注释

在程序中，注释就是对代码的解释和说明，让他人了解该段代码实现的功能，从而帮助程序员更好地阅读代码。注释的内容将被 Python 解释器忽略，并不会在执行结果中体现出来。

在 Python 中，通常包括 3 种类型的注释，分别是单行注释、多行注释和中文编码声明注释。

1）单行注释

在 Python 中，使用 "#" 作为单行注释的符号。从符号 "#" 开始直到换行为止，"#" 后面所有的内容都作为注释的内容，并被 Python 解释器忽略。

例如：

```
# 要求输入体重，单位为 kg，如 65
weight=float（input（"请输入您的体重："））
```

2）多行注释

在 Python 中，没有一个单独的多行注释标记，而是将包含在一对三引号（'''……'''）或者（"""……"""）之间，并且不属于任何语句的内容都视为注释，这样的内容将被解释器忽略。由于这样的代码可以分为多行编写，所以也称为多行注释。

语法格式如下：

```
'''
注释内容 1
注释内容 2
……
'''
```

多行注释通常用来为 Python 文件、模块、类或者函数等添加版权、功能等信息。例如，下面代码将使用多行注释为 demo.py 文件添加版权、功能及修改日志等信息：

```
'''
@版权所有：百度科技有限公司◎版权所有
@文件名：demo.py
@文件功能描述：根据身高、体重计算 BMI 指数
@修改日期：2020 年 7 月 20 日
'''
```

注　意

在 Python 中，三引号（'''……'''）或者（"""……"""）是字符串定界符。如果三引号作为语句的一部分出现时就不是注释，而是字符串，这一点要注意区分。

例如，如下所示的代码为多行注释：

```
'''
@文件功能描述：根据身高、体重计算 BMI 指数
@创建人：李明
@修改日期：2020 年 7 月 20 日
'''

如下所示的代码为字符串：

print('''''根据身高、体重计算 BMI 指数''')
```

2. 代码缩进

Python 不像其他程序设计语言（如 Java 或者 C 语言）采用花括号（{}）分隔代码块，而是采用代码缩进和冒号（：）区分代码之间的层次。

在 Python 中，对于类定义、函数定义、流程控制语句、异常处理语句等，行尾的冒号和下一行的缩进表示一个代码块的开始，而缩进结束则表示一个代码块的结束。

例如，下面代码中的缩进为正确的缩进.

```
height=float(input("请输入您的身高："))      # 输入身高
weight=float(input("请输入您的体重："))      # 输入体重
bmi=weight/(height*height)                   # 计算 BMI 指数
```

Python 对代码的缩进要求非常严格，同一个级别的代码块的缩进量必须相同。如果不采用合理的代码缩进，将抛出 SyntaxError 异常。例如，代码中的缩进量有的是 4 个空格，有的是 3 个空格，就会出现 SyntaxError 错误。

3. 编码规范

Python 采用 PEP8 作为编码规范，PEP8 中的 "8" 表示版本号。下面给出 PEP8 编码规范中的一些应该严格遵守的条目。

● 每个 import 语句只导入一个模块，尽量避免一次导入多个模块。推荐的写法为：

```
import os
import sys
```

不推荐的写法为：

```
import os,sys
```

● 不要在行尾添加分号（；），也不要用分号将两条命令放在同一行。以下写法所示的代码为不规范的写法。

```
height=float(input("请输入您的身高"));
```

● 建议每行不超过 80 个字符。导入模块的语句不宜过长，注释里的 URL 除外。

如果导入模块的语句超过 80 个字符，建议使用圆括号（()）将多行内容隐式地连接起来，不推荐使用反斜杠（\）进行连接。例如，如果一个字符串文本不能在一行上完全显示，那么可以使用圆括号将其分行显示，代码如下：

```
S =("我一直认为我是一只蜗牛。我一直在爬，也许还没有爬到金字塔的顶端。"
"但是只要你在爬，就足以给自己留下令生命感动的日子。")
```

以下通过反斜杠（\）进行连接的做法是不推荐使用的。

```
S=("我一直认为我是一只蜗牛。我一直在爬，也许还没有爬到金字塔的顶端。\
但是只要你在爬，就足以给自己留下令生命感动的日子。")
```

- 使用必要的空行可以增加代码的可读性。一般在顶级定义（如函数或者类的定义）之间空两行，而在方法定义之间空一行。另外，在用于分隔某些功能的位置也可以空一行。
- 通常情况下，运算符两侧、函数参数之间、圆括号两侧建议使用空格进行分隔。
- 应该避免在循环中使用"+"和"+="运算符累加字符串。这是因为字符串是不可变的，这样做会创建不必要的临时对象。推荐将每个子字符串加入列表，然后在循环结束后使用 join()方法连接列表。
- 适当使用异常处理结构提高程序容错性，但不能过多依赖异常处理结构，适当的显式判断还是有必要的。

提　示
在编写 Python 程序时，建议严格遵循 PEP8 编码规范。完整的 Python 编码规范请参考 PEP8。

1.3.2　保留字与标识符

1. 保留字

保留字是 Python 语言中的已经被赋予特定意义的单词。开发程序时，不可以把这些保留字作为变量、函数、类、模块和其他对象的名称来使用。Python 语言中的保留字如表 1.1 所示。

表1.1　Python中的保留字

and	as	assert	break	class	Continue
def	del	elif	else	except	Finally
for	from	False	global	if	import
in	is	lambda	nonlocal	not	None
or	pass	raise	return	try	True
while	with	yield			

> **注　意**
>
> Python 中所有保留字是区分字母大小写的。例如，if 是保留字，但 IF 就不是保留字。

2. 标识符

标识符可以简单地理解为一个名字，比如每个人都有自己的名字，它主要用来标识变量、函数、类、模块和其他对象的名称。

Python 语言标识符命名规则如下：

- 由字母、下画线（_）和数字组成。第一个字符不能是数字，目前 Python 只允许使用 ISO-Latin 字符集中的字符 A～Z 和 a～z。
- 不能使用 Python 中的保留字。
- 区分字母大小写。

在 Python 中，标识符中的字母是严格区分大小写的，两个同样的单词，如果大小写格式不一样，所代表的意义是完全不同的。

- Python 中以下画线开头的标识符有特殊意义，一般应避免使用相似的标识符。

以单下画线开头的标识符（如_width）表示不能直接访问的类属性，也不能通过 from xxx import *导入；以双下画线开头的标识符（如__add）表示类的私有成员；以双下画线开头和结尾的标识符是 Python 中专用的标识符，如__init__()表示构造函数。

1.3.3　变量

变量是存放数据值的容器。与其他编程语言不同，Python 没有声明变量的命令。首次赋值时，才会创建变量。在 Python 中，不需要先声明变量名及其类型，直接赋值即可创建各种类型的变量。但是变量的命名并不是任意的，应遵循以下几条规则：

- 变量名必须是一个有效的标识符。
- 变量名不能使用 Python 中的保留字。
- 慎用小写字母 l 和大写字母 O。
- 应选择有意义的单词作为变量名。

为变量赋值可以通过等号（=）来实现。语法格式为：

```
变量名=value
```

例如，创建一个整型变量，并为其赋值为 1024，可以使用下面的语句：

```
number=1024      # 创建变量 number 并赋值为 1024，该变量为数字型
```

　　这样创建的变量就是数字型的变量。如果直接为变量赋值一个字符串，那么该变量即为字符串类型。例如下面的语句：

```
nickname="唐家三少"  # 字符串类型的变量
```

　　另外，Python 是一种动态类型的语言，也就是说，变量的类型可以随时变化。例如，在 PyCharm 中，创建变量 nickname，首先为该变量赋值为字符串"唐家三少"，并输出该变量的类型，可以看到该变量为字符串类型；然后将该变量赋值为数值 1024，并输出该变量的类型，可以看到该变量为整型。执行过程如下：

```
>>>nickname="唐家三少"
>>>print(type (nickname))
<type'str'>
>>>nickname=1024
>>>print(type (nickname))
<type'int'>
```

提　　示
在 Python 语言中，使用内置函数 type()可以返回变量的类型。

　　在 Python 中，允许多个变量指向同一个值。例如，将两个变量都赋值为数值 2048，再分别应用内置函数 id()获取变量的内存地址，将得到相同的结果。执行过程如下：

```
>>>no=number=1024
>>>id(no)
140206854436088
>>>id(number)
140206854436088
```

提　　示
在 Python 语言中，使用内置函数 id()可以返回变量所指的内存地址。

注　　意
常量就是程序运行过程中值不能改变的量，比如现实生活中的居民身份证号码、数学运算中的 π 值等，这些都是不会发生改变的，它们都可以定义为常量。

1.3.4　基本数据类型

　　在内存中存储的数据可以有多种类型。例如，一个人的姓名可以用字符类型存储，年龄可以使用数字类型存储，婚姻状况可以使用布尔类型存储。这里的字符类型、数字类型、布尔类型都是 Python 语言中提供的基本数据类型。下面将详细介绍 Python 语言中的基本数据类型。

1. 数字类型

在 Python 语言中，数字类型主要包括整数、浮点数和复数。

1）整数

整数用来表示整数数值，即没有小数部分的数值。在 Python 语言中，整数包括正整数、负整数和 0，并且它的位数是任意的（当超过计算机自身的计算功能时，会自动转用高精度计算），如果要指定一个非常大的整数，只需要写出其所有位数即可。

整数类型包括十进制整数、八进制整数、十六进制整数和二进制整数。

- 十进制整数：是我们日常生活中采用的整数，由 0~9 组成，进位规则为"逢十进一"。例如，下面的数值都是有效的十进制整数。

```
31415926537932384626
666666666666
-2018
0
```

- 八进制整数：由 0~7 组成，进位规则为"逢八进一"，并且以 Oo/0O 开头，如 Oo123（转换成十进制数为 83）、-Oo123（转换成十进制数为-83）。
- 十六进制整数：由 0~9、A~F 组成，进位规则为"逢十六进一"，并且以 Ox/0X 开头，如 Ox25（转换成十进制数为 37）、0Xb0le（转换成十进制数为 45086）。
- 二进制整数：由 0 和 1 两个数组成，进位规则是"逢二进一"，如 101（转换成十制数为 5）、1010（转换成十进制数为 10）。

2）浮点数

浮点数由整数部分和小数部分组成，主要用于处理包含小数的数，例如：1.414、0.5、-1.732、3.1415926535897932384626 等。浮点数也可以使用科学记数法表示，例如：2.7e2、-3.14e5 和 6.16e-2 等。

3）复数

Python 中的复数与数学中的复数的形式完全一致，都是由实部和虚部组成，并且使用 j 或 J 表示虚部。当表示一个复数时，可以将其实部和虚部相加。例如，一个复数，实部为 3.14，虚部为 12.5j，则这个复数为 3.14+12.5j。

2. 字符串类型

字符串就是连续的字符序列，可以是计算机所能表示的一切字符的集合。在 Python 中，字符串属于不可变序列，通常使用单引号（''）、双引号（""）或者三引号（"""或""""""）引起来。这 3 种引号形式在语义上没有差别，只是在形式上有些差别。其中单引号和双引号中的字符序列必须在同一行上，而三引号内的字符序列可以分布在连续的多行上。例如，定义 3 个字符串类型变量，并且应用 print()函数输出，代码如下：

```
title='我喜欢的名言警句'                          # 使用单引号，字符串内容必须在同一行
mot_cn="命运给予我们的不是失望之酒，而是机会之杯。"   # 使用双引号，字符串内容必须在同一行
# 使用三引号，字符串内容可以分布在多行
mot_en='''Ourdestinyoffersnotthecupofdespair,
butthechanceofopportunity.'''
print(title)
print(mot_cn)
print(mot_en)
```

> **注　意**
>
> 字符串开始和结尾使用的引号形式必须一致。另外当需要表示复杂的字符串时，还可以嵌套使用引号。
>
> 例如，下面的字符串也都是合法的。
>
> '在 Python 中也可以使用双引号（""）定义字符串'
> "'(…)nnn'也是字符串"
> """---'"_"***"""

Python 中的字符串还支持转义字符。所谓转义字符是指使用反斜杠（\）对一些特殊字符进行转义。常用的转义字符如表 1.2 所示。

表1.2　常用的转义字符及其说明

转义字符	说　明
\	续行符
\n	换行符
\0	空
\t	水平制表符
\"	双引号
\'	单引号
\\	一个反斜杠
\f	换页
\0dd	八进制数
\xhh	十六进制数

3. 布尔类型

布尔类型主要用来表示真值和假值。在 Python 中，标识符 True 和 False 被解释为布尔值。另外，Python 中的布尔值可以转换为数值，True 表示 1，False 表示 0。

> **提　示**
>
> Python 中的布尔类型的值可以进行数值运算，例如，False+1 的结果为 1。但是不建议对布尔类型的值进行数值运算。

在 Python 中，所有的对象都可以进行真值测试。其中，只有下面列出的几种情况得到的值为假，其他对象在 if 或者 while 语句中得到的值都为真。

- False 或 None，数值中的 0 包括 0、0.0、虚数 0。
- 空序列，包括字符串、空元组、空列表、空字典。
- 自定义对象的实例，该对象的_bool__方法返回 False 或者_len_方法返回 0。

4. 数据类型转换

Python 是动态类型的语言，也称为弱语言类型语言，不需要像 Java 或者 C 语言一样在使用变量前声明变量的类型。虽然 Python 不需要先声明变量的类型，但有时仍然需要用到类型转换。

在 Python 中，提供了如表 1.3 所示的函数进行数据类型的转换。

表1.3　常用类型转换函数及其作用

函　　数	作　　用
Int(x)	将 x 转换成整数类型
Float(x)	将 x 转换成浮点数类型
Complex(real，[，imag])	创建一个复数
Str(x)	将 x 转换为字符串
Repr(x)	将 x 转换为表达式字符串
Evel(str)	计算在字符串中的有效 Python 表达式，并返回一个对象
Chr(x)	将整数 x 转换为一个字符
Ord(x)	将一个字符 x 转换为对应的整数值
hex()	将一个整数 x 转换为一个十六进制字符串
oct()	将一个整数 x 转换为一个八进制的字符串

1.3.5　运算符

运算符是一些特殊的符号，主要用于数学计算、比较大小和逻辑运算等。Python 的运算符主要包括算术运算符、赋值运算符、比较（关系）运算符、逻辑运算符和位运算符。下面介绍一些常用的运算符。

1. 算术运算符

算术运算符是处理四则运算的符号，在数字的处理中应用得非常多。Python 中常用的算术运算符如表 1.4 所示。

表1.4　算术运算符

运　算　符	说　　明	实　　例	结　　果
+	加	3.2+5.4	8.6
−	减	4.2−1.1	3.1
*	乘	2.5*3	7.5
/	除	7/2	3.5
%	求余	7%2	1
//	取整数	7//2	3
**	取幂	2**4	16

提　　示
在算术运算符中使用%求余，如果除数（第二个操作数）是负数，那么取得的结果也是一个负值。

2. 赋值运算符

赋值运算符主要用来为变量等赋值。使用时，可以直接把基本赋值运算符"="右边的值赋给左边的变量，也可以在进行某些运算后再赋值给左边的变量。Python 中常用的赋值运算符如表 1.5 所示。

表1.5　常用的赋值运算符

运　算　符	说　　明	举　　例	展开形式
=	简单的赋值运算	a=b	a=b
+=	加赋值	a+=b	a=a+b
−=	减赋值	a−=b	a=a−b
*=	乘赋值	a*=b	a=a*b
/=	除赋值	a/=b	a=a/b
%=	取余赋值	a%=b	a=a%b
**=	幂赋值	a**=b	a=a**b
//==	取整除赋值	a//==b	a=a//b

注　　意
混淆=和==是编程中最常见的错误之一。很多语言（不只是 Python）都使用了这两个符号，另外很多程序员也经常会用错这两个符号。

3. 比较运算符

比较运算符，也称关系运算符，用于对变量或表达式的结果进行大小、真假等比较，如果比较结果为真，则返回 True，如果为假，则返回 False。比较运算符通常用在条件语句中作为判断的依据。Python 中的比较运算符如表 1.6 所示。

表1.6　比较运算符

运　算　符	说　　明	实　　例	结　　果
>	大于	"a">"b"	False
<	小于	123<234	True
==	等于	"aa"=="aa"	True
!=	不等于	"y"!="t"	True
>=	大于或等于	345>=123	True
<=	小于或等于	12.34<=1.234	False

4. 逻辑运算符

逻辑运算符是对真和假两种布尔值进行运算，运算后的结果仍是一个布尔值。Python 中的逻辑运算符主要包括 and（逻辑与）、or（逻辑或）和 not（逻辑非）。表 1.7 列出了逻辑运算符的用法和说明。

表1.7　逻辑运算符

运　算　符	含　　义	用　　法	结合方向
and	逻辑与	op1 and op2	从左到右
or	逻辑或	op1or op2	从左到右
not	逻辑非	no top	从右到左

使用逻辑运算符进行逻辑运算时，其运算结果如表 1.8 所示。

表1.8　使用逻辑运算符进行逻辑运算的结果

表达式 1	表达式 2	表达式 1 and 表达式 2	表达式 1 or 表达式 2	not 表达式 1
True	True	True	True	False
True	False	Flase	True	False
False	Flase	False	False	True
False	True	False	True	True

5. 位运算符

位运算符是把数字看作二进制数来进行计算的，因此，需要先将要执行运算的数据转换为二进制，然后才能进行执行运算。Python 中的位运算符有位与（&）、位或（|）、位异或（^）、取反（～）、左移位（<<）和右移位（>>）运算符。

提　示

整型数据在内存中以二进制的形式表示，如 7 的 32 位二进制形式如下：

00000000000000000000000000000111

其中，左边最高位是符号位，若为 0 则表示正数，若为 1 则表示负数。负数采用补码表示，如-7 的 32 位二进制形式如下：

11111111111111111111111111111001

1）位与运算

位与运算的运算符为"&"，运算法则是：两个操作数的二进制表示，只有对应数位都是 1 时，结果数位才是 1，否则为 0；如果两个操作数的精度不同，则结果的精度与精度高的操作数相同。

2）位或运算

位或运算的运算符为"|"，运算法则是：两个操作数的二进制表示，只有对应数位都是 0，结果数位才是 0，否则为 1；如果两个操作数的精度不同，则结果的精度与精度高的操作数相同。

3）位异或运算

位异或运算的运算符是"^"，运算法则是：当两个操作数的二进制表示相同（同时为 0 或同时为 1）时，结果为 0，否则为 1；若两个操作数的精度不同，则结果数的精度与精度高的操作数相同。

4）位取反运算

取反运算也称位非运算，运算符为"~"。运算法则是：将操作数中对应的二进制数 1 修改为 0，0 修改为 1。

5）左移位运算

左移位运算的运算符是"<<"，运算法则是：将一个二进制操作数向左移动指定的位数，左边（高位端）溢出的位被丢弃，右边（低位端）的空位用 0 补充。左移位运算相当于乘以 2 的 n 次幂。

6. 运算符的优先级

所谓运算符的优先级，是指在应用中哪一个运算符先计算，哪一个后计算，与数学的四则运算应遵循的"先乘除，后加减"是一个道理。

Python 的运算符的运算规则是：优先级高的运算先执行，优先级低的运算后执行，同一优先级的操作按照从左到右的顺序进行。也可以像四则运算那样使用圆括号，括号内的运算最先执行。表 1.9 按从高到低的顺序列出了运算符的优先级，同一行中的运算符具有相同优先级，此时它们的结合方向决定求值顺序。

表1.9 运算符的优先级

运 算 符	说 明
**	幂
~、+、-	取反、正号、负号
*、/、%、//	算术运算符
+、-	算术运算符
<<、>>	位运算中的左移和右移

运　算　符	说　　明
&	位运算中的位与
^	位运算中的位异或
|	位运算中的位或
<、<=、>、>=、!=、==	比较运算符

提　示

在编写程序时尽量使用圆括号（()）来限定运算次序，避免运算次序发生错误。

1.3.6　基本输入与输出

从第一个 Python 程序开始，我们一直使用 print() 函数向屏幕上输出一些字符，这就是 Python 的基本输出函数。除了 print() 函数，Python 还提供了一个用于进行标准输入的 input() 函数，用于接收用户从键盘上输入的内容。

1. 使用 input() 函数输入

在 Python 中，使用内置函数 input() 可以接收用户的键盘输入，基本语法格式如下：

```
variable=input("提示文字")
```

其中，variable 为保存输入结果的变量，双引号内的文字用于提示要输入的内容。例如，想要接收用户输入的内容，并保存到变量 tip 中，可以使用下面的代码：

```
tip=input("请输入文字：")
```

在 Python 3.x 中，无论输入的是数字还是字符都将被作为字符串读取。如果想要接收数字，需要把接收到的字符串进行类型转换。例如，想要接收整型的数字并保存到变量 age 中，可以使用下面的代码：

```
age=int(input("请输入数字："))
```

2. 使用 print() 函数输出

默认的情况下，在 Python 中使用内置的 print() 函数将结果输出到 IDLE（Python 集成开发环境）或者标准控制台上，其基本语法格式如下：

```
print(输出内容)
```

其中，输出内容可以是数字和字符串（字符串需要使用引号括起来），此类内容将直接输出，也可以是包含运算符的表达式，此类内容将输出计算结果。例如：

```
a=10                          # 变量a，值为10
b=6                           # 变量b，值为6
```

```
print(6)                    # 输出数字 6
print(a*b)                  # 输出变量 a*b 的结果 60
print(aifa>belseb)          # 输出条件表达式的结果 10
print("成功的唯一秘诀：坚持到最后") # 输出字符串"成功的唯一秘诀：坚持到最后"
```

注　意

在 Python 中，默认情况下，一条 print()语句输出后会自动换行，如果想要一次输出多个内容，而且不换行，可以将要输出的内容使用英文半角状态的逗号分隔。例如下面的代码将在一行输出变量 a 和 b 的值：

```
print(a,b)# 输出变量 a 和 b，结果为 106
```

1.4　从文件中读取数据

使用 Python 进行数据分析，往往会从各类文件中读取数据，本节我们介绍使用 Python 从各类文件中读取数据的方法。注意，在介绍读取文件的程序时，使用了 Python 的数据分析相关库，如 NumPy、Pandas 等，这些库会在后续章节中详细介绍，本节读者只需了解如何在程序中使用它们即可。

1.4.1　Python 读取 CSV 文件

有时候数据是以 CSV 形式存储的，要处理数据需要先进行读取操作。以下为 CSV 文件的读取方法（基于 Python）。

1. 利用 NumPy 读取

利用 NumPy 读取 CSV 文件的代码如下：

```
# 导入 numpy 库，并简写为 np
import numpy as np
# 从指定路径的 CSV 文件中读取数据，使用逗号作为分隔符，跳过前 n 行，仅读取第 2 列和第 3 列的数据，并将结果存储在变量 data 中
data = np.loadtxt(open("路径.csv", "rb"), delimiter=",", skiprows=n, usecols=[2, 3])
```

其中，delimiter 是分隔符；skiprows 是跳过前 n 行；usecols 是读取的列数，例子中读取的是第 3、第 4 列。

2. 利用 Pandas 读取

利用 Pandas 读取 CSV 文件的代码如下：

```
# 导入 pandas 库，并简写为 pd
import pandas as pd
```
读取 CSV 文件，指定分隔符为逗号，自动推断表头，仅使用第 6 列数据其中：sep 相当于 delimiter，是分隔符，而这个函数中也包含分隔符，它属于备用的分隔符（csv 用不同的分隔符分隔数据），header 是列名，是每一列的名字，如果 header=1，将会以第二行作为列名，读取第二行以下的数据，usecols 是读取第几列。

```
data = pd.read_csv(r'C:\Users\lenovo\Desktop\parttest.csv', sep=',',
header='infer', usecols=[5])
```

其中，sep 相当于 delimiter，是分隔符，而这个函数中也包含分隔符，它属于备用的分隔符（csv 用不同的分隔符分隔数据），header 是列名，是每一列的名字，如果 header=1，将会以第二行作为列名，读取第二行以下的数据，usecols 是读取第几列。

值得注意的是，如果我们查看某个值，使用 print(data[1])是会报错的。如果想要读取全部数据，则可以使用如下代码：

```
array=data.values[0::,0::]   # 读取全部行、全部列
print(array[])               # array 是数组形式存储，顺序与 data 读取的数据顺序格式相同
```

3. 利用 Python I/O 读取

利用 Python I/O 读取 CSV 文件的代码如下：

```
import csv
filename='C:\\Users\\lenovo\\Desktop\\parttest.csv'
data = []
with open(filename) as csvfile:
    csv_reader = csv.reader(csvfile)    # 使用 csv.reader 读取 csvfile 中的文件
    header = next(csv_reader)           # 读取第一行每一列的标题
    for row in csv_reader:              # 将 csv 文件中的数据保存到 data 中
        data.append(row[5])            # 选择某一列加入 data 数组中
    print(data)
```

或者使用 DictReader，即第一行作为标签，代码如下：

```
import csv
with open(filename) as csvfile:
    reader = csv.DictReader(csvfile)
    column = [row['weight'] for row in reader]   # weight 同列的数据
print(column)
```

1.4.2 Python 读取 JSON 文件

JSON（JavaScript Object Notation，Java Script 对象表示法）是一种轻量级的数据交换格式，是基于 ECMAScript 的一个子集。使用 Python 操作 JSON 文件，主要有两种方法：一是 load()方法，用于读取 JSON 文件；二是 dump()方法，用于写入 JSON 文件。

1. 读取

读取 JSON 文件的代码如下：

```python
import json  # 导入 json 模块
with open('results_font.json', 'r', encoding='utf-8') as f:  # 以只读模式打开名
为'results_font.json'的文件，编码为'utf-8'
    a = json.load(f)  # 使用 json 模块的 load 函数将文件内容解析为 Python 对象，并将结果
赋值给变量 a
```

或者使用 load()方法，代码如下：

```python
import mmcv  # 导入 mmcv 库
# 使用 mmcv 库的 load 函数加载名为'result.json'的文件，并将结果赋值给变量 a
a = mmcv.load('result.json')
```

2. 写入

写入 JSON 文件的代码如下：

```python
# 定义一个字典 a，包含姓名、ID 和爱好信息
a = {
    "name": "dabao",
    "id": 123,
    "hobby": {
        "sport": "basketball",
        "book": "python study"
    }
}

# 将字典 a 转换为 JSON 格式的字符串
b = json.dumps(a)

# 打开一个名为'new_json.json'的文件，以写入模式
f2 = open('new_json.json', 'w')

# 将 JSON 格式的字符串写入文件
f2.write(b)

# 关闭文件
f2.close()
```

1.4.3　Python 读取数据库文件

Python 也可以读取数据库中储存的数据，下面将以 Python 读取 MySQL 数据库中的数据为例，向读者进行介绍。

首先安装读取 MySQL 的第三方库 PyMySQL，命令如下：

```
pip install pymysql
```

安装成功后，传入一个.py 文件，代码如下：

```
import pymysql
#连接数据库
link=pymysql.connect(
host = '127.0.0.1'                    # 连接本地默认地址，127.0.0.1
,user = 'root'                        # 用户名
,passwd='******'                      # 密码
,port= 3306                           # 端口，默认为 3306
,db='studentdb'                       # 数据库名称
,charset='utf8'                       # 字符编码
)
cur = link.cursor()                   # 生成游标对象
sql="SELECT * FROM Student "          # 写 SQL 语句
cur.execute(sql)                      # 执行 SQL 语句
data = cur.fetchall()                 # 通过 fetchall 方法获得数据
for i in data:                        # 循环遍历拿到数据
    print (i)
cur.close()                           # 关闭游标
link.close()                          # 关闭连接
```

读取到的数据内容如图 1.1 所示。

```
('01', '王丽', '女', datetime.datetime(1997, 9, 10, 0, 0)
('02', '陆君', '男', datetime.datetime(2000, 5, 25, 0, 0)
('03', '张三', '男', datetime.datetime(1996, 8, 12, 0, 0)
('04', '李四', '女', datetime.datetime(1999, 6, 13, 0, 0)
('05', '王丽', '女', datetime.datetime(2001, 3, 15, 0, 0)
```

图 1.1　读取到的数据内容

存储在数据库中的表文件如图 1.2 所示。

Sno	Sname	Ssex	Sbirthaday
1	王丽	女	1997/9/10
2	陆君	男	2000/5/25
3	张三	男	1996/8/12
4	李四	女	1996/6/13
5	王丽	女	2001/3/15

图 1.2　存储在数据库中的表文件

1.4.4　Python 保存数据文件

一般保存数据的方式有如下几种：

● 文件：TXT、CSV、Excel、JSON 等，保存的数据量小。

- 关系型数据库：MySQL、Oracle 等，保存的数据量大。
- 非关系型数据库：MongoDB、Redis 等，以键值对形式存储数据，保存数据量大。
- 二进制文件：保存爬取的图片、视频、音频等格式数据。

保存数据的方法主要有以下几种：

（1）使用 open()方法写入文件。

（2）保存数据到文件，写入列表或者元组数据：创建 writer 对象，使用 writerow()方法写入一行数据，使用 writerows()方法写入多行数据。写入字典数据：创建 DictWriter 对象，使用 writerow()方法写入一行数据，使用 writerows()方法写入多行数据。

（3）使用 Pandas 保存数据。Pandas 支持多种文件格式的读写，最常用的就是 CSV 和 Excel 数据的操作。因为直接读取的数据是数据框格式，所以 Pandas 在爬虫、数据分析中使用非常广泛。一般将爬取到的数据存储为 DataFrame 对象（DataFrame 是一个表格或者类似二维数组的结构，它的各行表示一个实例，各列表示一个变量）。

（4）保存到数据库。首先以二进制方打开文件，然后读取文件，把读取的二进制内容保存到数据库中。

首先，需要安装 pymysql 库，可以使用以下命令安装：

```
pip install pymysql
```

然后，使用以下代码将读取的内容保存到 MySQL 数据库中：

```python
import pymysql

# 连接到 MySQL 数据库
conn = pymysql.connect(host='localhost', user='your_username',
password='your_password', db='your_database', charset='utf8')
cursor = conn.cursor()

# 读取文件内容
with open(filePath[0], 'rb') as f:
    ss = f.read()

# 将文件内容插入数据库中
sql = "INSERT INTO your_table (column_name) VALUES (%s)"
cursor.execute(sql, (ss,))
conn.commit()

# 关闭数据库连接
cursor.close()
conn.close()
```

在实际操作中，请将 your_username、your_password、your_database、your_table 和 column_name 替换为实际的数据库信息。

1.5 本章小结

本章首先对数据分析进行了初步介绍，其次对 Python 的安装及语法特点进行了介绍，主要包括注释、代码缩进和编码规范，再介绍了 Python 中的保留字、标识符及定义变量的方法，接下来介绍了 Python 中的基本数据类型、运算符和表达式，以及基本输入和输出函数的使用，最后介绍了 Python 读取数据及保存数据的方法。本章的内容是学习 Python 的基础，需要重点掌握，以便为后续学习打下良好的基础。

1.6 动手练习

1. 编写一个程序，求出任意给定的两个数的和。
2. 编写一个程序，求出任意给定的两个数的差。
3. 编写一个程序，求出任意给定的两个数的积。
4. 阅读以下代码，请写出执行结果。

```
a = "gouguoqi"
# 调用字符串方法 capitalize()，将变量 a 的首字母大写，并将结果赋值给变量 b
b = a.capitalize()
print (a)
print (b)
```

第 2 章

控制语句

控制语句是用来实现对程序流程的选择、循环、转向和返回等进行控制，掌握控制语句才能编写出较为复杂一点程序。本章我们介绍 Python 语言的各种控制语句，如条件语句、循环语句等。

2.1 程序结构

计算机在选择具体问题时，主要有 3 种情况，分别是顺序执行所有语句、选择执行部分语句和循环执行部分语句，对应程序设计中的 3 种基本结构，分别为顺序结构、选择结构和循环结构。这 3 种流程的执行结构如图 2.1 所示。

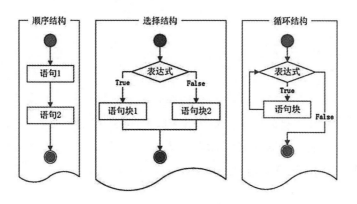

图 2.1　3 种基本结构的执行流程

其中，第一幅图是顺序结构的流程图，按照编写顺序依次执行语句；第二幅图是选择结构的流程图，主要根据条件语句的结果选择执行不同的语句；第三幅图是循环结构的流程图，是在一定条件下反复执行某段程序的流程结构，其中，被反复执行的语句称为循环体，决定循环是否终止的判断条件称为循环条件。

2.2 选择语句

在生活中，我们总是要做出很多的选择，程序设计也是一样。

选择语句也称为条件语句，即按照条件选择执行不同的代码块。Python 中选择语句主要有3 种形式，分别为 if 语句、if...else 语句和 if...elif...else 多分支语句。

2.2.1 if 语句

if 是 Python 中的关键字，同时也被用来组成选择语句，其语法格式如下：

```
if 表达式：
语句块
```

其中，表达式可以是一个单纯的布尔值或变量，也可以是比较表达式或逻辑表达式（例如：a>b and a!=c），如果表达式为真，则执行语句块；如果表达式为假，就跳过语句块，继续执行后面的语句。

2.2.2 if...else 语句

如果遇到只能二选一的情况，例如，某计算机专业学生进入公司进行岗位选择，在人工智能和 Web 开发中二选一，Python 提供了 if...else 语句解决类似问题，其语法格式如下：

```
if 表达式：
语句块 1
else：
语句块 2
```

使用 if...else 语句时，表达式可以是一个单纯的布尔值或变量，也可以是比较表达式或逻辑表达式，如果满足条件，则执行 if 后面的语句块，否则，执行 else 后面的语句块。这种形式的选择语句相当于汉语里的关联词语"如果......否则......"。

if...else 语句可以使用条件表达式进行简化，如下面的代码：

```
a=-9
if a>0:
    b=a
else:
```

```
        b=-a
print(b)
```

可以简写成：

```
a=-9
b=a if a>0 else -a
print(b)
```

上段代码主要实现求绝对值的功能，如果 a>0，就把变量 a 的值赋值给变量 b，否则将-a 赋值给变量 b。使用条件表达式的好处是可以使代码简洁，并且有一个返回值。

程序中使用 if…else 语句时，如果出现 if 语句多于 else 语句的情况，那么 else 语句将会根据缩进确定该 else 语句属于哪个 if 语句，如下面的代码：

```
a=-1
a>=0:
if a>0:
    print('a 大于 0')
else:
    print('a 等于 0')
```

上面的语句将不输出任何提示信息，这是因为 else 语句属于第 3 行的 if 语句，所以当 a 小于 0 时，else 语句将不执行。而如果将上面的代码修改如下：

```
a=-1
if a>=0:
    if a>0:
        print('a 大于 0')
else:
    print('a 小于 0')
```

将输出提示信息"a 小于 0"。此时，else 语句和第 2 行的 if 语句配套使用。

2.2.3　if…elif…else 语句

在开发程序时，如果遇到多选一的情况，则可以使用 if…elif…else 语句，该语句是一个多分支选择语句，通常表现为"如果满足某种条件，就会进行某种处理；否则，如果满足另一种条件，则执行另一种处理……"。if…elif…else 语句的语法格式如下：

```
if 表达式 1:
语句块 1
elif 表达式 2:
语句块 2
elif 表达式 3:
```

```
语句块 3
...
else:
语句块 n
```

使用 if...elif...else 语句时，表达式可以是一个单纯的布尔值或变量，也可以是比较表达式或逻辑表达式，如果表达式为真，执行语句；如果表达式为假，则跳过该语句，进行下一个 elif 的判断；只有在所有表达式都为假的情况下，才会执行 else 中的语句。if...elif...else 语句的流程如图 2.2 所示。

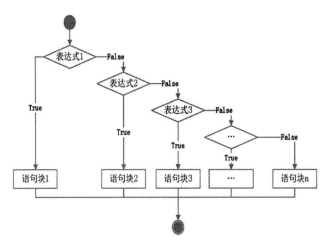

图 2.2   if...elif...else 语句的流程图

2.2.4   if 语句的嵌套

前面介绍了 3 种形式的 if 选择语句，这 3 种形式的选择语句之间都可以互相嵌套。在最简单的 if 语句中嵌套 if...else 语句，形式如下：

```
if 表达式 1:
if 表达式 2:
    语句块 1
else:
    语句块 2
```

在 if...else 语句中嵌套 if...else 语句，形式如下：

```
if 表达式 1:
    if 表达式 2:
        语句块 1
    else:
        语句块 2
  else:
```

```
if 表达式 3:
    语句块 3
else:
  语句块 4
```

if 选择语句可以有很多种嵌套方式，开发程序时，可以根据自身需要选择合适的嵌套方式，但一定要严格控制好不同级别代码块的缩进量。

【例 2.1】判断是否酒后驾车。

规定：车辆驾驶人员血液中的酒精含量小于 20mg/100ml 的不构成饮酒驾驶行为，酒精含量大于或等于 20mg/100ml、小于 80mg/100ml 的为饮酒驾车，酒精含量大于或等于 80mg/100ml 的为醉酒驾车。现编写一段 Python 代码判断是否酒后驾车。

通过使用嵌套的 if 语句实现根据输入的酒精含量值判断是否酒后驾车的功能，代码如下：

```
print("\n 为了您和其他人的安全，严禁酒后开车！\n")
proof=int(input（"请输入每 100 毫升血液的酒精含量："))
if proof<20:
    print("\n 不构成饮酒行为，可以开车")
else:
    if 80>proof>=20:
        print("\n 已经达到酒驾标准，请不要开车")
    else:
        print("\n 已经达到醉驾标准，千万不要开车")
```

2.3　条件表达式

在程序开发时，经常会根据表达式的结果有条件地进行赋值。例如，要返回两个数中较大的数，可以使用下面的 if 语句：

```
a=9
b=7
ifa>b:
r=a
else:
r=b
```

针对上面的代码，可以使用条件表达式进行化简，代码如下：

```
a=9
b=7
r=a if a>b else b
```

使用条件表达式时，先计算中间的条件（a>b），如果结果为 True，返回 if 语句左边的值，否则返回 else 右边的值。例如上面表达式中 r 的值为 9。

2.4　循环语句

反复做同一件事的情况称为循环。循环主要有以下两种类型：

（1）重复一定次数的循环，称为计次循环，如 for 循环。

（2）一直重复直到条件不满足时才结束的循环，称为条件循环。只要条件为真，这种循环会一直持续下去，如 while 循环。

2.4.1　while 循环

while 循环是通过一个条件来控制是否要继续反复执行循环体中的语句。其语法格式如下：

```
while 条件表达式:
循环体
```

循环体是指一组被重复执行的语句。当条件表达式的返回值为真时，则执行循环体中的语句，执行完毕后，重新判断条件表达式的返回值，直到表达式返回的结果为假时，退出循环。

在使用 while 循环语句时，一定不要忘记添加将循环语句变为 False 的代码，否则，将产生死循环。如下是一段死循环的代码示例：

```
i=0
while True:
i=i+1
print(i)
```

上述代码会一直在循环中打印 i 的值，因为没有将循环语句变为 False 的代码，因而不会退出循环，成为死循环。

2.4.2　for 循环

for 循环是一个依次重复执行的循环，通常适用于枚举、遍历序列，以及迭代对象中的元素。其语法格式如下：

```
for 迭代对象 in 对象:
循环体
```

其中，迭代变量用于保存读取出的值；对象为要遍历或迭代的对象，该对象可以是任何有序的序列对象，如字符串、列表和元组等；循环体为一组被重复执行的语句。

1. 数值循环

在使用 for 循环时，最基本的应用就是进行数值循环。例如，想要实现从 1 到 100 的累加，可以通过下面的代码实现：

```
print('计算 1+2+3+...+100 的结果为：')
result=0
for I in range(101):
    result+=1
print(result)
```

在上面的代码中，使用了 range() 函数，该函数是 Python 的内置函数，用于生成一系列连续的整数，主要用于 for 循环语句中，其语法格式如下：

```
range (start, end, step)
```

参数说明：

● start: 用于指定计数的起始值，可以省略，如果省略则从 0 开始。

● end: 用于指定计数的结束值（但不包括该值，如 range(7) 得到的值为 0~6，不包括 7），不能省略。当 range() 函数中只有一个参数时，即表示指定计数的结束值。

● step: 用于指定步长，即两个数之间的间隔，可以省略，如果省略则表示步长为 1。例如，range(1,5) 将得到 1、2、3、4。

例如，使用下面的 for 循环语句输出 10 以内的所有奇数：

```
for I in range(1,10,2):
print(I,end='')
```

关于 for 语句的一个常见错误就是 for 语句后面未加冒号，例如下面的代码：

```
for number in range(1,100)
```

运行后，会产生 invalid syntax 的错误，解决办法就是在第一行代码的结尾处添加冒号。

```
for number in range(1,100):
```

2. 遍历字符串

使用 for 循环语句除了可以循环数值之外，还可以逐个遍历字符串。

【例 2.2】将横向显示的字符串转换为纵向显示。

```
string='我相信我可以'
print(string)# 横向显示
for ch in string:
```

```
print(ch)#纵向显示
```

上述代码运行结果如图 2.3 所示。

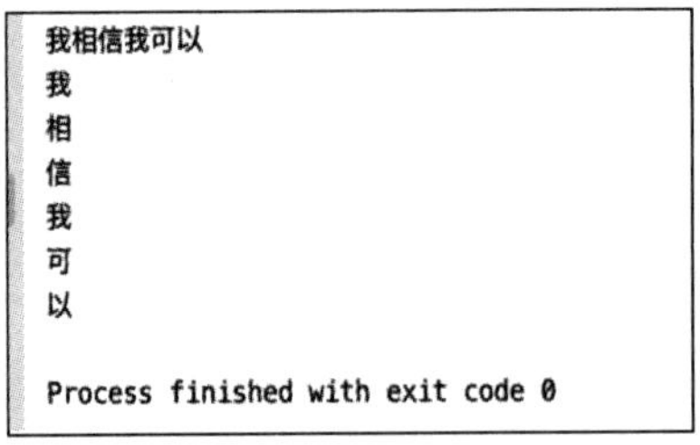

```
我相信我可以
我
相
信
我
可
以

Process finished with exit code 0
```

图 2.3　遍历字符串结果

2.4.3　循环嵌套

在 Python 中，允许在一个循环体中嵌入另一个循环，这称为循环嵌套。在 Python 中，for循环和 while 循环都可以进行循环嵌套。

（1）在 while 循环中套用 while 循环的格式如下：

```
while 条件表达式 1：
    while 条件表达式 2：
        循环体 2
    循环体 1
```

（2）在 for 循环中套用 for 循环的格式如下：

```
for 迭代对象 1 in 对象 1：
    for 迭代对象 2 in 对象 2：
        循环体 2
    循环体 1
```

（3）在 while 循环中套用 for 循环的格式如下：

```
while 条件表达式：
    for 迭代对象 in 对象：
        循环体 2
    循环体 1
```

（4）在 for 循环中套用 while 循环的格式如下：

```
for 迭代对象 in 对象：
    while 条件表达式：
        循环体 2
    循环体 1
```

除了上面介绍的 4 种循环嵌套格式外，还可以实现更多层的嵌套。

【例 2.3】使用嵌套的 for 循环打印九九乘法表。

```python
# 外层循环，i 从 1 到 9
for i in range(1, 10):
    # 内层循环，j 从 1 到 i（包括 i）
    for j in range(1, i + 1):
        # 打印乘法表的每一项，格式为：j*i=i*j，中间用制表符分隔
        print(str(j) + "*" + str(i) + "=" + str(i * j) + "\t", end="")
    # 每行打印完毕后换行
    print("")
```

上述代码运行结果如图 2.4 所示。

```
1*1=1
1*2=2    2*2=4
1*3=3    2*3=6    3*3=9
1*4=4    2*4=8    3*4=12   4*4=16
1*5=5    2*5=10   3*5=15   4*5=20   5*5=25   |
1*6=6    2*6=12   3*6=18   4*6=24   5*6=30   6*6=36
1*7=7    2*7=14   3*7=21   4*7=28   5*7=35   6*7=42   7*7=49
1*8=8    2*8=16   3*8=24   4*8=32   5*8=40   6*8=48   7*8=56   8*8=64
1*9=9    2*9=18   3*9=27   4*9=36   5*9=45   6*9=54   7*9=63   8*9=72   9*9=81

Process finished with exit code 0
```

图 2.4　乘法表结果

2.5　跳转语句

当循环条件一直满足时，程序将会一直执行下去。如果希望在中间离开循环，也就是在 for 循环结束重复之前或者 while 循环找到结束条件之前离开循环，有以下两种方法：

（1）使用 continue 语句直接跳到循环的下一次迭代。

（2）使用 break 完全终止循环。

2.5.1　continue 语句

continue 语句的作用没有 break 语句强大，它只能终止本次循环而提前进入下一次循环中。continue 语句的语法比较简单，只需要在相应的 while 或 for 语句中加入即可。

提　　示
continue 语句一般会与 if 语句搭配使用，表示在某种条件下跳过当前循环的剩余语句，然后继续进行下一轮循环。如果使用嵌套循环，continue 语句将只跳过最内层循环中的剩余语句。

（1）在 while 语句中使用 continue 语句的格式如下：

```
while 条件表达式 1:
执行代码
if 条件表达式 2:
continue
```

其中，条件表达式 2 用于判断何时调用 continue 语句终止循环。

（2）在 for 语句中使用 continue 语句的格式如下：

```
for 迭代对象 in 对象:
if 条件表达式:
continue
```

其中，条件表达式用于判断何时调用 continue 语句跳出循环。

2.5.2 break 语句

break 语句可以终止当前的循环，包括 while 语句和 for 语句在内的所有控制语句。break 语句的语法比较简单，只需要在相应的 while 语句或 for 语句中加入即可。

提　　示
break 语句一般会与 if 语句搭配使用，表示在某种条件下跳出循环。如果使用嵌套循环，break 语句将跳出最内层的循环。

（1）在 while 语句中使用 break 语句的格式如下：

```
while 条件表达式 1:
执行代码
if 条件表达式 2:
break
```

其中，条件表达式 2 用于判断何时调用 break 语句终止循环。

（2）在 for 语句中使用 break 语句的格式如下：

```
for 迭代对象 in 对象:
if 条件表达式:
break
```

其中，条件表达式用于判断何时调用 break 语句终止循环。

2.6 pass 语句

在 Python 中还有一个 pass 语句，表示空语句。该语句不做任何事情，一般起到占位作用。

【例 2.4】在应用 for 循环输出 1～10（不包括 10）的偶数时，在不是偶数的地方应用 pass 语句占个位置，方便以后对不是偶数的数进行处理，代码如下：

```
for i in range(1, 10):
if i%2==0:    # 判断是否为偶数
  print(i, end='')
else:          # 不是偶数
   pass        # 占位符，不做任何事
```

程序运行结果如图 2.5 所示。

```
2 4 6 8
Process finished with exit code 0
```

图 2.5 程序运行结果

2.7 本章小结

本章详细介绍了选择语句、循环语句、break 语句、continue 语句及 pass 语句的概念及用法。在程序中，语句是程序完成一次操作的基本单位，而流程控制语句则用于控制语句的执行顺序。在讲解流程控制语句时，通过实例演示了每种语句的用法。在学习本章内容时，读者要重点掌握 if 语句、while 语句和 for 语句的用法，这几种语句在程序开发中会经常用到。希望通过对本章内容的学习，读者能够熟练掌握 Python 中流程控制语句的使用，并能够将它应用到实际开发中。

2.8 动手练习

1. 编写一个程序，要求输入一个百分制成绩，然后输出这个成绩的等级（A、B、C、D、E），其中 90～100 分为 A，80～89 分为 B，70～79 分为 C，60～69 分为 D，60 分以下为 E。

2. 小明单位发了 100 元的购物卡，小明到超市买 3 类洗化用品：洗发水（15 元）、香皂（2 元）、牙刷（5 元）。编写一个程序，找出正好把 100 元花掉的所有购买组合。

3. 编写一个程序设计一个猜数游戏。首先由计算机产生一个 1~100 的随机整数，然后由用

户猜测所产生的随机数。程序根据用户猜测的情况给出不同提示，猜测的数如果大于产生的数，则显示"High"，如果小于产生的数，则显示"Low"，如果等于产生的数，则显示"You won！"，游戏结束。用户最多可以猜 7 次，如果 7 次均未猜中，则显示"You lost！"，并给出正确答案，游戏结束。游戏结束后，询问用户"是否继续游戏"，选择"Y"则开始一轮新的猜数游戏；选择"N"则退出游戏。

4. 编写一个程序，找到[2000,3000]区间内的所有可被 7 整除但不是 5 的倍数的数字，得到的数字以逗号分隔，并打印在同一行上。

第3章

序　列

在 Python 中序列是最基本的数据结构，它是一块用于存放多个值的连续内存空间。Python
中内置了 4 个常用的序列结构，分别是列表（List）、元组（Tuple）、集合（Set）和字典（Dictionary）。
本章将详细介绍这 4 种序列结构的基本概念和使用方法。

3.1　序列概述

序列是一块用于存放多个值的连续内存空间，并且按一定顺序排列，每一个值（称为元素）
都分配一个数字，该数字被称为索引或位置。通过索引可以取出相应的值。

3.1.1　索引

序列中的每一个元素都有一个编号，也称为索引。这个索引是从 0 开始递增的，即下标为
0 表示第一个元素，下标为 1 表示第 2 个元素，以此类推。

Python 的索引可以是负数，表示从右向左计数，也就是从最后一个元素开始计数，即最后
一个元素的索引值是-1，倒数第二个元素的索引值为-2，以此类推。

通过索引可以访问序列中的任何元素。

【例 3.1】定义一个包括 4 个元素的列表，要访问它的第 3 个元素和最后一个元素，代码如
下：

```
verse = ['a', 'b', 'c', 'd']
print(verse[2])      # 输出第 3 个元素
```

```
print(verse[-1])    # 输出最后一个元素
```

结果如下：

```
c
d
```

3.1.2　切片

切片是访问序列中元素的另一种方法，它可以访问一定范围内的元素。通过切片操作可以生成一个新的序列。实现切片操作的语法格式如下：

```
sname[start: end: step]
```

参数说明：

● sname：序列的名称。

● start：切片的开始位置（包括该位置），如果不指定，则默认值为 0。

● end：切片的截止位置（不包括该位置），如果不指定，则默认为序列的长度。

● step：切片的步长，如果省略，则默认值为 1，当省略步长时，end 后的冒号也可省略。

提　　示
在进行切片操作时，如果指定了步长，那么将按照该步长遍历序列中的元素，否则将一个一个地遍历序列。

【例 3.2】随机生成一个列表，对该列表进行切片操作。

```
>>> a = list(range(10))
>>> a
[0, 1, 2, 3, 4, 5, 6, 7, 8, 9]
>>> a[:5]
[0, 1, 2, 3, 4]
>>> a[5:]
[5, 6, 7, 8, 9]
>>> a[2:8]
[2, 3, 4, 5, 6, 7]
>>> a[::2]
[0, 2, 4, 6, 8]
>>> a[::-1]
[9, 8, 7, 6, 5, 4, 3, 2, 1, 0]
```

3.1.3　序列相加

在 Python 中，支持两种相同类型的序列相加，即将两个序列进行连接，不会去除重复的元素，使用加（+）运算符实现。

【例 3.3】将两个列表相加。

```
nba1 = ["德怀特,霍华德", "德维恩,韦德", "凯里,欧文", "保罗,加索尔"]
nba2 = ["迈克尔,乔丹", "比尔,拉塞尔", "卡里姆,阿布杜尔,贾巴尔","威尔特,张伯伦", "埃尔文,
约翰逊", "科比,布莱恩特", "蒂姆,邓肯", "勒布朗,詹姆斯", "拉里,伯德", "沙奎尔,奥尼尔"]
print(nba1 + nba2)
```

运行上面的代码，将输出以下内容：

```
['德怀特,霍华德', '德维恩,韦德', '凯里,欧文', '保罗,加索尔', '迈克尔,乔丹', '比尔,拉
塞尔', '卡里姆,阿布杜尔,贾巴尔","威尔特,张伯伦', '埃尔文,约翰逊', '科比,布莱恩特', '蒂姆,
邓肯', '勒布朗,詹姆斯', '拉里,伯德', '沙奎尔,奥尼尔']
```

提 示
在进行序列相加时，相同类型的序列是指同为列表、元组、集合等，序列中的元素类型可以不同。

3.1.4　乘法

在 Python 中，使用数字 n 乘以一个序列会生成新的序列，新序列的内容为原来序列被重复 n 次的结果。

【例 3.4】实现把一个序列乘以 3 生成一个新的序列并输出，从而达到"重要事情说三遍"的效果。

```
phone = ["IPhone 11", "小米 10 PRO"]
print(phone * 3)
```

运行上面的代码，将输出以下内容：

```
['IPhone 11', '小米 10 PRO', 'IPhone 11', '小米 10 PRO', 'IPhone 11', '小米
10 PRO']
```

3.1.5　检查某个元素是不是序列的成员

在 Python 中，可以使用 in 关键字检查某个元素是否为序列的成员，即检查某个元素是否包含在某个序列中，其语法格式如下：

```
value in sequence
```

参数说明：

● value：表示要检查的元素。

● sequence：表示指定的序列。

Python 中，也可以使用 not in 关键字实现检查某元素是否不包含在指定的序列中。

【例 3.5】检测某个元素是不是序列的成员。

```
number=[1,2,3,4,5]
if 1 in number:
    print("1 in number")
if 0 not in number:
print("0 not in number")
```

运行上面的代码，输出结果如下：

```
1 in number
    0 not in number
```

3.1.6　计算序列的长度、最大值和最小值

在 Python 中，提供了内置函数计算序列的长度、最大值和最小值：使用 len()函数计算序列的长度，即返回序列包含多少个元素；使用 max()函数返回序列中的最大元素；使用 min()函数返回序列中的最小元素。

【例 3.6】计算序列的长度。

```
mylist = ["apple", "orange", "cherry"]

x = len(mylist)

print(x)
```

运行上面的代码，输出结果如下：

```
 3
```

3.2　列　　表

Python 中的列表是由一系列按特定顺序排列的元素组成的，是 Python 中内置的可变序列。在形式上，列表的所有元素都放在一对方括号（[ ]）中，两个相邻元素间使用逗号（,）分隔。在内容上，可以将整数、浮点数、字符串、列表、元组等任何类型的内容放入列表中，并且同一个列表中元素的类型可以不同，因为它们之间没有任何关系。

3.2.1　创建与删除列表

在 Python 中提供了多种创建列表的方法，下面进行详细介绍。

1. 使用赋值运算符直接创建列表

同其他类型的 Python 变量一样，创建列表时也可以使用赋值运算符（=）直接将一个列表

赋值给变量，语法格式如下：

```
listname=[element1，element2，element3，…，elementn]
```

参数说明：

- listname：表示列表的名称，可以是任何符合 Python 命名规则的标识符。
- element1，elemnet2，elemnet3，…，elemnetn：表示列表中的元素，元素个数没有限制，并且只要是 Python 支持的数据类型就可以。

例如，下面定义的列表都是合法的：

```
num = [7, 14, 21, 28, 35, 42, 49, 56, 63]
verse = ["自古逢秋悲寂寥", "我言秋日胜春朝", "晴空一鹤排云上", "便引诗情到碧霄"]
untitle = ['Python', 28, "人生苦短，我用 Python", ["爬虫", "自动化运维", "云计算", "Web 开发"]]
python = ['优雅', "明确", "简单"]
```

2. 创建空列表

在 Python 中也可以创建空列表。例如，要创建一个名称为 emptylist 的空列表，可以使用下面的代码：

```
emptylist = []
```

3. 创建数值列表

在 Python 中，数值列表是很常用的，可以使用 list()函数直接将 range()函数循环出来的结果转换为列表。

list()函数的语法格式如下：

```
list(data)
```

参数说明：

- data 表示可以转换为列表的数据，其类型可以是 range 对象、字符串、元组或者其他可迭代类型的数据。

【例 3.7】创建一个 10～20（不包括 20）所有偶数的列表。

```
list(range(10, 20, 2))
```

运行上面的代码后，将得到下面的列表：

```
[10, 12, 14, 16, 18]
```

提　示
使用 list()函数不仅能通过 range 对象创建列表，还可以通过其他对象创建列表。

4. 删除列表

对于已经创建的列表，当它不再被使用时，可以使用 del 语句删除。语法格式如下：

```
del listname
```

参数说明：

● listname: 表示要删除的列表的名称。

【例 3.8】定义一个名称为 team 的列表，然后应用 del 语句将其删除。

```
team=["皇马","罗马","利物浦","拜仁"]
delteam
```

3.2.2　访问列表元素

在 Python 中，如果想输出列表的内容也是比较简单的，直接使用 print()函数即可。

【例 3.9】创建一个名称为 untitle 的列表，并打印该列表。

```
untitle=['Python',28,"人生苦短，我用 Python",["爬虫","自动化运维","云计算","web
开发"]]
print(untitle)
```

执行结果如下：

```
['Python',28,'人生苦短，我用 Python',['爬虫','自动化运维','云计算','Web 开发','
游戏']]
```

从上面的执行结果中可以看出，在输出列表时是包括方括号的。

如果不想要输出全部的元素，也可以通过列表的索引获取指定的元素。

【例 3.10】要获取 untitle 列表中索引为 2 的元素。

```
print (untitle[2])
```

执行结果如下：

```
人生苦短，我用 Python
```

从执行结果中可以看出，在输出单个列表元素时，不包括方括号，如果是字符串，还将不包括引号。

3.2.3　遍历列表

遍历列表中的所有元素是常用的一种操作，在遍历的过程中可以完成查询、处理等功能。在 Python 中遍历列表的方法有很多种，下面介绍常用的两种方法。

1. 使用 for 循环

直接使用 for 循环遍历列表，只能输出元素的值，其语法格式如下：

```
for item in listname:
```

参数说明：

- item：用于保存获取到的元素值，要输出元素内容时，直接输出该变量即可。
- listname：表示列表名称。

【例 3.11】定义一个保存 2017—2018 赛季 NBA 西部联盟前八名的列表，然后通过 for 循环遍历该列表，并输出各个球队的名称。

```
print("2017~2018 赛季 NBA 西部联盟前八名：")
team = ["休斯敦火箭", "金州勇士", "波特兰开拓者", "犹他爵士", "新奥尔良鹈鹕", "圣安东尼奥马刺", "俄克拉何马城雷霆", "明尼苏达森林狼"]
for item in team:
    print(item)
```

执行上面的代码，结果如图 3.1 所示。

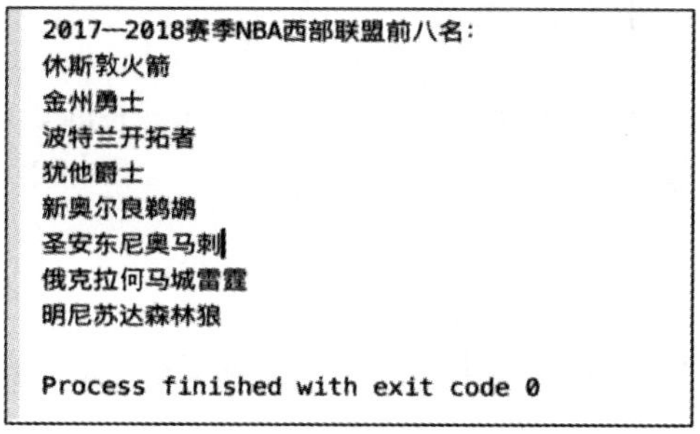

```
2017—2018赛季NBA西部联盟前八名：
休斯敦火箭
金州勇士
波特兰开拓者
犹他爵士
新奥尔良鹈鹕
圣安东尼奥马刺
俄克拉何马城雷霆
明尼苏达森林狼

Process finished with exit code 0
```

图 3.1 通过 for 循环遍历列表

2. 使用 for 循环和 enumerate()函数

使用 for 循环和 enumerate()函数可以同时输出索引值和元素内容，其语法格式如下：

```
for index, item in enumerate(listname):
```

参数说明：

- index：用于保存元素的索引。
- item：用于保存获取到的元素值，要输出元素内容时，直接输出该变量即可。
- listname：表示列表名称。

【例 3.12】定义一个保存 2017—2018 赛季 NBA 西部联盟前八名的列表，然后通过 for 循环和 enumerate()函数遍历该列表，并输出索引和球队名称。

```
print("2017—2018 赛季 NBA 西部联盟前八名：")
team = ["休斯敦火箭", "金州勇士", "波特兰开拓者", "犹他爵士", "新奥尔良鹈鹕", "圣安东
尼奥马刺", "俄克拉何马城雷霆", "明尼苏达森林狼"]
for index, item in enumerate(team):
    print(index + 1, item)
```

执行上面的代码，结果如图 3.2 所示。

```
2017—2018赛季NBA西部联盟前八名：
1 休斯敦火箭
2 金州勇士
3 波特兰开拓者
4 犹他爵士
5 新奥尔良鹈鹕
6 圣安东尼奥马刺
7 俄克拉何马城雷霆
8 明尼苏达森林狼

Process finished with exit code 0
```

图 3.2　通过 for 循环和 enumerate9()函数

3.2.4　添加、修改和删除列表元素

添加、修改和删除列表元素也称为更新列表。在实际开发时，经常需要对列表进行更新。下面我们介绍如何实现列表元素的添加、修改和删除。

1. 添加元素

在 3.1.3 节介绍了可以通过"+"号连接两个序列，通过该方法也可以实现为列表添加元素。但是这种方法的执行速度要比直接使用列表对象的 append()方法慢，所以建议在添加元素时，使用列表对象的 append()方法实现。列表对象的 append()方法用于在列表的末尾追加元素，其语法格式如下：

```
listname.append(obj)
```

参数说明：

● listname：为要添加元素的列表名称。

● obj：为要添加到列表末尾的对象。

【例 3.13】定义一个包括 4 个元素的列表，然后应用 append()方法向该列表的末尾添加一个元素。

```
phone = ["摩托罗拉", "诺基亚", "三星", "OPPO"]
len(phone)    # 获取列表的长度
phone.append("iPhone")
```

```
len(phone)   # 获取列表的长度
print(phone)
```

上面代码的运行结果如图 3.3 所示。

```
['摩托罗拉', '诺基亚', '三星', 'OPPO', 'iPhone']

Process finished with exit code 0
```

图 3.3　append()方法的使用

2. 修改元素

修改列表中的元素只需要通过索引获取该元素，然后为其重新赋值即可。

【例 3.14】定义一个保存 3 个元素的列表，然后修改索引值为 2 的元素。

```
verse = ["长亭外", "古道边", "芳草碧连天"]
print(verse)
verse[2] = "一行白鹭上青天"  #修改列表的第 3 个元素
print(verse)
```

上述代码的运行结果如下：

```
['长亭外', '古道边', '芳草碧连天']
['长亭外', '古道边', '一行白鹭上青天']
```

3. 删除元素

删除元素主要有两种方法，一种是根据索引进行删除，另一种是根据元素值进行删除。

● 　根据索引进行删除

删除列表中的指定元素和删除列表类似，也可以使用 del 语句实现，所不同的就是在指定列表名称时换为列表元素。

【例 3.15】定义一个保存 3 个元素的列表，删除最后一个元素。

```
verse = ["长亭外", "古道边", "芳草碧连天"]
del verse[-1]
print(verse)
```

上述代码的运行结果如下：

```
["长亭外", "古道边"]
```

● 　根据元素值进行删除

如果想要删除一个不确定其位置的元素（即根据元素值删除），可以使用列表对象的remove()方法实现。

【例 3.16】要删除列表中内容为"公牛"的元素。

```
team=["火箭", "勇士", "开拓者", "爵士", "鹈鹕", "马刺", "雷霆", "森林狼"]
team.remove("公牛")
```

在使用 remove()方法删除元素前，最好先判断该元素是否存在，改进后的代码如下：

```
team = ["火箭", "勇士", "开拓者", "爵士", "鹈鹕", "马刺", "雷霆", "森林狼"]
value = "金牛"                    # 指定要移除的元素
if team.count(value) > 0:        # 判断要删除的元素是否存在
    team.remove(value)           # 移除指定的元素
    print(team)
```

提　　示

列表对象的 count()方法用于判断指定元素出现的次数，返回结果为 0 时，表示不存在该元素。关于 count()方法的详细介绍请参见 3.2.5 节。

执行上面的代码后，得到的结果如下：

```
['火箭', '勇士', '开拓者', '爵士', '鹈鹕', '马刺', '雷霆', '森林狼']
```

3.2.5　对列表进行统计和计算

Python 的列表提供了内置的一些函数来实现统计、计算的功能。下面介绍几种常用的统计计算功能。

1. 获取指定元素出现的次数

使用列表对象的 count()方法可以获取指定元素在列表中的出现次数，其语法格式如下：

```
listname.count(obj)
```

参数说明：

● listname: 表示列表的名称。

● obj: 表示要判断是否存在的对象，这里只能进行精确匹配，即不能是元素值的一部分。

【例 3.17】创建一个列表，内容为听众点播的歌曲名称，然后应用列表对象的 count()方法统计元素"云在飞"出现的次数。

```
song = ["云在飞", "我在诛仙道遥洞", "送你一匹马", "半壶纱", "云在飞", "遇见你", "等你等了那么久"]
num = song.count("云在飞")
print(num)
```

上面的代码运行后，结果将显示为 2，表示"云在飞"在 song 列表中出现了两次。

2. 获取指定元素首次出现的位置

使用列表对象的 index()方法可以获取指定元素在列表中首次出现的位置（即索引），其语法格式如下：

```
listname.index (obj)
```

参数说明：

- listname：表示列表的名称。
- obj：表示要查找的对象，这里只能进行精确匹配。如果指定的对象不存在，则抛出异常。

【例 3.18】获取指定元素首次出现的位置。

```
aList = [123, 'xyz', 'runoob', 'abc']
print "xyz 索引位置: ", aList.index( 'xyz' )
print "runoob 索引位置 : ", aList.index( 'runoob', 1, 3 )
```

运行上面的代码，输出结果如下：

```
xyz 索引位置: 1
runoob 索引位置 : 2
```

3. 统计数值列表的元素

在 Python 中，提供了 sum()函数用于统计数值列表中各元素的和，其语法格式如下：

```
sum (iterable[, start])
```

参数说明：

- iterable：表示要统计的列表。
- start：表示统计结果是从哪个数开始（即将统计结果加上 start 所指定的数），是可选参数，如果没有指定，默认值为 0。

【例 3.19】统计数值列表的元素。

```
>>>sum([0,1,2])
3
>>> sum((2, 3, 4), 1)          # 元组计算总和后再加 1
10
>>> sum([0,1,2,3,4], 2)        # 列表计算总和后再加 2
12
```

3.2.6 对列表进行排序

在 Python 中，提供了两种常用的对列表进行排序的方法：使用列表对象的 sort()方法和使用内置的 sorted()函数。

1. 使用列表对象的 sort()方法

列表对象提供了 sort()方法用于对原列表中的元素进行排序,排序后原列表中的元素顺序将发生改变。列表对象的 sort()方法的语法格式如下:

```
listname.sort (key=None, reverse=False)
```

参数说明:

● listname: 表示要进行排序的列表。

● key: 表示指定从每个元素中提取一个用于比较的键(例如,设置 "key=str.lower" 表示在排序时不区分字母大小写)。

● reverse: 可选参数。如果将其值指定为 True,则表示降序排列;如果为 False,则表示升序排列。默认为升序排列。

使用 sort()方法进行数值列表的排序是比较简单的,直接比较数值大小即可。但是使用 sort()方法对字符串列表进行排序时则稍显复杂,采用的规则是先对大写字母排序,然后对小写字母排序。如果想要在对字符串列表进行排序时不区分大小写,需要指定其 key 参数。

【例 3.20】定义一个保存英文字符串的列表,然后应用 sort()方法对其进行升序排列。

```
char = ['cat', 'Tom', 'Angela', 'pet']
char.sort()                      # 默认区分字母大小写
print("区分字母大小写: ", char)
char.sort(key=str.lower)         # 不区分字母大小写
print("不区分字母大小写: ", char)
```

运行上面的代码,得到的结果如下:

```
区分字母大小写: ['Angela', 'Tom', 'cat', 'pet']
不区分字母大小写: ['Angela', 'cat', 'pet', 'Tom']
```

2. 使用内置的 sorted()函数

在 Python 中,提供了一个内置的 sorted()函数用于对列表进行排序,使用该函数进行排序后原列表的元素顺序不变。storted()函数的语法格式如下:

```
sorted (iterable, key=None, reverse=False)
```

参数说明:

● iterable: 表示要进行排序的列表名称。

● key: 表示指定从每个元素中提取一个用于比较的键(例如,设置 "key=str.lower" 表示在排序时不区分字母大小写)。

- reverse: 可选参数。如果将其值指定为 True，则表示降序排列；如果为 False，则表示
  升序排列。默认为升序排列。

【例 3.21】定义一个保存 10 名学生语文成绩的列表，然后应用 sorted()函数对其进行排序。

```
grade = [98, 99, 97, 100, 100, 96, 97, 89, 95, 100]     # 10 名学生语文成绩列表
grade_as = sorted(grade)                                # 进行升序排列
print("升序", grade_as)
grade_des = sorted(grade, reverse=True)                 # 进行降序排列
print("降序", grade_des)
print("原序列", grade)
```

执行上面的代码，得到的结果如下：

```
升序 [89, 95, 96, 97, 97, 98, 99, 100, 100, 100]
降序 [100, 100, 100, 99, 98, 97, 97, 96, 95, 89]
原序列 [98, 99, 97, 100, 100, 96, 97, 89, 95, 100]
```

提 示

列表对象的 sort()方法和内置 sorted()函数的作用基本相同，不同点是在使用 sort()方法
时会改变原列表的元素排列顺序，而使用 storted()函数时会建立一个原列表的副本，
该副本为排序后的列表。

3.2.7 列表推导式

使用列表推导式可以快速生成一个列表，或者根据某个列表生成满足指定需求的列表。列
表推导式通常有以下几种常用的语法格式。

（1）生成指定范围的数值列表，语法格式如下：

```
list=[Expression for var in range]
```

参数说明：

- list: 表示生成的列表名称。
- Expression: 表达式，用于计算新列表的元素。
- var: 循环变量。
- range: 采用 range()函数生成的 range 对象。

【例 3.22】要生成一个包括 10 个随机数的列表，要求数值范围为 10～100（包括 10 和 100）。

```
import random    # 导入 random 标准库
randomnumber=[random.randint(10,100) for i in range(10)]
print("生成的随机数为：",randomnumber)
```

执行结果如下：

生成的随机数为： [16, 50, 20, 32, 49, 21, 26, 37, 84, 22]

（2）生成指定需求的列表，语法格式如下：

```
newlist=[Expression for var in list]
```

参数说明：

- newlist：表示新生成的列表名称。
- Expression：表达式，用于计算新列表的元素。
- var：变量，值为 list 中的每个元素值。
- list：用于生成新列表的原列表。

【例 3.23】定义一个记录商品价格的列表，然后应用列表推导式生成一个将全部商品价格打五折的列表。

```
price=[1200,5330,2988,6200,1998,8888]
sale=[int(x*0.5) for x in price]
print("原价格: ",price)
print("打五折的价格: ",sale)
```

运行上面的代码，输出结果如下：

```
原价格: [1200, 5330, 2988, 6200, 1998, 8888]
打五折的价格: [600, 2665, 1494, 3100, 999, 4444]
```

（3）从列表中选择符合条件的元素组成新的列表，语法格式如下：

```
newlist=[Expression for var in list if condition]
```

参数说明：

- newlist：表示新生成的列表名称。
- Expression：表达式，用于计算新列表的元素。
- var：变量，值为后面列表的每个元素值。
- list：用于生成新列表的原列表。
- condition：条件表达式，用于指定筛选条件。

【例 3.24】定义一个记录商品价格的列表，然后应用列表推导式生成一个商品价格高于 5000 元的列表。

```
price=[1200,5330,2988,6200,1998,8888]
sale=[x for x in price if x > 5000]
print("原列表: ",price)
print("价格高于 5000 的: ",sale)
```

运行上面的代码，输出结果如下：

```
原列表： [1200, 5330, 2988, 6200, 1998
价格高于 5000 的： [5330, 6200, 8888]
```

3.2.8 二维列表的使用

在 Python 中，由于列表元素还可以是列表，所以它也支持二维列表的概念。二维列表中的信息以行和列的形式表示，第一个下标代表元素所在的行，第二个下标代表元素所在的列。在 Python 中，创建二维列表有以下 3 种常用的方法。

1. 直接定义二维列表

在 Python 中，二维列表是包含列表的列表，即一个列表的每一个元素又都是一个列表。在创建二维列表时，可以直接使用下面的语法格式进行定义：

```
listname=[[元素 11，元素 12，元素 13，...，元素 1n]，
[元素 21，元素 22，元素 23，...，元素 2n]，***)
****
[元素 n1，元素 n2，元素 n3，...，元素 nn]]
```

参数说明：

- listname：表示生成的列表名称。
- [元素 11，元素 12，元素 13，...，元素 In]：表示二维列表的第一行，也是一个列表。其中"元素 11，元素 12，...，元素 In"代表第一行中的列。
- [元素 21，元素 22，元素 23，...，元素 2n]：表示二维列表的第二行。
- [元素 nl，元素 n2，元素 n3，...，元素 nn]：表示二维列表的第 n 行。

【例 3.25】定义一个二维列表。

```
test = [0, 0, 0], [0, 0, 0], [0, 0, 0]]
```

2. 使用嵌套的 for 循环创建

创建二维列表，可以使用嵌套的 for 循环实现。

【例 3.26】创建一个包含 4 行 5 列的二维列表。

```
arr = []              # 创建一个空列表
for i in range(4):    # 循环 4 次，i 的取值范围为 0 到 3
    arr.append([])    # 在 arr 中添加一个空列表
    for j in range(5): # 循环 5 次，j 的取值范围为 0 到 4
        arr[i].append(j) # 将 j 的值添加到 arr 的第 i 个列表中
```

3. 使用列表推导式创建

使用列表推导式也可以创建二维列表，因为这种方法比较简洁，所以建议使用这种方法创建二维列表。

【例 3.27】使用列表推导式创建一个包含 4 行 5 列的二维列表。

```
arr= [[j for j in range(5)] for i in range(4)]
```

创建二维列表后，可以通过以下语法格式访问列表中的元素：

```
listname[下标1][下标2]
```

参数说明：

- listname：列表名称。
- 下标 1：表示列表中第几行，下标值从 0 开始，即第一行的下标为 0。
- 下标 2：表示列表中第几列，下标值从 0 开始，即第一列的下标为 0。

【例 3.28】访问二维列表中的第 2 行、第 4 列。

```
verse[1][3]
```

3.3 元　　组

元组是 Python 中另一个重要的序列结构，与列表类似，也是由一系列按特定顺序排列的元素组成，但是它是不可变序列。在同一个元组中，元素的类型可以不同，因为它们之间没有任何关系。通常情况下，元组用于保存程序中不可修改的内容。

3.3.1　创建与删除元组

在 Python 中提供了多种创建元组的方法，下面进行详细介绍。

1. 使用赋值运算符直接创建元组

同其他类型的 Python 变量一样，创建元组时也可以使用赋值运算符（=）直接将一个元组赋值给变量。语法格式如下：

```
tuplename=(element1, element2, element3,..., elementn)
```

参数说明：

- tuplename：表示元组的名称，可以是任何符合 Python 命名规则的标识符。
- elemnet1，elemnet2，elemnet3，…，elemnetn：表示元组中的元素，元素个数没有限

制，并且只要为 Python 支持的数据类型就可以。

注 意
创建元组的语法与创建列表的语法类似，只是创建列表时使用的是"[]"，而创建元组时使用的是"()"。

在 Python 中，元组使用一对圆括号将所有的元素括起来，但是圆括号并不是必需的，只要将一组值用逗号分隔开来，Python 就可以视其为元组。

【例 3.29】创建一个包含 4 个元素的元组。

```
ukguzheng="渔舟唱晚", "高山流水", "出水莲", "汉宫秋月"
```

在 PyCharm 中输出该元组后，得到的结果如下：

```
('渔舟唱晚', '高山流水', '出水莲', '汉宫秋月')
```

如果要创建的元组只包括一个元素，在定义元组时需要在元素的后面加一个逗号（,）。

2. 创建空元组

在 Python 中，也可以创建空元组。

【例 3.30】创建一个名称为 emptytuple 的空元组。

```
emptytuple = ()
```

3. 创建数值元组

在 Python 中，可以使用 tuple() 函数直接将 range() 函数循环出来的结果转换为数值元组。
tuple() 函数的语法格式如下：

```
tuple(data)
```

参数说明：

● data 表示可以转换为元组的数据，其类型可以是 range 对象、字符串、元组或者其他可迭代类型的数据。

提 示
使用 tuple() 函数不仅能通过 range 对象创建元组，还可以通过其他对象创建元组。

【例 3.31】创建一个数值元组。
代码如下：

```
num = (7, 14, 21, 28, 35)
course = ("Python 教程", "http://c.biancheng.net/python/")
```

```
abc = ( "Python", 19, [1,2], ('c',2.0) )
```

创建元组完成。

4. 删除元组

对于已经创建的元组，当它不再被使用时，可以使用 del 语句删除，其语法格式如下：

```
del tuplename
```

参数说明：

● tuplename：表示要删除元组的名称。

【例 3.32】删除一个元组。

```
num = (7, 14, 21, 28, 35)
course = ("Python 教程", "http://c.biancheng.net/python/")
abc = ( "Python", 19, [1,2], ('c',2.0) )
del num
```

即删除 num 元组成功。

3.3.2 访问元组元素

在 Python 中，如果想输出元组的内容也是比较简单的，直接使用 print()函数即可。

【例 3.33】使用 print()函数输出元组的内容。

```
untitle = ('Python', 28, ("人生苦短","我用 Python"), ["爬虫","自动化运维",""云计
算","Web 开发"])
print(untitle)
```

执行结果如下：

```
('Python', 28, ('人生苦短', '我用 Python'), ['爬虫', '自动化运维', '云计算', 'Web
开发'])
```

从执行结果可以看出，在输出元组时是包括圆括号的。

如果不想要输出全部的元素，也可以通过元组的索引获取指定的元素。

【例 3.34】获取元组 untitle 中索引为 0 的元素。

```
print(untitle[0])
```

执行结果如下：

```
Python
```

元组也可以采用切片方式来获取指定的元素。

【例 3.35】访问元组 untitle 中前 3 个元素。

```
print(untitle[:3])
```

执行结果如下：

```
('Python', 28,('人生苦短','我用 Python'))
```

3.3.3 修改元组元素

元组是不可变序列，所以我们不能对它的单个元素值进行修改。但是元组也不是完全不能修改,我们可以对元组进行重新赋值以此来修改元组元素。

下面的代码是被允许的。

```
coffeename = ('蓝山', '卡布奇诺', '曼特宁', '摩卡', '麝香猫', '哥伦比亚')    # 定义
元组
coffeename = ('蓝山', '卡布奇诺', '曼特宁', '摩卡', '拿铁', '哥伦比亚')    # 对元组
进行重新赋值
print("新元组", coffeename)
```

执行结果如下：

```
新元组 ('蓝山', '卡布奇诺', '曼特宁', '摩卡', '拿铁', '哥伦比亚')
```

从上面的执行结果可以看出，元组 coffeename 的值已经发生了改变。

3.3.4 元组推导式

使用元组推导式可以快速生成一个元组，它的表现形式和列表推导式类似，只是将列表推导式中的"[ ]"修改为"( )"。

【例 3.36】生成一个包含 10 个随机数的元组。

```
    import random
randomnumber = (random.randint(10, 100) for i in range(10))
print("生成的元组为: ", randomnumber)
```

执行结果如下：

```
生成的元组为: <generator object <genexpr> at 0x10581e678>
```

从上面的执行结果中可以看出，使用元组推导式生成的结果并不是一个元组或者列表，而是一个生成器对象，这一点和列表推导式是不同的。要使用该生成器对象需要将其转换为元组或者列表。转换为元组使用 tuple()函数，而转换为列表则使用 list()函数。

【例 3.37】使用元组推导式生成一个包含 10 个随机数的生成器对象，然后将其转换为元组

并输出。

```
import random
randomnumber = (random.randint(10, 100) for i in range(10))
randomnumber = tuple(randomnumber)
print("转换后：", randomnumber)
```

执行结果如下：

转换后： (52, 36, 81, 70, 86, 58, 90, 26, 86, 95)

要使用通过元组推导器生成的生成器对象，除了将其转换为元组外，还可以直接通过 for 循环遍历或者直接使用方法进行遍历。

3.3.5 元组和列表的区别

元组和列表之间有什么区别呢？

列表和元组的区别主要体现在以下几个方面：

- 列表属于可变序列，它的元素可以随时修改或者删除。元组属于不可变序列，其中的元素不可以修改，除非重新赋值整体替换。

- 列表可以使用 append()、extend()、insert()、remove() 和 pop() 等方法添加和修改列表元素，而元组没有这几个方法，所以不能向元组中添加和修改元素。同样，元组也不能删除元素。

- 列表可以使用切片访问和修改列表中的元素。元组也支持切片，但是它只支持通过切片访问元组中的元素，不支持修改。

- 元组比列表的访问和处理速度快，所以当只是需要对其中的元素进行访问而不进行任何修改时，建议使用元组。

- 列表不能作为字典的键，而元组则可以。

3.4 字　　典

字典也是 Python 中的一个重要的序列结构，是字典是任意对象的无序集合。字典是以"键-值对"的形式来存储数据，通过键从字典中获取指定项，但不能通过索引来获取。

- 字典是无序的，各项是从左到右随机排序的，即保存在字典中的项没有特定的顺序。这样可以提高查找效率。

- 字典是可变的，并且可以任意嵌套。

- 字典中的键必须唯一，一个键只能对应一个值，若字典键重复赋值，后一个值将覆盖前一个值。

- 字典中的键必须是可哈希的对象，即不可变的数据类型。
- 字典中的值没有限制，可以是任何数据类型，不是必须唯一的。

3.4.1 字典的创建与删除

定义字典时，每个元素都包含两个部分："键"和"值"。

创建字典时，在"键"和"值"之间使用冒号分隔，相邻两个元素使用逗号分隔，所有元素放在一对"{}"中，语法格式如下：

```
dictionary={'key1': 'value1', 'key2': 'value2', ..., 'keyn': 'valuen', }
```

参数说明：

- dictionary：表示字典名称。
- keyl,key2,…,keyn：表示元素的键，必须是唯一的，并且是不可变的数据类型，例如，可以是字符串、数字或者元组。
- valuel,value2,…,valuen：表示元素的值，可以是任何数据类型，不是必须唯一的。

【例 3.38】创建一个保存通信录信息的字典。

```
dictionary = {'Bob': '12345678', 'Lily': '12345679', 'Helen': '23456789'}
print(dictionary)
```

执行结果如下：

```
{'Lily': '12345679', 'Bob': '12345678', 'Helen': '23456789'}
```

同列表和元组一样，也可以创建空字典。在 Python 中，可以使用下面两种方法创建空字典：

```
dictionary = {}
或者
dictionary = dict()
```

Python 中的 dict()方法除了可以创建一个空字典外，还可以通过已有数据快速创建字典，主要表现为以下两种形式：

1. 通过映射函数创建字典

通过映射函数创建字典的语法如下：

```
dictionary = dict(zip(list1,list2))
```

参数说明：

- dictionary：表示字典名称。

- zip()函数：用于将多个列表或元组对应位置的元素组合为元组，并返回包含这些内容的 zip 对象。如果想获取元组，可以将 zip 对象使用 tuple()函数转换为元组；如果想获取列表，则可以使用 list()函数将其转换为列表。

提　示
在 Python 2.x 中，zip()函数返回的内容为包含元组的列表。

- listl：一个列表，用于指定要生成字典的键。
- list2：一个列表，用于指定要生成字典的值。如果 listl 和 list2 的长度不同，则取最短的列表长度。

【例 3.39】通过映射函数创建字典。

```
tinydict = {'Name': 'Zara', 'Age': 7, 'Class': 'First'}
print "tinydict['Name']: ", tinydict['Name']
print "tinydict['Age']: ", tinydict['Age']
```

运行上面的代码，输出结果如下：

```
tinydict['Name']:  Zara
tinydict['Age']:  7
```

2. 通过给定的"键-值对"创建字典

通过给定的"键-值对（key-value pair）"创建字典的语法如下：

```
dictionary = dict(key1=value1, key2=value2,..., keyn=valuen)
```

参数说明：

- dictionary：表示字典名称。
- keyl,key2,…,keyn：表示元素的键，必须是唯一的，并且是不可变的数据类型，例如可以是字符串、数字或者元组。
- valuel,value2,…,valuen：表示元素的值，可以是任何数据类型，不是必须唯一的。

在 Python 中，还可以使用 dict 对象的 fromkeys()方法创建值为空的字典，语法格式如下：

```
dictionary = dict.fromkeys(list1)
```

参数说明：

- dictionary：表示字典名称。
- listl：作为字典的键的列表。

【例 3.40】创建名为 dict1 的字典。

```
dict1 = dict(name="Jing",age=20,university="DMU")
```

3.4.2 通过"键-值对"访问字典

在 Python 中，如果想输出字典的内容也是比较简单的，可以直接使用 print()函数。但是，在使用字典时，很少直接输出它的内容，一般需要根据指定的键得到相应的结果。在 Python 中，访问字典的元素可以通过下标的方式实现，与列表和元组不同，这里的下标不是索引号，而是键。

【例 3.41】通过键访问字典中的元素。

```
dictionary = {'Bob': '12345678', 'Lily': '12345679', 'Helen': '23456789'}
print(dictionary['Bob'])
```

执行结果如下：

```
12345678
```

另外，在 Python 中推荐的方法是使用字典对象的 get()方法获取指定键的值，其语法格式如下：

```
dictionary.get(key[,default])
```

参数说明：

- dictionary：为字典对象，即要从中获取值的字典。
- key：为指定的键。
- default：为可选项，用于指定当指定的"键"不存在时，返回一个默认值，如果省略，则返回 None。

【例 3.42】使用字典对象的 get()方法获取指定键的值。

```
tinydict = {'Name': 'Runoob', 'Age': 27}
print ("Age : %s" % tinydict.get('Age'))
# 没有设置 Sex, 也没有设置默认的值，输出 None
print ("Sex : %s" % tinydict.get('Sex'))
# 没有设置 Salary, 输出默认的值 0.0
print ('Salary: %s' % tinydict.get('Salary', 0.0))
```

运行上面的代码，输出结果如下：

```
Age : 27
Sex : None
Salary: 0.0
```

3.4.3 遍历字典

字典是以"键-值对"的形式存储数据的，所以要获取存储数据时也需要通过这些"键-值对"进行获取。Python 提供了遍历字典的方法，通过遍历可以获取字典中的全部"键-值对"。

使用字典对象的 items()方法可以获取字典的"键-值对"列表，其语法格式如下：

```
dictionary.items()
```

参数说明：

● dictionary：为字典对象。

● 返回值为可遍历的（键-值对）的元组列表。

● 想要获取到具体的"键-值对"，可以通过 for 循环遍历该元组列表。

【例 3.43】使用 for 循环遍历字典列表。

```
tinydict = {'Google': 'www.google.com', 'Runoob': 'www.runoob.com', 'taobao':
'www.taobao.com'}
print "字典值 : %s" % tinydict.items()
# 遍历字典列表
for key,values in tinydict.items(): print key,values
```

运行上面的代码，输出结果如下：

```
字典值 : [('Google', 'www.google.com'), ('taobao', 'www.taobao.com'), ('Runoob',
'www.runoob.com')]
Google www.google.com
taobao www.taobao.com
Runoob www.runoob.com
```

> **提　示**
>
> 在 Python 中，字典对象还提供了 values()方法和 keys()方法，用于返回字典的"值"列表和"键"列表，它们的使用方法同 items() 方法类似，也需要通过 for 循环遍历该字典列表，获取对应的值和键。

3.4.4 添加、修改和删除字典元素

由于字典是可变序列，所以可以随时在字典中添加"键-值对"。向字典中添加元素的语法格式如下：

```
dictionary[key] = value
```

参数说明：

● dictionary：表示字典名称。

- key: 表示要添加元素的键,必须是唯一的,并且是不可变的数据类型,例如可以是字符串、数字或者元组。
- value: 表示元素的值,可以是任何数据类型,不是必须唯一的。

【例 3.44】向字典中添加元素。

```
tinydict = {'Name': 'Zara', 'Age': 7, 'Class': 'First'}
tinydict ['hello'] = 'world'
print (tinydict ['hello'])
```

运行上面的代码,输出结果如下:

```
World
```

3.4.5　字典推导式

使用字典推导式可以快速生成一个字典,它的表现形式和列表推导式类似。

【例 3.45】生成一个包含 4 个随机数的字典,其中字典的键使用数字表示。

```
import random    # 导入 random 标准库

randomdict = {i: random.randint(10, 100) for i in range(1, 5)}
print("生成的字典为:", randomdict)
```

执行结果如下:

生成的字典为: {1: 76, 2: 17, 3: 94, 4: 49}

另外,使用字典推导式也可以根据列表生成字典。

【例 3.46】使用字典推导式根据列表生成字典。

```
listdemo = ['C 语言','c.biancheng.net']
# 列表中各字符串值为键,各字符串的长度为值,组成键值对
newdict = {key:len(key) for key in listdemo}
print(newdict)
```

运行上面的代码,输出结果如下:

```
{'C 语言': 6, 'c.biancheng.net': 15}
```

3.5　集　　合

Python 中的集合同数学中的集合概念类似,也是用于保存不重复元素的,有可变集合(set)和不可变集合(frozen set)两种。本节所要介绍的可变集合是无序可变序列,而不可变集合在

本书中不做介绍。在形式上，集合的所有元素都放在一对"{}"中，两个相邻元素间使用","分隔。

提　　示

在数学中，集合的定义是把一些能够确定的不同的对象看成一个整体，而这个整体就是由这些对象的全体构成的集合。集合通常用"{}"或者大写的拉丁字母表示。

集合最常用的操作就是创建集合，添加删除集合中的元素，以及集合的交集、并集和差集运算，下面分别进行介绍。

3.5.1　创建集合

在 Python 中提供了两种创建集合的方法：一种是直接使用"{}"创建，另一种是通过 set() 函数将列表、元组等可迭代对象转换为集合。

1. 直接使用"{}"创建集合

在 Python 中，创建集合也可以像创建列表、元组和字典一样，直接将集合赋值给变量从而实现创建集合，即直接使用"{}"创建，语法格式如下：

```
setname={element1, element2, element3, ..., elementn}
```

参数说明：

- setname：表示集合的名称，可以是任何符合 Python 命名规则的标识符。
- elemnet1,elemnet2,elemnet3,…,elemnetn：表示集合中的元素，元素个数没有限制，只要是 Python 支持的数据类型就可以。

注　　意

在创建集合时，如果输入了重复的元素，Python 会自动只保留一个。

【例 3.47】分别使用不同类型的元素创建 3 个集合。

```
set1={'水瓶座', "射手座", "双鱼座", "双子座"}
set2={3, 1, 4, 1, 5, 9, 2, 6}
set3={'Python', 28, ('人生苦短', "我用 Python")}
```

这段代码将创建以下集合：

```
{'水瓶座', "射手座", "双鱼座", "双子座"}
{3, 4, 1, 5, 9, 2, 6}
{'Python', 28, ('人生苦短', "我用 Python")}
```

提　示
由于 Python 中的集合是无序的，所以每次输出时元素的排列顺序可能都不相同。

2. 使用 set()函数创建集合

在 Python 中，可以使用 set()函数将列表、元组等其他可迭代对象转换为集合，其语法格式如下：

```
setname=set(iteration)
```

参数说明：

- setname：表示集合名称。
- iteration：表示要转换为集合的可迭代对象，可以是列表、元组、range 对象等，也可以是字符串。如果是字符串，返回的集合将是包含全部不重复字符的集合。

提　示
在 Python 中，创建集合时推荐采用 set()函数实现。

【例 3.48】使用 set 函数创建集合。

```
>>>x = set('runoob')
>>> y = set('google')
>>> x, y (set(['b', 'r', 'u', 'o', 'n']), set(['e', 'o', 'g', 'l']))# 重复的被删除
>>> x & y # 交集 set(['o'])
>>> x | y # 并集 set(['b', 'e', 'g', 'l', 'o', 'n', 'r', 'u'])
>>> x - y # 差集 set(['r', 'b', 'u', 'n'])
```

3.5.2　添加和删除集合元素

集合是可变序列，所以在创建集合后，还可以添加或者删除元素。

1. 向集合中添加元素

向集合中添加元素可以使用 add()方法实现，其语法格式如下：

```
setname.add(element)
```

参数说明：

- setname：表示要添加元素的集合。
- element：表示要添加的元素内容，只能使用字符串、数字及布尔类型的 True 或者 False 等，不能使用列表、元组等可迭代对象。

【例 3.49】向集合中添加元素。

```
fruits = {"apple", "banana", "cherry"}

fruits.add("orange")

print(fruits)
```

运行上面的代码，输出结果如下：

```
{'cherry', 'orange', 'apple', 'banana'}
```

2. 从集合中删除元素

在 Python 中，可以使用 del 命令删除整个集合，也可以使用集合的 pop()方法或者 remove() 方法删除集合中的元素，或者使用集合对象的 clear()方法清空集合，即删除集合中的全部元素，使其变为空集合。

【例 3.50】从集合中删除元素。

```
a = [0,1,2,3,4]
b = a[0]
del a[0]  # 删除列表 a 中的第 0 个元素 0
print(a)
```

运行上面的代码，输出结果如下：

```
[1,2,3,4]
```

3.5.3　集合的交集、并集和差集运算

集合最常用的操作就是进行交集、并集、差集和对称差集运算。进行交集运算时使用"&"符号，进行并集运算时使用"|"符号，进行差集运算时使用"-"符号，进行对称差集运算时使用"^"符号。

下面我们分别使用代码示例介绍集合的交集、并集、差集和对称差集运算。

1. 交集

```
>>> x={1,2,3,4}
>>> y={3,4,5,6}
>>> x
set([1, 2, 3, 4])
>>> y
set([3, 4, 5, 6])
>>> x&y
set([3, 4])
>>> x.intersection(y)
```

```
set([3, 4])
```

2. 并集

```
>>> x | y # 集合并集
set([1, 2, 3, 4, 5, 6])
>>> x.union(y)
set([1, 2, 3, 4, 5, 6])
```

3. 差集

```
>>> x-y # x 与 y 的差集
set([1, 2])
>>> x.difference(y)# x 与 y 的差集
set([1, 2])
>>> y-x # y 与 x 的差集
set([5, 6])
>>> y.difference(x)# y 与 x 的差集
set([5, 6])
```

4. 对称差集

```
>>> x^y
set([1, 2, 5, 6])
>>> y^x
set([1, 2, 5, 6])
>>> x.symmetric_difference(y)
set([1, 2, 5, 6])
>>> y.symmetric_difference(x)
set([1, 2, 5, 6])
```

3.5.4　列表、元组、字典和集合的区别

在 3.2～3.5 节介绍了序列中的列表、元组、字典和集合的应用，下面通过表 3.1 对这几个数据序列进行比较。

表3.1　列表、元组、字典和集合的区别

数据结构	是否可变	是否重复	是否有序	定义符号
列表（list）	可变	可重复	有序	[]
元组（tuple）	不可变	可重复	有序	()
字典（dictionary）	可变	可重复	无序	{key:value}
集合（set）	可变	不可重复	无序	{}

3.6　本章小结

本章首先简要介绍了 Python 中的序列及序列的常用操作，然后分别介绍了 Python 中内置

的 4 个常用的序列结构：列表是由一系列按特定顺序排列的元素组成的，是 Python 中的内置的可变序列；元组可以理解为被套上"枷锁"的列表，即元组中的元素不可以修改；字典和列表有些类似，区别是字典中的元素是由"键-值对"组成的；集合的主要作用就是去掉重复的元素。读者在实际开发时，可以根据自己的实际需要选择合适的序列结构。

3.7 动手练习

1. 现有字典 d= {'a':24,'g':52,'i':12,'k':33}，请将其按值进行排序。

2. 请反转字符串"aStr"。

3. 将字符串"k:1 |k1:2|k2:3|k3:4"，处理成字典 {k:1,k1:2,...}。

4. 下面代码的输出结果是什么？

```
list = ['a','b','c','d','e']
print(list[10:])
```

5. 请将 alist 中的元素按照 age 由大到小排序。

```
alist = [{'name':'a','age':20},{'name':'b','age':30},{'name':'c','age':25}]
```

6. 给定两个列表，怎么找出它们的相同元素和不同元素？

第 4 章

函　数

在 Python 中，我们可以把实现某一功能的代码定义为一个函数，然后在需要使用这一功能时调用该函数，十分方便。可以将函数简单理解为可以完成某项工作的代码块，在程序中使用函数可以大大提高效率，增加代码可读性。

本章将对函数的创建和调用、函数的参数、变量的作用域、匿名函数、程序模块化等内容进行详细介绍。

4.1　创建和调用函数

在 Python 中，函数的应用非常广泛。例如，用于输出的 print() 函数、用于输入的 input() 函数及用于生成一系列整数的 range() 函数，这些都是 Python 内置的标准函数，可以直接使用。除了标准函数外，Python 还支持自定义函数。

4.1.1　创建函数

创建函数也称为定义函数，可以理解为创建一个具有某种用途的工具，使用 def 关键字实现，语法格式如下：

```
def functionname([parameterlist]):
    ['''''comments''']
    [functionbody]
```

参数说明：

- functionname：函数名称，命名规则与标识符一致。
- parameterlist：可选参数，用于指定向函数中传递的参数。如果有多个参数，各参数间使用 "," 分隔。如果不指定，则表示该函数没有参数，调用时也不指定参数。

注　　意
即使函数没有参数，也必须保留一对空的()，否则将报错。

- comments：可选参数，表示为函数指定注释，注释的内容通常是说明该函数的功能、要传递的参数的作用等，可以为用户提供友好提示和帮助。

提　　示
在定义函数时，如果指定了 comments 参数，那么在调用函数时，输入函数名称及左侧的圆括号时，就会显示该函数的帮助信息。

- functionbody：可选参数，用于指定函数体，即该函数被调用后要执行的功能代码。如果函数有返回值，可以使用 return 语句返回。

注　　意
函数体 functionbody 和注释 comments 相对于 def 关键字必须保持一定的缩进。

提　　示
如果想定义一个没有功能的空函数，可以使用 pass 语句作为占位符。

【例 4.1】定义一个过滤危险字符的函数 filterchar()。

```
def filterchar(string):
 """
 功能：过滤危险字符，并将过滤后的结果输出
 :param string:
 :return:
 """
 import re
 pattern = r'(黑客)|(抓包)|(监听)'        # 模式字符串
 sub = re.sub(pattern, "@_@", string)   # 进行模式替换
 print(sub)
```

运行上面的代码，将不显示任何内容，也不会抛出异常，因为 filterchar()函数还没有被调用。

4.1.2 调用函数

调用函数也就是执行函数。如果把创建的函数理解为一个具有某种用途的工具，那么调用函数就相当于使用该工具。调用函数的语法格式如下：

```
functionname ([parametersvalue])
```

参数说明：

● functionname: 函数名称，要调用的函数名称必须是已经创建好的。

● parametersvalue: 可选参数，用于指定各个参数的值。如果需要传递多个参数值，则各参数值间使用逗号 "," 分隔。如果该函数没有参数，则直接写一对圆括号即可。

【例 4.2】调用 4.1.1 节创建的 filterchar()函数。

```
about = "小明喜欢看黑客相关的图书，擅长于网络抓包"
filterchar(about)
```

调用 filterchar()函数后，得到的结果如图 4.1 所示。

```
小明喜欢看@_@相关的图书，擅长于网络@_@

Process finished with exit code 0
```

图 4.1　调用 filterchar()函数的结果

4.2　函数的参数

在调用函数时，大多数情况下主调函数和被调函数之间有数据传递关系，这就是有参数的函数形式。函数参数的作用是传递数据给函数使用，函数利用接收的数据进行具体的操作处理。函数参数在定义函数时放在函数名称后面的一对圆括号中。

4.2.1 形式参数和实际参数

在使用函数时，经常会用到形式参数（简称形参）和实际参数（简称实参），二者都叫作参数。下面将先通过讲解形式参数与实际参数的作用来说明二者的区别，再通过一个实例对二者进行深入探讨。

形式参数和实际参数在作用上的区别如下：

● 形式参数：在定义函数时的参数。

● 实际参数：调用函数时的参数，也就是将函数的调用者提供给函数的参数。

根据实际参数的类型不同，可以分为将实际参数的值传递给形式参数和将实际参数的引用传递给形式参数两种情况。其中，当实际参数为不可变对象时，进行值传递；当实际参数为可变对象时，进行引用传递。

【例 4.3】定义一个名称为 demo() 的函数，然后为 demo() 函数传递一个字符串类型的变量作为参数（代表值传递），并在函数调用前后分别输出该字符串变量，再为 demo() 函数传递一个列表类型的变量作为参数（代表引用传递），并在函数调用前后分别输出该列表。

```python
# 定义函数
def demo(obj):
    print("原值: ", obj)
    obj += obj


# 调用函数
print("=========值传递========")
mot = "唯有在被追赶的时候,你才能真正地奔跑。"
print("函数调用前:", mot)
demo(mot)    # 采用不可变对象——字符串
print("函数调用后:", mot)
print("=========引用传递========")
list1 = ['绮梦', '冷伊一', '香凝', '黛兰']
print("函数调用前:", list1)
demo(list1)    # 采用可变对象——列表
print("函数调用后:", list1)
```

上面代码的执行结果如图 4.2 所示。

```
=========值传递========
函数调用前: 唯有在被追赶的时候,你才能真正地奔跑。
原值:   唯有在被追赶的时候,你才能真正地奔跑。
函数调用后: 唯有在被追赶的时候,你才能真正地奔跑。
=========引用传递========
函数调用前: ['绮梦', '冷伊一', '香凝', '黛兰']
原值:   ['绮梦', '冷伊一', '香凝', '黛兰']
函数调用后: ['绮梦', '冷伊一', '香凝', '黛兰', '绮梦', '冷伊一', '香凝', '黛兰']

Process finished with exit code 0
```

图 4.2　参数传递结果

从上面的执行结果中可以看出，在进行值传递时，改变形式参数的值后实际参数的值不改变；在进行引用传递时，改变形式参数的值后实际参数的值也发生改变。

4.2.2 位置参数

位置参数也称必备参数，必须按照正确的顺序传递到函数中，即调用时的数量和位置必须和定义时一致。

1. 数量必须与定义时一致

在调用函数时，指定的实际参数的数量必须与形式参数的数量一致，否则将抛出 TypeError 异常，提示缺少必要的位置参数。

2. 位置必须与定义时一致

在调用函数时，指定的实际参数的位置必须与形式参数的位置一致，否则将产生以下两种结果。

1）抛出 TypeError 异常

抛出该异常主要是因为实际参数的类型与形式参数的类型不一致，并且在函数中这两种类型还不能转换。

例如出现如图 4.3 所示的异常信息，主要是因为传递的整型数值不能与字符串进行连接操作。

```
Traceback (most recent call last):
  File "/Users/burette/PythonCode/chap5/function_bmi.py", line 31, in <module>
    fun_bmi(60, "路人甲", 1.83) # 计算路人甲的BMI指数
  File "/Users/burette/PythonCode/chap5/function_bmi.py", line 19, in fun_bmi
    bmi = weight / (height * height)
TypeError: can't multiply sequence by non-int of type 'str'

Process finished with exit code 1
```

图 4.3　提示不支持的操作数类型

2）产生的结果与预期不符

在调用函数时，如果指定的实际参数与形式参数的位置不一致，但是它们的数据类型一致，那么就不会抛出异常，而是产生结果与预期不符的问题。

4.2.3 关键字参数

关键字参数是指使用形式参数的名字来确定输入的参数值。通过该方式指定实际参数时，不再需要与形式参数的位置完全一致，只要将参数名写正确即可。这样可以避免用户需要牢记参数位置的麻烦，使得函数的调用和参数传递更加灵活方便。

4.2.4 为参数设置默认值

调用函数时如果没有指定某个参数将抛出异常，可以为该参数设置默认值，即在定义函数时直接指定形式参数的默认值。这样，当没有传入参数时，可以直接使用定义函数时设置的默认值。定义带有默认值参数的函数的语法格式如下：

```
def functionname(...,[parameter1 = defaultvalue1]):
    [functionbody]
```

参数说明：

- functionname：函数名称，在调用函数时使用。
- parameterl=defaultvaluel：可选参数，用于指定向函数中传递的参数，并且为该参数设置默认值为 defaultvaluel。
- functionbody：可选参数，用于指定函数体，即该函数被调用后要执行的功能代码。

> **注　意**
>
> 在定义函数时，必须在所有参数的最后指定默认的形式参数，否则将产生语法错误。

【例 4.4】定义一个根据身高、体重计算 BMI 指数的函数 fun_bmi()，为其第一个参数指定默认值。

```
def fun_bmi(height, weight, person="路人"):
    """
    功能：根据身高和体重计算 BMI 指数
    :param person:姓名
    :param height:身高
    :param weight:体重
    :return:
    """
    bmi = weight / (height * height)
    print(person + "的BMI指数为：" + str(bmi))
    # 判断身材是否合理
    if bmi < 18.5:
        print("您的体重过轻~@_@~\n")
    if bmi >= 18.5 and bmi < 24.9:
        print("正常范围,注意保持(-_-) \n")
    if bmi >= 24.9 and bmi < 29.9:
        print("您的体重过重 ~@_@\n")
```

然后调用该函数，不指定第一个参数，代码如下：

```
fun_bmi(1.73,60)
```

执行结果如图 4.4 所示。

```
路人的BMI指数为: 20.04744562130375
正常范围,注意保持(-_-)


Process finished with exit code 0
```

图 4.4　执行结果

使用可变对象作为函数参数的默认值时，多次调用可能会导致意料之外的情况。

【例 4.5】编写一个名称为 demo()的函数，并为其设置一个带默认值的参数，再调用该函数。

```
def demo(obj = []):  # 定义函数并为 obj 指定默认值
    print("obj 的值: ",obj)
    obj.append(1)


demo()
```

执行结果如下：

```
obj 的值: []
```

连续两次调用 demo()函数，并且都不指定实际参数，执行结果如下：

```
obj 的值: []
obj 的值: [1]
```

这显然不是我们想要的结果。为了防止出现这种情况，最好使用 None 作为可变对象的默认值，并加上必要的检查代码。修改后的代码如下：

```
def demo(obj = None):  # 定义函数并为 obj 指定默认值
 if obj == None:
     obj = []
 print("obj 的值: ",obj)
 obj.append(1)
```

执行结果如下：

```
obj 的值: []
obj 的值: []
```

提　示
定义函数时，为形式参数设置默认值要牢记一点：默认参数必须指向不可变对象。

4.2.5　可变参数

在 Python 中，还可以定义可变参数。可变参数也称不定长参数，即传入函数中的实际参数可以是任意多个。

定义可变参数主要有两种形式：一种是*parameter，另一种是**parameter。

1. *parameter

这种形式表示接收任意多个实际参数并将其放到一个元组中。

【例 4.6】定义一个函数，让其可以接收任意多个实际参数。

```python
def printcoffee(*coffername):   # 定义输出我喜欢的咖啡名称的函数
    print("\n 我喜欢的咖啡有: ")
    for item in coffername:
        print(item)             # 输出咖啡名称
```

调用 3 次上面的函数，分别指定不同的实际参数，代码如下：

```python
printcoffee('蓝山')
printcoffee('蓝山', '卡布奇诺', '土耳其', '巴西', '哥伦比亚')
printcoffee('蓝山', '卡布奇诺', '曼特宁', "摩卡")
```

执行结果如图 4.5 所示。

```
我喜欢的咖啡有:
蓝山

我喜欢的咖啡有:
蓝山
卡布奇诺
土耳其
巴西
哥伦比亚

我喜欢的咖啡有:
蓝山
卡布奇诺
曼特宁
摩卡

Process finished with exit code 0
```

图 4.5　执行结果

如果想要使用一个已经存在的列表作为函数的可变参数，可以在列表的名称前加"*"。

【例 4.7】引用一个已经存在的列表。

```python
param = ['蓝山', '卡布奇诺', '土耳其']
printcoffee(*param)
```

通过调用 printcoffee()函数，执行结果如下：

我喜欢的咖啡有：
蓝山
卡布奇诺
土耳其

2. **parameter

**parameter 表示关键字参数。可变参数允许传入 0 个或任意个参数，这些可变参数在函数调用时自动组装为一个元组。而关键字参数允许传入 0 个或任意个含参数名的参数，这些关键字参数在函数内部自动组装为一个字典。

【例 4.8】引用多个元素，经过程序的处理后，自动整理所有元素为一个字典元素，然后输出。

```
def printcoffee(*coffername):  # 定义输出我喜欢的咖啡名称的函数
print("\n 我喜欢的咖啡有：")
for item in coffername:
print(item)  # 输出咖啡名称
```

调用 3 次上面的函数，分别指定不同的实际参数，代码如下：

```
printcoffee('蓝山')
printcoffee('蓝山', '卡布奇诺', '土耳其', '巴西', '哥伦比亚')
printcoffee('蓝山', '卡布奇诺', '曼特宁', "摩卡")
```

4.2.6 Python 中参数的总结

1. 位置参数

按照从左到右的顺序定义的参数。

● 位置形参：必选参数。
● 位置实参：按照位置给形参传值。

2. 关键字参数

按照 key=value 的形式定义的实参。
无须按照位置为形参传值。
注意的问题：

● 关键字实参必须在位置实参右边。
● 对同一个形参不能重复传值。

3. 默认参数

形参在定义时就已经为其赋值。

可以传值也可以不传值，经常需要变的参数定义成位置形参，变化较小的参数定义成默认参数（形参）。

注意的问题：

● 只在定义时赋值一次。

● 默认参数的定义应该在位置形参右边。

● 默认参数通常应该定义成不可变类型。

4. 可变参数

可变指的是实参值的个数不固定，而实参有按位置和按关键字两种形式定义，针对这两种形式的可变，形参对应有两种解决方案来完整地存放它们，分别是*args 和**kwargs。

5. 命名关键字参数

"*"后定义的参数，必须被传值（有默认值的除外），且必须按照关键字实参的形式传递。

4.3　返　回　值

为函数设置返回值的作用就是将函数的处理结果返回给调用它的程序。在 Python 中，可以在函数体内使用 return 语句为函数指定返回值，并且无论 return 语句出现在函数的什么位置，只要得到执行，就会直接结束函数的执行。

return 语句的语法格式如下：

```
return [value]
```

参数说明：

● value：可选参数，用于指定要返回的值，可以返回一个值，也可返回多个值。为函数指定返回值后，在调用函数时，可以把它赋值给一个变量（如 result），用于保存函数的返回结果。如果返回一个值，那么 result 中保存的就是返回的一个值，该值可以为任意类型。如果返回多个值，那么 result 中保存的是一个元组。

提　示
当函数中没有 return 语句或者省略了 return 语句的参数时，将返回 None，即返回空值。

【例 4.9】模拟结账功能——计算实付金额。

在 PyCharm 中创建一个名称为 checkout.py 的文件，然后在该文件中定义一个名称为 fun_checkout 的函数，该函数包括一个列表类型的参数，用于保存输入的金额，在该函数中计算总计金额和相应的折扣，并返回计算结果，最后在函数体外通过循环输入多个金额并保存到列表中，并且将该列表作为 fun_checkout() 函数的参数调用。

代码如下：

```python
def fun_checkout(money):
    money_old = sum(money)
    money_new = money_old
    if 500 <= money_old < 1000:
        money_new = '{:.2f}'.format(money_old * 0.9)
    elif 1000 <= money_old <= 2000:
        money_new = '{:.2f}'.format(money_old * 0.8)
    elif 2000 <= money_old <= 3000:
        money_new = '{:.2f}'.format(money_old * 0.7)
    elif money_old >= 3000:
        money_new = '{:.2f}'.format(money_old * 0.6)
    return money_old, money_new  # 返回总金额和折扣后的金额


# 调用函数
print("\n 开始结算......\n")
list_money = []
while True:
    # 请不要输入非法的金额，否则将抛出异常
    inmoney = float(input("输入商品金额(输入 0 表示输入完毕):"))
    if int(inmoney) == 0:
        break
    else:
        list_money.append(inmoney)
money = fun_checkout(list_money)
print("总计金额:", money[0], "应付金额:", money[1])
```

运行结果如图 4.6 所示。

```
开始结算......

输入商品金额(输入0表示输入完毕):178
输入商品金额(输入0表示输入完毕):98
输入商品金额(输入0表示输入完毕):157
输入商品金额(输入0表示输入完毕):100
输入商品金额(输入0表示输入完毕):23
输入商品金额(输入0表示输入完毕):0
合计金额: 556.0 应付金额: 500.40

Process finished with exit code 0
```

图 4.6　模拟顾客结账功能

4.4 变量的作用域

变量的作用域是指程序代码能够访问该变量的区域，如果超出该区域，访问时就会出现错误。在程序中，一般会根据变量的"有效范围"将变量分为"全局变量"和"局部变量"。

4.4.1 局部变量

局部变量是指在函数内部定义并使用的变量，它只在函数内部有效，即函数内部的名字只在函数运行时才会创建，在函数运行之前或者运行完毕之后，所有的名字就都不存在了。所以，如果在函数外部使用函数内部定义的变量，就会抛出 NameError 异常。

4.4.2 全局变量

全局变量是能够作用于函数内外的变量，主要有以下两种情况：

（1）如果一个变量在函数外定义，那么该变量不仅在函数外可以访问到，在函数内也可以访问到。在函数体以外定义的变量是全局变量。

（2）在函数体内定义并且使用 global 关键字修饰后的变量也为全局变量。该变量不仅在函数体外可以访问到，并且在函数体内还可以对它进行修改。

在函数内部定义的变量即使与全局变量重名，也不影响全局变量的值。如果想要在函数体内部改变全局变量的值，需要在定义局部变量时使用 global 关键字修饰。

4.5 匿名函数

匿名函数是指没有名字的函数，应用在需要一个函数但是又不想费神去命名这个函数的场合。通常情况下，匿名函数只使用一次。在 Python 中，使用 lambda 表达式创建匿名函数，其语法格式如下：

```
result = lambda [arg1 [,arg2,...,argn]] : expression
```

参数说明：

- result: 用于调用 lambda 表达式。
- [argl[.arg2，…，argn]]: 可选参数，用于指定要传递的参数列表，多个参数间使用逗号（，）分隔。
- expression: 必选参数，用于指定一个实现具体功能的表达式。如果有参数，那么在该表达式中将应用这些参数。

注　意
使用 lambda 表达式时，参数可以有多个，用逗号（,）分隔，但是表达式只能有一个，即只能返回一个值，而且也不能出现其他非表达式语句（如 for 或 while 语句）。

【例 4.10】定义一个计算圆面积的函数。

```python
import math
def circlearea(r):
    result = math.pi*r*r
    return result
r = 10
print("半径为",r,"的圆面积为: ",circlearea(r))
```

使用 lambda 表达式的代码如下：

```python
import math
r = 10
result = lambda r: math.pi*r*r
print("半径为",r,"的圆面积为: ",circlearea(r))
```

从上面的示例中可以看出，虽然使用 lambda 表达式比使用自定义函数的代码减少了一些，但是在使用 lambda 表达式时需要定义一个变量，用于调用该 lambda 表达式。

这看似有点画蛇添足。那么 lambda 表达式具体应该怎么应用呢？实际上，lambda 的首要用途是指定短小的回调函数。下面通过一个具体的实例进行演示。

【例 4.11】应用 lambda 实现对爬取到的秒杀商品信息进行排序。

在 PyCharm 中创建一个名称为 seckillsort.py 的文件，然后在该文件中定义一个保存商品信息的列表并输出，接下来使用列表对象的 sort() 方法对列表进行排序，并且在调用 sort() 方法时，通过 lambda 表达式指定排序规则，最后输出排序后的列表。

代码如下：

```python
bookinfo = [('不一样的卡梅拉(全套)', 22.50, 120), ('零基础学Android', 64.10, 89.80),
            ('摆渡人', 23.40, 36.00), ('福尔摩斯探案全集8册', 22.50, 128)]
print("爬取到到商品信息: \n", bookinfo, "\n")
bookinfo.sort(key=lambda x: (x[1], x[1] / x[2]))
print("排序后到商品信息: \n", bookinfo)
```

在上面的代码中，元组的第一个元素代表商品名称，第二个元素代表秒杀价格，第三个元素代表原价。

运行结果如图 4.7 所示。

```
爬取到商品信息：
    [('不一样的卡梅拉(全套)', 22.5, 120), ('零基础学Android', 65.1, 89.8), ('摆渡人', 23.4, 36.0), ('福尔摩斯探案全集8册', 22.5, 128)]

排序后到商品信息：
    [('福尔摩斯探案全集8册', 22.5, 128), ('不一样的卡梅拉(全套)', 22.5, 120), ('摆渡人', 23.4, 36.0), ('零基础学Android', 65.1, 89.8)]

Process finished with exit code 0
```

图 4.7　对爬取到的秒杀商品信息进行排序

4.6　程序模块化

Python 提供了强大的模块支持，主要体现为不仅在 Python 标准库中包含了大量的模块（称为标准模块），而且还有很多第三方模块，也可以开发自定义模块。通过这些强大的模块支持将极大地提高我们的开发效率。

4.6.1　模块概述

为了编写可维护的代码，我们把很多函数分组，分别放到不同的文件里，这样，每个文件包含的代码就相对较少，很多编程语言都采用这种组织代码的方式。在 Python 中，一个.py 文件就称为一个模块。

使用模块的好处：首先，大大提高了代码的可维护性；其次，编写代码不必从零开始，当一个模块编写完毕，就可以被其他地方引用。我们在编写程序的时候，也经常引用其他模块，包括 Python 内置的模块和来自第三方的模块。

4.6.2　自定义模块

在 Python 中，自定义模块有两个作用：一个是规范代码，让代码更易于阅读；另一个是方便其他程序使用已经编写好的代码，提高开发效率。

实现自定义模块主要有两种方法：一种是创建模块，另一种是导入模块。

1. 创建模块

创建模块时，可以将模块中相关的代码（变量定义和函数定义等）编写在一个单独的文件中，并且该文件命名时采用"模块名+.py"的形式。

注　意
创建模块时，设置的模块名不能是 Python 自带的标准模块名称。

2. 导入模块

1）使用 import 语句导入模块

创建模块后，就可以在其他程序中使用该模块了。要使用模块需要先以模块的形式加载模块中的代码，这可以使用 import 语句实现。import 语句的语法格式如下：

```
import modulename [as alias]
```

参数说明：

- modulename：为要导入模块的名称。
- [as alias]：为模块的别名，通过该别名也可以使用模块。

提 示
在调用模块中的变量、函数或者类时，需要在变量名、函数名或者类名前添加"模块名."作为前缀。

2）使用 from…import 语句导入模块

在使用 import 语句导入模块时，每执行一条 import 语句都会创建一个新的命名空间（namespace），并且在该命名空间中执行与.py 文件相关的所有语句。在执行时，需在具体的变量、函数和类名前加上"模块名."前缀。使用 from…import 语句导入模块后，不需要再添加前缀，直接通过具体的变量、函数和类名等访问即可。

提 示
命名空间可以理解为记录对象名字和对象之间对应关系的空间。目前 Python 的命名空间大部分都是通过字典来实现的：key 是标识符，value 是具体的对象。例如，key 是变量的名字，value 则是变量的值。

from…import 语句的语法格式如下：

```
from modulename import member
```

参数说明：

- modulename：模块名称，区分字母大小写，需要和定义模块时设置的模块名称的大小写保持一致。
- member：用于指定要导入的变量、函数或者类等。可以同时导入多个定义，各个定义之间使用逗号（,）分隔。如果想导入全部定义，也可以使用通配符"*"代替。

【例 4.12】导入两个包括同名函数的模块。

创建两个模块，一个是矩形模块，其中包括计算矩形周长和面积的函数；另一个是圆形模块，其中包括计算圆形周长和面积的函数。然后在另一个 Python 文件中导入这两个模块，并调用相应的函数计算周长和面积。

具体步骤如下：

步骤01 创建矩形模块，对应的文件名为 rectangle.py，在该文件中定义两个函数，一个用于计算矩形的周长，另一个用于计算矩形的面积，代码如下：

```python
def girth(width, height):
    """
    功能：计算周长
    :param width:宽度
    :param height:高度
    :return:
    """
    return (width + height) * 2
def area(width, height):
    """
    功能：计算面积
    :param width: 宽度
    :param height: 高度
    :return:
    """
    return width * height
if __name__ == "__main__":
    print(area(10, 20))
```

步骤02 创建圆形模块，对应的文件名为 circular.py，在该文件中定义两个函数，一个用于计算圆形的周长，另一个用于计算圆形的面积，代码如下：

```python
import math
PI = math.pi
def girth(r):
    """
    功能：计算周长
    :param r: 半径
    :return:
    """
    return round(2 * PI * r, 2)
def area(r):
    """
    功能：计算面积
    :param r: 半径
    :return:
    """
```

```
        return round(PI * r * r, 2)
if __name__ == "__main__":
    print(girth(10))
```

步骤 03 创建一个名称为 compute.py 的 Python 文件，在该文件中，首先导入矩形模块的全部定义，然后导入圆形模块的全部定义，最后分别调用函数计算矩形的周长和面积以及圆形的周长和面积，代码如下：

```
import rectangle as r          # 导入矩形模块
import circular as c           # 导入圆形模块
if __name__ == '__main__':
    print("圆形的周长为: ", c.girth(10))      # 调用计算圆形周长
    print("矩形的周长为: ", r.girth(10, 20))  # 调用计算矩形周长
    print("圆形的面积为: ", c.area(10))        # 调用计算圆形面积
    print("矩形的面积为: ", r.area(10, 20))    # 调用计算矩形面积
```

执行 compute.py 文件，得到的结果如图 4.8 所示。

图 4.8　执行不同模块的同名函数

4.6.3　模块的搜索目录

当使用 import 语句导入模块时，默认情况下会按照以下顺序进行查找。

（1）在当前目录（即执行的 Python 脚本文件所在目录）下查找。

（2）到 PYTHONPATH（环境变量）下的每个目录中查找。

（3）到 Python 的默认安装目录下查找。

以上各个目录的具体位置保存在标准模块 sys 的 sys.path 变量中，可以通过以下代码输出具体的目录：

```
import sys                # 导入标准模块 sys
print(sys.path)           # 输出具体目录
```

例如，在 PyCharm 中执行上面的代码，得到的结果如图 4.9 所示。

```
['/Users/burette/PythonCode/chap8', '/Users/burette/PythonCode', '/Users/burette/PythonCode/chap8',

Process finished with exit code 0
```

图 4.9　在 PyCharm 窗口中查看具体目录

4.7 Python 中的包

在 Python 中，提出了包（Package）的概念。包是一个分层次的目录结构，它将一组功能相近的模块组织在一个目录下。这样，既可以起到规范代码的作用，又能避免模块名重名引起的冲突。

4.7.1 python 程序的包结构

在实际项目开发时，通常情况下会创建多个包用于存放不同类的文件。例如，本教程配套的代码中，先创建一个名称为 PythonCode 的项目，然后在该项目下创建各个章节的包，最后在每个包中创建相应的模块，创建完成的包结构如图 4.10 所示。

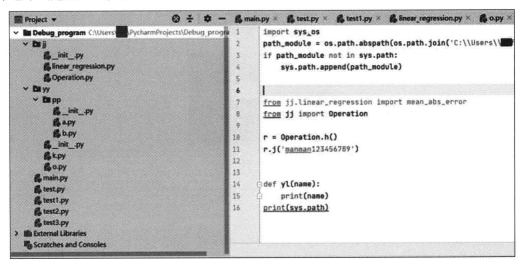

图 4.10 一个 Python 项目的包结构

4.7.2 创建和使用包

下面将分别介绍如何创建和使用包。

1. 创建包

创建包实际上就是创建一个文件夹，并且在该文件夹中创建一个名称为"_init_.py"的 Python 文件。在 __init__.py 文件中，可以不编写任何代码，也可以编写一些 Python 代码。在 __init__.py 文件中所编写的代码，在导入包时会自动执行。

提　　示
__init__.py 文件是一个模块文件，模块名为对应的包名。

2. 使用包

创建包以后，就可以在包中创建相应的模块，然后使用 import 语句从包中加载模块。从包中加载模块通常有以下两种方式：

1）通过"import+完整包名+模块名"形式加载指定模块

"import + 完整包名 + 模块名"形式是指：假如有一个名称为 settings 的包，在该包下有一个名称为 size 的模块，那么要导入 size 模块，可以使用下面的代码：

```
import settings.size
```

通过该方式导入的模块，在使用时需要使用完整的名称。例如，在已经创建的 settings 包中创建一个名称为 size 的模块，并且在该模块中定义两个变量，代码如下：

```
width = 800
height = 600
```

这时，通过"import+完整包名+模块名"形式导入 size 模块后，在调用 width 和 height 变量时，就需要在变量名前加上"settings.size."前缀，代码如下：

```
from settings import size
if __name__ == '__main__':
    print('宽度：',size.wight)
    print('高度：',size.height)
```

2）通过"from +完整包名+ 模块名 + import + 定义名"形式加载指定模块

"from+完整包名+模块名+import+定义名"形式是指：假如有一个名称为 settings 的包，在该包下有一个名称为 size 的模块，那么要导入 size 模块中的 width 和 height 变量，可以使用下面的代码：

```
from settings.size import width,height
```

通过该方式导入的模块的函数、变量或类，在使用时直接使用函数、变量或类名即可。例如，想通过"from+完整包名+模块名+import+定义名"形式导入上面已经创建的 size 模块的 width 和 height 变量，并输出，就可以通过下面的代码实现：

```
from settings.size import width,height
if __name__ == '__main__':
    print('宽度：',wight)
    print('高度：',height)
```

提 示
在通过"from+完整包名+模块名+import+定义名"形式加载指定模块时，可以使用星号（*）代替定义名，表示加载该模块下的全部定义。

【例 4.13】在指定包中创建通用的设置和获取尺寸的模块。

创建一个名称为 settings 的包，在该包下创建一个名称为 size 的模块，通过该模块实现设置和获取尺寸的通用功能。

具体步骤如下：

步骤 01 在 settings 包中创建一个名称为 size 的模块，在该模块中定义两个保护类型的全局变量，分别代表宽度和高度，然后定义一个 change()函数，用于修改两个全局变量的值，再定义两个函数，分别用于获取宽度和高度，代码如下：

```
_width = 800            # 定义保护类型的全局变量(宽度)
_height = 600           # 定义保护类型的全局变量(高度)
def change(w, h):
    global _width       # 全局变量(宽度)
    _width = w          # 重新给宽度赋值
    global _height      # 全局变量(高度)
    _height = h         # 重新给高度赋值
def getWidth():         # 定义获取宽度的函数
    global _width
    return _width
def getHeight():        # 定义获取高度的函数
    global _height
    return _height
```

步骤 02 在 settings 包的上一层目录中创建一个名称为 main.py 的文件，在该文件中导入 settings 包下的 size 模块的全部定义，并且调用 change()函数重新设置宽度和高度，然后分别调用 getWidth()和 getHeight()函数获取修改后的宽度和高度，代码如下：

```
from settings import *
if __name__ == "__main__":
    change(1024, 768)
    print("宽度: ", getWidth())
    print("高度: ", getHeight())
```

执行结果如图 4.11 所示。

```
宽度:  1024
高度:  768

Process finished with exit code 0
```

图 4.11　输出修改后的尺寸

4.8　引用其他模块

在 Python 中，除了可以自定义模块外，还可以引用其他模块，主要包括使用标准模块和第三方模块。下面分别进行详细介绍。

4.8.1　导入和使用模块标准

在 Python 中，自带了很多实用的模块，称为标准模块（也可以称为标准库）。对于标准模块，我们可以直接使用 import 语句将其导入 Python 文件中使用。例如，导入标准模块 random（用于生成随机数），可以使用下面的代码：

```
import random  # 导入标准模块 random
```

> **提　示**
>
> 在导入标准模块时，也可以使用 as 关键字为其指定别名。通常情况下，如果模块名比较长，则可以为其设置别名。

导入标准模块后，可以通过模块名调用其提供的函数。例如，导入 random 模块后，就可以调用 randint()函数生成一个指定范围的随机整数。例如，生成一个 0～10（包括 0 和 10）的随机整数，代码如下：

```
import random  # 导入标准模块 random
print(random.randint(0,10))
```

执行上面的代码，会输出 0～10 中的任意一个数。

除了 random 模块外，Python 还提供了大约 200 多个内置的标准模块，涵盖了 Python 运行时服务、文字模式匹配、操作系统接口、数学运算、对象永久保存、网络和 Internet 脚本、GUI（Graphical User Interface，图形用户界面）构建等方面。

4.8.2　第三方模块的下载与安装

在进行 Python 程序开发时，除了可以使用 Python 内置的标准模块外，还可以使用第三方模块。对于这些第三方模块，可以在 Python 官方推出的 http://pypi.python.org/pypi 中找到。

在使用第三方模块时，需要先下载并安装该模块，然后就可以像使用标准模块一样导入并使用了。下载和安装使用 Python 提供的 pip 命令实现。pip 命令的语法格式如下：

```
pip <command> [modulename]
```

参数说明：

- command: 用于指定要执行的命令。常用的参数值有 install（用于安装第三方模块），uninstall（用于卸载已经安装的第三方模块），list（用于显示已经安装的第三方模块），等等。
- modulename: 可选参数，用于指定要安装或者卸载的模块名，当 command 为 install 或者 uninstall 时不能省略。

我们可以通过以下命令来判断是否已安装 pip：

```
pip --version     # Python2.x 版本命令
pip3 --version    # Python3.x 版本命令
```

如果还未安装，则可以使用以下方法来安装 pip：

```
$ curl https://bootstrap.pypa.io/get-pip.py -o get-pip.py   # 下载安装脚本
$ sudo python get-pip.py    # 运行安装脚本
```

注意，用哪个版本的 Python 运行安装脚本，pip 就被关联到哪个版本，如果是 Python 3 则执行以下命令：

```
$ sudo python3 get-pip.py    # 运行安装脚本。
```

一般情况 pip 对应的是 Python 2.7，pip3 对应的是 Python 3.x。

部分 Linux 发行版可直接用包管理器安装 pip，如 Debian 和 Ubuntu：

```
sudo apt-get install python-pip
```

pip 常用的命令如下：

（1）显示版本和路径：

```
pip --version
```

（2）获取帮助：

```
pip --help
```

（3）升级 pip：

```
pip install -U pip
```

如果这个升级命令出现问题 ，可以使用以下命令：

```
sudo easy_install --upgrade pip
```

（4）安装包：

```
pip install SomePackage            # 最新版本
pip install SomePackage==1.0.4     # 指定版本
pip install 'SomePackage>=1.0.4'   # 最小版本
```

比如要安装 Django，用以下命令就可以，十分方便快捷。

```
pip install Django==1.7
```

（5）升级包：

```
pip install --upgrade SomePackage
```
升级指定的包，通过使用==，>=，<=，>，< 来指定一个版本号。

（7）卸载包：

```
pip uninstall SomePackage
```

（8）搜索包：

```
pip search SomePackage
```

（9）显示安装包信息：

```
pip show
```

（10）查看指定包的详细信息：

```
pip show -f SomePackage
```

（11）列出已安装的包：

```
pip list
```

（12）查看可升级的包：

```
pip list -o
```

pip 升级方式如下：

（1）Linux 或 macOS：

```
pip install --upgrade pip      # python2.x
pip3 install --upgrade pip     # python3.x
```

（2）Windows 平台升级：

```
python -m pip install -U pip     # python2.x
python -m pip3 install -U pip    # python3.x
```

4.9 本章小结

本章首先介绍了自定义函数的相关知识，包括如何创建并调用一个函数，以及如何进行参数传递和指定函数的返回值等。在这些知识中，应该重点掌握如何通过不同的方式为函数传递参数，以及什么是形式参数和实际参数，并注意这两者区别。然后又介绍了变量的作用域和匿名函数，其中，变量的作用域应重点掌握，以防止因命名混乱而导致 Bug 的产生，对于匿名函数简单了解即可。接下来对模块进行了简要的介绍，包括如何自定义模块，即自己开发一个模块，如何通过包避免模块重名引发的冲突，最后介绍了如何使用 Python 内置的标准模块和第三方模块。

4.10　动手练习

1. 创建一个函数，判断用户传入的对象（string,list,tuple）长度是否大于 5（尽量减少代码量）。

2. 创建一个函数，计算传入的 string 中数字、字母、空格以及其他内容的个数，并返回结果。

3. 创建一个函数，用户传入要修改的文件名，与要修改的内容，执行函数完成文件的批量修改操作。

4. 创建一个函数，接收 n 个数字，返回这些数字的和（动态传参）。

5. 创建一个函数，返回一个扑克牌列表，里面有 52 项，每一项都是一个元组。

例如：[（"红心"，"2"），（"梅花"，"2"）…（"方块"，"A"）]。

6. 用代码写一个 99 乘法表。

重点：使用笛卡儿积，先确定外层循环，再确定内层循环，最后去掉换行符。

第5章

字符串及正则表达式

字符串是所有编程语言在项目开发过程中涉及得最多的一个内容，在前面的章节已经对什么是字符串、定义字符串的方法及字符串中的转义字符进行了简单介绍，本章将重点介绍操作字符串的方法和正则表达式的应用。

5.1 字符串的常用操作

在 Python 开发过程中，为了实现某项功能，经常需要对某些字符串进行特殊处理，如拼接字符串、截取字符串、格式化字符串等。下面将对 Python 中常用的字符串操作方法进行介绍。

5.1.1 拼接字符串

使用"+"运算符可以完成对多个字符串的拼接，"+"运算符可以连接多个字符串并产生一个字符串对象。

【例 5.1】定义两个字符串，一个用于保存英文版的名言，另一个用于保存中文版的名言，然后将两个字符中"+"运算符连接起来。

```
mot_en ='Happy Birthday.'
mot_cn = '生日快乐。'
print(mot_en + ' - ' + mot_cn)
```

执行上面的代码后，输出结果如下：

```
Happy Birthday. - 生日快乐。
```

字符串不允许直接与其他类型的数据拼接。

例如，使用下面的代码将字符串与数值拼接在一起，将产生异常。

```
name = "我"
age = 38
course = 30
info = name + "已经" + age + "岁了，共发布了" + course + "套教程。"
print(info)
```

要解决此问题，可以将数值转换为字符串，然后以拼接字符串的方法输出该内容。将数值转换为字符串，可以使用 str()函数，修改后的代码如下：

```
name = "C 语言"
age = 38
course = 30
info = name + "已经" + str(age) + "岁了，共发布了" + repr(course) + "套教程。"
print(info)
```

执行上面的代码，输出结果如下：

我已经 38 岁了，共发布了 30 套教程。

【例 5.2】使用字符串拼接输出一个关于程序员的笑话。

在 PyCharm 中创建一个名称为 programmer_splice.py 的文件，然后在该文件中定义两个字符串变量，分别记录两名程序说的话，再将两个字符串拼接到一起，并且在中间拼接一个转义字符串（换行符），最后输出。代码如下：

```
programmer_1 = '程序员甲：搞 IT 太辛苦了,我想换行......怎么办?'
programmer_2 = '程序员乙：敲一下回车键'
print(programmer_1 + '\n' + programmer_2)
```

运行结果如图 5.1 所示。

```
程序员甲：搞IT太辛苦了,我想换行......怎么办?
程序员乙：敲一下回车键

Process finished with exit code 0
```

图 5.1　输出一个关于程序员的笑话

5.1.2　计算字符串长度

由于不同的字符所占字节数不同，所以要计算字符串的长度，需要先了解各字符所占的字节数。在 Python 中，一个数字、字母、小数点、下画线和空格占 1 字节；一个汉字可能会占 2～4 字节，占几个字节取决于采用的编码，一个汉字在 GBK/GB2312 编码中占 2 字节，在 UTF-8/Unicode 编码中一般占用 3 字节（或 4 字节）。

在 Python 中，提供了 len()函数计算字符串的长度，语法格式如下：

```
len(string)
```

其中，string 用于指定要进行长度统计的字符串。

【例 5.3】定义一个字符串，内容为"人生苦短，我用 Python!"，然后应用 len()函数计算该字符串的长度。

```
str1 = "人生苦短，我用 Pyhton!"
length = len(str1)
print(length)
```

执行上面的代码，输出结果为"14"。

在实际开发时，有时需要获取字符串实际所占的字节数，这时，可以通过使用 encode()方法（参见 5.2.1 节）进行编码后再获取。

如果要获取采用 UTF-8 编码的字符串的长度，可以使用下面的代码：

```
str1 = "人生苦短，我用 Pyhton!"
length = len(str1.encode())
print(length)
```

执行上面的代码，输出结果为"28"。这是因为汉字加中文标点符号共 7 个，占 21 字节，英文字母和英文的标点符号共 7 个，占 7 字节，所以总共 28 字节。

如果要获取采用 GBK 编码的字符串的长度，可以使用下面的代码：

```
str1 = "人生苦短，我用 Pyhton!"
length = len(str1.encode('gbk'))
print(length)
```

执行上面的代码，输出结果为"21"。这是因为汉字加中文标点符号共 7 个，占 14 字节，英文字母和英文标点符号共 7 个，占 7 字节，所以总共 21 字节。

5.1.3 截取字符串

由于字符串也属于序列，所以要截取字符串可以采用切片方法实现。通过切片方法截取字符串的语法格式如下：

```
string[start: end: step]
```

参数说明：

● string：表示要截取的字符串。
● start：表示要截取的第一个字符的索引（包括该字符），如果不指定，默认值为 0。

- end: 表示要截取的最后一个字符的索引（不包括该字符），如果不指定，则默认为字符串的长度。
- step: 表示切片的步长，如果省略，则默认值为 1，当省略该步长时，最后一个冒号也可以省略。

> **提　示**
>
> 字符串的索引同序列的索引是一样的，也是从 0 开始，并且一个字符占一个位置。

【例 5.4】 截取身份证号码中的出生日期。

在 PyCharm 中创建一个名称为 idcard.py 的文件，然后在该文件中定义 3 个字符串变量，分别记录两名程序员甲、乙说的话，再从程序员甲说的身份证号中截取出出生日期，拼接组合成"YYYY 年 MM 月 DD 日"格式的字符串，并且在中间拼接一个转义字符串（换行符），最后输出截取到的出生日期和生日。

代码如下：

```
programer_1 = '你知道我的生日吗?'        # 程序员甲问程序员乙的台词
print('程序员甲说: ', programer_1)        # 输出程序员甲的台词
programer_2 = '输入你的身份证号码。'       # 程序员乙的台词
print('程序员乙说: ', programer_2)        # 输出程序员乙的台词

idcard = '123456199006277890'              # 定义保存身份证号码的字符串
print('程序员甲说:', idcard)                # 程序员甲说出身份证号码
birthday=idcard[6:10] + '年' + idcard[10:12] + '月' + idcard[12:14] + '日'
# 截取生日
print('程序员乙说:', '你是' + birthday + '出生的,所以你的生日是
' + birthday[5:])
```

运行结果如图 5.2 所示。

```
程序员甲说:   你知道我的生日吗?
程序员乙说:   输入你的身份证号码。
程序员甲说: 123456199006277890
程序员乙说: 你是1990年06月27日出生的,所以你的生日是06月27日

Process finished with exit code 0
```

图 5.2　截取身份证号码中的出生日期

5.1.4　分割、合并字符串

在 Python 中，字符串对象提供了分割和合并字符串的方法。分割字符串是把字符串分割为列表，而合并字符串是把列表合并为字符串，分割字符串和合并字符串可以看作互逆操作。

1. 分割字符串

字符串对象的 split() 方法可以实现分割字符串，也就是把一个字符串按照指定的分隔符切分为字符串列表，该列表的元素中，不包括分隔符。split() 方法的语法格式如下：

```
str.split(sep, maxsplit)
```

参数说明：

- str：表示要进行分割的字符串。
- sep：用于指定分隔符，可以包含多个字符，默认值为 None，即所有空字符（包括空格、换行符（ln）、制表符（\t）等）。
- maxsplit：可选参数，用于指定分割的次数，如果不指定或者为-1，则分割次数没有限制，否则返回结果列表的元素个数，个数最多为 maxsplit+1。
- 返回值：分割后的字符串列表。

【例 5.5】分割字符串。

```
str = "Line1-abcdef \nLine2-abc \nLine4-abcd"; print str.split( );
# 以空格为分隔符，包含 \n
print str.split(' ', 1 );
# 以空格为分隔符，分隔成两个
```

执行上面的代码，输出结果如下：

```
['Line1-abcdef', 'Line2-abc', 'Line4-abcd']
['Line1-abcdef', '\nLine2-abc \nLine4-abcd']
```

2. 合并字符串

合并字符串与拼接字符串不同，它会将多个字符串采用固定的分隔符连接在一起。例如，字符串"绮梦*冷伊一*香凝*黛兰"，就可以看作通过分隔符"*"将列表合并为一个字符串的结果。

合并字符串可以使用字符串对象的 join() 方法实现，其语法格式如下：

```
strnew=string.join(iterable)
```

参数说明：

- strnew：表示合并后生成的新字符串。
- string：字符串类型，用于指定合并时的分隔符。
- iterable：可迭代对象，该迭代对象中的所有元素（用字符串表示）将被合并为一个新的字符串。string 作为边界点分割出来。

【例 5.6】合并字符串。

```
myTuple = ("Bill", "Steve", "Elon")

x = "#".join(myTuple)

print(x)
```

执行上面的代码，输出结果如下：

```
Bill#Steve#Elon
```

5.1.5　检索字符串

在 Python 中，字符串对象提供了很多应用于字符串查找的方法，这里主要介绍以下几种常用的方法。

1. count()方法

count()方法用于检索指定字符串在另一个字符串中出现的次数。如果检索的字符串不存在，则返回 0，否则返回出现的次数。其语法格式如下：

```
str.count(sub[, start[, end]])
```

参数说明：

- str: 表示原字符串。
- sub: 表示要检索的子字符串。
- start: 可选，表示检索范围的起始位置的索引，如果不指定，则从头开始检索。
- end: 可选，表示检索范围的结束位置的索引，如果不指定，则一直检索到结尾。

【例 5.7】使用 count()方法检索字符串。

```
str = "this is string example....wow!!!";
 sub = "i";
print "str.count(sub, 4, 40) : ",
str.count(sub, 4, 40)
sub = "wow";
print "str.count(sub) : ",
str.count(sub)
```

执行上面的代码，输出结果如下：

```
str.count(sub, 4, 40) : 2
str.count(sub) : 1
```

2. find()方法

find()方法用于检索是否包含指定的子字符串。如果检索的字符串不存在，则返回-1，否则返回首次出现该子字符串时的索引。其语法格式如下：

```
str.find(sub[, start[, end]])
```

参数说明：

- str：表示原字符串。
- sub：表示要检索的子字符串。
- start：可选，表示检索范围的起始位置的索引，如果不指定，则从头开始检索。
- end：可选，表示检索范围的结束位置的索引，如果不指定，则一直检索到结尾。

【例 5.8】使用 find()方法检索字符串。

```
str1 = "this is string example....wow!!!"; str2 = "exam"; print str1.find(str2);
print str1.find(str2, 10); print str1.find(str2, 40);
```

执行上面的代码，输出结果如下：

```
15
15
-1
```

3. index()方法

index()方法同 find()方法类似，也是用于检索是否包含指定的子字符串，只不过如果使用index(0)方法，当指定的字符串不存在时会抛出异常。其语法格式如下：

```
str.index(sub[, start[, end]])
```

参数说明：

- str：表示原字符串。
- sub：表示要检索的子字符串。
- start：可选，表示检索范围的起始位置的索引，如果不指定，则从头开始检索。
- end：可选，表示检索范围的结束位置的索引，如果不指定，则一直检索到结尾。

【例 5.9】使用 index()方法检索字符串。

```
txt = "Hello, welcome to my world."

x = txt.index("welcome")

print(x)
```

执行上面的代码，输出结果如下：

7

4. startswith()

startswith()方法用于检索字符串是否以指定子字符串开头，如果是则返回 True，否则返回 False。其语法格式如下：

```
str.startswith(prefix[, start[, end]])
```

参数说明：

- str: 表示原字符串。
- prefix: 表示要检索的子字符串。
- start: 可选，表示检索范围的起始位置的索引，如果不指定，则从头开始检索。
- end: 可选，表示检索范围的结束位置的索引，如果不指定，则一直检索到结尾。

【例 5.10】使用 startswith()方法检索字符串。

```
str = "this is string example....wow!!!";
print str.startswith( 'this' );
print str.startswith( 'is', 2, 4 );
print str.startswith( 'this', 2, 4 );
```

执行上面的代码，输出结果如下：

```
True
True
False
```

5.1.6 字符串大小写转换

在 Python 中，字符串对象提供了 lower()方法和 upper()方法进行字母的大小写转换，即用于将大写字母转换为小写字母或者将小写字母转换为大写字母。

1. lower()方法

lower()方法用于将字符串中的大写字母转换为小写字母，新字符长度与原字符长度相同。lower()方法的语法格式如下：

```
str.lower()
```

参数说明：

- str: 要进行转换的字符串。

【例 5.11】将定义的字符串全部显示为小写字母。

```
str1='WWW.Baidu.com'
```

```
print('原字符串: 'str1)
print('新字符串: 'str1.lower())   # 全部转换为小写字母输出
```

执行结果如下：

```
www.baidu.com
```

2. upper()方法

upper()方法用于将字符串中的小写字母转换为大写字母，新字符长度与原字符长度相同。upper()方法的语法格式如下：

```
str.upper()
```

参数说明：

● str: 要进行转换的字符串。

【例 5.12】将定义的字符串全部显示为大写字母。

```
str1='WWW.Baidu.com'
print('原字符串: 'str1)
print('新字符串: 'str1.upper())   # 全部转换为大写字母输出
```

执行结果如下：

```
WWW.BAIDU.COM
```

5.1.7　去除字符串中的空格和特殊字符

用户在输入数据时可能会无意中输入多余的空格，或在一些情况下，字符串前后不允许出现空格和特殊字符，此时就需要去除字符串中的空格和特殊字符。可以使用 Python 中提供的 strip()方法去除字符串左、右两边的空格和特殊字符；也可以使用 lstrip()方法去除字符串左边的空格和特殊字符，使用 rstrip()方法去除字符串右边的空格和特殊字符。

1. strip()方法

strip()方法用于去除字符串左、右两边的空格和特殊字符，其语法格式如下：

```
str.strip([chars])
```

参数说明：

● str: 要去除空格的字符串。
● chars: 可选参数，用于指定要去除的字符，可以指定多个。如果设置 chars 为"@."，则去除左、右两边的"@"和"."。如果不指定 chars 参数，默认将去除空格、制表符（\t）、回车符（\r）、换行符（\n）等。

【例 5.13】使用 strip()方法去除字符串中的空格和特殊字符。

```
str = "123abcrunoob321"
print (str.strip( '12' )) # 字符序列为 12
```

输出结果如下：

```
3abcrunoob3
```

2. lstrip()方法

lstrip()方法用于去掉字符串左边的空格和特殊字符，其语法格式如下：

```
str.lstrip([chars])
```

参数说明：

- str: 要去除空格的字符串。
- chars: 可选参数，用于指定要去除的字符，可以指定多个。如果设置 chars 为："@."，则去除左边的 "@" 和 "."。如果不指定 chars 参数，默认将去除空格、制表符（\t）、回车符（\r）、换行符（\n）等。

【例 5.14】使用 lstrip()方法去除字符串中的空格和特殊字符。

```
str = "    this is string example....wow!!!    ";
print str.lstrip();
str = "88888888this is string example....wow!!!8888888";
print str.lstrip('8');
```

输出结果如下：

```
this is string example....wow!!!
this is string example....wow!!!8888888
```

3. rstrip()方法

rstrip()方法用于去掉字符串右边的空格和特殊字符，其语法格式如下：

```
str.rstrip([chars])
```

参数说明：

- str: 要去除空格的字符串。
- chars: 可选参数，用于指定要去除的字符，可以指定多个。如果设置 chars 为 "@."，则去除右边的 "@" 和 "."。如果不指定 chars 参数，默认将去除空格、制表符 "\t"、回车符 "\r"、换行符 "\n" 等。

【例 5.15】使用 rstrip() 方法去除字符串中的空格和特殊字符。

```python
random_string = 'this is good     '

# 字符串末尾的空格会被删除
print(random_string.rstrip())

# 'si oo' 不是尾随字符，因此不会删除任何内容
print(random_string.rstrip('si oo'))

# 在 'sid oo' 中，'d oo' 是尾随字符，'ood' 从字符串中删除
print(random_string.rstrip('sid oo'))

# 'm/' 是尾随字符，没有找到 '.' 号的尾随字符，'m/' 从字符串中删除
website = 'www.runoob.com/'
print(website.rstrip('m/.'))


# 移除逗号(,)、点号(.)、字母 s、q 或 w，这几个都是尾随字符
txt = "banana,,,,,ssqqqww....."
x = txt.rstrip(",.qsw")
print(x)
# 删除尾随字符 *
str = "*****this is string example....wow!!!*****"
print (str.rstrip('*'))
print(x)
```

输出结果如下：

```
this is good
this is good
this is g
www.runoob.co
banana
```

```
5.2.2(P91)
```

5.2　字符串编码转换

在 Python 中，有两种常用的字符串类型，分别为 str 和 bytes。其中，str 表示 Unicode 字符（ASCII 或者其他），bytes 表示二进制数据（包括编码的文本）。这两种类型的字符串不能拼接在一起使用。

> **提　示**
>
> bytes 类型的数据是带有"b"前缀的字符串（用单引号或双引号表示），例如，b'xd2xb0' 和'bmr'都是 bytes 类型的数据。

str 类型和 bytes 类型之间可以通过 encode() 和 decode() 方法进行转换。

5.2.1　encode() 方法对字符串编码

encode() 方法为 str 对象的方法，用于将字符串转换为二进制数据（即 bytes），也称为"编码"，其语法格式如下：

```
str.encode([encoding="utf-8"][, errors="strict"])
```

参数说明：

- str：表示要进行转换的字符串。
- encoding="utf-8"：可选参数，用于指定进行转码时采用的字符编码，默认为 UTF-8，如果想使用简体中文，也可以设置为 gb2312。当只有这一个参数时，也可以省略前面的 "encoding="，直接写编码。
- errors="strict"：可选参数，用于指定错误处理方式，其可选择值可以是 strict（遇到非法字符就抛出异常）、ignore（忽略非法字符）、replace（用"？"替换非法字符）或 xmlcharrefreplace（使用 XML 的字符引用）等，默认值为 strict。

> **提　示**
>
> 在使用 encode() 方法时不会修改原字符串，如果需要修改原字符串，需要对其重新赋值。

【例 5.16】字符串"野渡无人舟自横"，使用 endoce() 方法采用 GBK 编码将其转换为二进制数，并输出原字符串和转换后的内容。

```
verse = "野渡无人舟自横"
byte = verse.encode('GBK')
print("原字符串: ", verse)
print("转换后: ", byte)
```

执行上面的代码，输出结果如下：

```
原字符串:  野渡无人舟自横
转换后:  b'\xd2\xb0\xb6\xc9\xce\xde\xc8\xcb\xd6\xdb\xd7\xd4\xba\xe1'
```

5.2.2　decode()方法对字符串解码

decode()方法为 bytes 对象的方法，用于将二进制数据转换为字符串，即将使用 encode()方法转换的结果再转换为字符串，这也称为"解码"。其语法格式如下：

```
bytes.decode([encoding="utf-8"][, errors="strict"])
```

参数说明：

- bytes：表示要进行转换的二进制数据，通常是 encode()方法转换后的结果。
- encoding="utf-8"：可选参数，用于指定进行解码时采用的字符编码，默认为 UTF-8，如果想使用简体中文，也可以设置为 gb2312。当只有这一个参数时，也可以省略前面的"encoding="，直接写编码。
- errors="strict"：可选参数，用于指定错误处理方式，其可选择值可以是 strict（遇到非法字符就抛出异常）、ignore（忽略非法字符）、replace（用"？"替换非法字符）或 xmlcharrefreplace（使用 XML 的字符引用）等，默认值为 strict。

【例 5.17】使用 decode()方法对字符串进行解码。

```
str = "this is string example....wow!!!";
str = str.encode('base64','strict');
print "Encoded String: " + str;
print "Decoded String: " + str.decode('base64','strict')
```

输出结果如下：

```
Encoded String: dGhpcyBpcyBzdHJpbmcgZXhhbXBsZS4uLi53b3chISE=

Decoded String: this is string example....wow!!!
```

提　示
在使用 decode()方法时不会修改原字符串，如果需要修改原字符串，需要对其进行重新赋值。

5.3　正则表达式基础

在处理字符串时，经常会有查找符合某些复杂规则的字符串的需求。正则表达式就是用于描述这些规则的工具，换句话说，正则表达式就是记录文本规则的代码。对于接触过 DOS 的用户来说，如果想匹配当前文件夹下所有的文本文件，可以输入 dir *.txt 命令，按 Enter 键后，所有.txt 文件将会被列出来。这里的*txt 即可理解为一个简单的正则表达式。

5.3.1 元字符

元字符即正则表达式中有特殊含义的字符。

1. 普通字符

元字符：abc。

匹配规则：匹配相应的普通字符。

findall：在字符串中查找所有匹配成功的组，返回匹配成功的结果列表。

【例 5.18】使用 findall 匹配普通字符。

```
In [1]: import re
In [2]: re.findall('ab','abcdeabcde')
Out[2]: ['ab', 'ab']
```

2. 匹配多个正则表达式

元字符：|（该字符可以理解为或）。

匹配规则：符号两侧的正则表达式均能匹配。

【例 5.19】使用|对多个正则表达式同时进行匹配。

```
In [3]: re.findall('ab|fh','abacfhab')
Out[3]: ['ab', 'fh', 'ab']
In [4]: re.findall('ab | fh','abacfhab')
Out[4]: []
```

注：|符号两边不能有空格，否则匹配不了。

3. 匹配单一字符

元字符：.。

匹配规则：匹配任意一个字符，'\n'除外。

【例 5.20】匹配单一字符。

```
In [5]: re.findall('f.o','affooasand f@o')
Out[5]: ['ffo', 'f@o']
```

4. 匹配字符串开头

元字符：^。

匹配规则：匹配一个字符串的开头位置

【例 5.21】匹配字符串开头。

```
In [6]: re.findall('^hello','hello world')
```

```
Out[6]: ['hello']
```

5. 匹配字符串结尾

元字符：$。

匹配规则：匹配一个字符串的结尾位置。

【例 5.22】匹配字符串结尾。

```
In [7]: re.findall('py$','hello.py')
Out[7]: ['py']
In [8]: re.findall('py$','python')
Out[8]: []
```

6. 匹配重复 0 次或多次

元字符：*。

匹配规则：匹配前面出现的正则表达式 0 次或者多次。

【例 5.23】匹配重复 0 次或多次。

```
In [9]: re.findall('ab*','abcdeabasdfabbbbb')
Out[9]: ['ab', 'ab', 'a', 'abbbbb']
In [10]: re.findall('.*py$','hello.py')
Out[10]: ['hello.py']
In [11]: re.findall('.*py','hello.pyc')
Out[11]: ['hello.py']
In [12]: re.findall('.*py$','hello.pyc')
Out[12]: []
```

7. 匹配重复 1 次或多次

元字符：+。

匹配规则：匹配前面正则表达式至少一次。

【例 5.24】　匹配重复 1 次或多次。

```
In [13]: re.findall('ab+','abcdeabasdfabbbbb')
Out[13]: ['ab', 'ab', 'abbbbb']
In [14]: re.findall('.+\.py$','a.py')
Out[14]: ['a.py']
```

8. 匹配重复 0 次或 1 次

元字符：？。

匹配规则：匹配前面出现的正则表达式 0 次或 1 次。

【例 5.25】匹配重复 0 次或 1 次。

```
In [15]: re.findall('ab?','abcdeabasdfabbbbb')
Out[15]: ['ab', 'ab', 'a', 'ab']
```

9. 匹配重复指定次数

元字符：{N}。

匹配规则：匹配前面的正则表达式 N 次。

【例 5.26】匹配重复 N 次。

```
In [16]: re.findall('ab{3}','abcdeabasdfabbbbb')
Out[16]: ['abbb']
```

10. 匹配重复指定次数范围

元字符：{M,N}

匹配规则：匹配前面的正则表达式 M 次到 N 次。

【例 5.27】匹配重复 M~N 次。

```
In [17]: re.findall('ab{2,5}','abbcdeabbbbasdfabbbbb')
Out[17]: ['abb', 'abbbb', 'abbbbb']
```

11. 字符集匹配

元字符：[abcd]。

匹配规则：匹配方括号中的字符集，或者是字符集区间的一个字符。

【例 5.28】匹配字符集。

```
In [1]: import re
In [2]: re.findall('ab','abcdeabcde')
Out[2]: ['ab', 'ab']
```

12. 字符集不匹配

元字符：[^ abc]。

匹配规则：匹配出字符集中的任意一个字符。

【例 5.29】匹配出字符集中的任意一个字符。

```
In [18]: re.findall('[^abce]','abcdefgh')
Out[18]: ['d', 'f', 'g', 'h']
In [19]: re.findall('[^_0-9a-zA-Z]','740536464@qq.com')
Out[19]: ['@', '.']
```

13. 匹配任意数字（非数字）字符

元字符：\d、[0-9]、\D、[^0-9]。

匹配规则：\d、[0-9]匹配任意一个数字字符，\D、[^0-9]匹配任意非数字字符。

【例 5.30】匹配任意数字字符。

```
In [20]: re.findall('1\d{10}','15100317766')
Out[20]: ['15100317766']
```

14. 匹配任意普通字符（特殊字符）

元字符：\w、[_0-9a-zA-Z]、\W、[^_0-9a-zA-Z]。

匹配规则：\w、[_0-9a-zA-Z]匹配数字、字母、下画线，\W、[^_0-9a-zA-Z]匹配除了数字、字母、下画线之外的其他特殊字符。

【例 5.31】匹配任意普通字符（特殊字符）。

```
In [22]: re.findall('[A-Z]\w*','Hello World')
Out[22]: ['Hello', 'World']
In [23]: re.findall('\w*-\d*','wangming-56')
Out[23]: ['wangming-56']
```

15. 匹配任意（非）空字符

元字符：\s、\S。

匹配规则：\s 匹配任意空字符，[\n\0\t\r]分别表示空格、换行、回车、制表；\S 匹配任意非空字符。

【例 5.32】匹配任意（非）空字符。

```
In [26]: re.findall('hello\s+\S+','hello lily hello lucy hellokad')
Out[26]: ['hello lily', 'hello lucy']
```

16. 匹配字符串开头结尾

元字符：\A、\Z。

匹配规则：\A 匹配字符串开头位置，\Z 匹配字符串的结尾位置。

【例 5.33】匹配字符串开头结尾。

```
In [27]: re.findall('\Aabc\Z','abc')
Out[27]: ['abc']
In [28]: re.findall('\Aabc\Z','abcabc')
Out[28]: []
```

17. 匹配（非）单词边界

元字符：\b、\B。

匹配规则：\b 匹配一个单词的边界，\B 匹配一个单词的非边界。数字、字母、下画线和其他字符的交界处认为是单词边界。

【例 5.34】匹配单词边界。

```
In [29]: re.findall('is','This is a test')
Out[29]: ['is', 'is']
In [30]: re.findall(r'\bis\b','This is a test')
Out[30]: ['is']
```

元字符的类型有很多，下面对常用的几种进行说明。

5.3.2 行定位符

行定位符用来描述字符串的边界，"^"表示行的开始，"$"表示行的结尾。例如：

```
^tm
```

该表达式表示要匹配字符串 tm 的位置是行头，如"tm equal Tomorrow Moon"可以匹配，而"Tomorrow Moon equal tm"则不匹配。但如果使用：

```
tm$
```

该表达式表示要匹配字符串 tm 的位置是行尾，则"tm equal Tomorrow Moon"不可以匹配而"Tomorrow Moon equal tm"可以匹配。如果要匹配的字符串可以出现在要查找的字符串的任意部分，那么可以直接写成下面的格式，这样两个字符串就都可以匹配了。

```
tm
```

5.3.3 字符类

用正则表达式查找数字和字母是很简单的，因为已经有了对应这些字符集合的元字符（如"\d""\w"），但是如果要匹配没有预定义元字符的字符集合（比如元音字母 a，e，i，o，u），应该怎么办？很简单，只需要在方括号里列出它们就可以了，像[aeiou]可以匹配任何一个英文元音字母，[.?!]可以匹配标点符号("."".""?"或"!")。也可以轻松地指定一个字符范围，像"[0-9]"代表的含义与"\d"就是完全一致的；同理，"[a-z0-9A-Z_]"完全等同于"\w"（如果只考虑英文的话）。

5.3.4 排除字符

在 5.3.3 节列出的是匹配符合指定字符集合的字符串。现在反过来，匹配不符合指定字符集合的字符串，正则表达式提供了"^"字符。这个元字符表示行的开始。而将其放到方括号中，表示排除的意思。例如：

```
[^a-zA-Z]
```

该表达式用于匹配一个不是字母的字符。

5.3.5　选择字符

需要条件选择的逻辑，这就需要使用选择字符（|）来实现，该字符可以理解为"或"。例如匹配身份证的表达式可以写成如下形式：

```
(^\d{15}$)|(^\d{18}$)|(^\d{17})(\d|X|x)$
```

该表达式的意思是匹配 15 位数字，或者 18 位数字，或者 17 位数字和最后一位，最后一位可以是数字，也可以是 X 或者 x。

5.3.6　转义字符

正则表达式中的转义字符（\）和 Python 中的大同小异，都是将特殊字符（如"."".?""1"等）变为普通的字符。

用正则表达式匹配诸如"127.0.0.1"格式的 IP 地址，如果直接使用点字符，格式为：

```
[1-9]{1,3}.[0-9]{1,3}.[0-9]{1,3}.[0-9]{1,3}
```

这显然不对，因为"."可以匹配一个任意字符。这时，不仅是 127.0.0.1 这样的 IP，连 127101011 这样的字符串也会被匹配出来。所以在使用"."时，需要使用转义字符(\)。上面的正则表达式格式为：

```
[1-9]{1,3}\.[0-9]{1,3}\.[0-9]{1,3}\.[0-9]{1,3}
```

提　　示
括号在正则表达式中也算是一个元字符。

5.3.7　分组

通过 5.3.5 节中的例子，相信读者已经对圆括号的作用有了一定的了解。圆括号字符的第一个作用就是可以改变限定符的作用范围，如"|""*""^"等。

例如，下面的表达式中包含圆括号：

```
(six|four)th
```

这个表达式的意思是匹配单词 sixth 或 fourth，如果不使用圆括号，那么就变成了匹配单词

six 和 fourth。

圆括号的第二个作用是分组，也就是子表达式。如(\.[0-9]{1,3}){3}，就是对分组(\.[0-9]{1,3})
进行重复操作。

5.3.8　正则表达式语法

在 Python 中使用正则表达式时，是将其作为模式字符串使用的。

例如，将匹配不是字母的一个字符的正则表达式表示为模式字符串，可以使用下面的代码：

```
'[^a-zA-Z]'
```

而如果将匹配以字母 m 开头的单词的正则表达式转换为模式字符串，则不能直接在其两侧
添加引号定界符，例如，下面的代码是不正确的。

```
'\bm\w*\b'
```

而是需要将其中的"\"进行转义，转换后的结果为：

```
'\\bm\\w*\\b'
```

由于模式字符串中可能包括大量的特殊字符和反斜杠，所以需要写为原生字符串，即在模
式字符串前加 r 或 R。例如，上面的模式字符串采用原生字符串表示为：

```
r'\bm\w*\b'
```

提　　示

在编写模式字符串时，并不是所有的反斜杠都需要进行转换。例如，前面编写的正则
表达式"^\d{8}$"中的反斜杠就不需要转义，因为其中的 \d 并没有特殊意义。不过，
为了编写方便，本书中的正则表达式都采用原生字符串表示。

5.4　re 模块

Python 提供了 re 模块，用于实现正则表达式的操作。在实现时，可以使用 re 模块提供的
方法进行字符串处理，也可以先使用 re 模块的 compile()方法将模式字符串转换为正则表达式对
象，然后使用该正则表达式对象的相关方法来操作字符串。

5.4.1　匹配字符串

匹配字符串可以使用 re 模块提供的 match()、search()和 findall()等方法。

1. 使用 match()方法进行匹配

match()方法用于从字符串的开始处进行匹配，如果在起始位置匹配成功，则返回 Match 对象，否则返回 None。match()方法的语法格式如下：

```
re.match(pattern, string, [flags])
```

参数说明：

- pattern：表示模式字符串，由要匹配的正则表达式转换而来。
- string：表示要匹配的字符串。
- flags：可选参数，表示标志位，用于控制匹配方式，如是否区分字母大小写。

【例 5.35】使用 match()方法匹配字符串。

```
import re
    print(re.match(r'How', 'How are you').span())      # 在起始位置匹配
    print(re.match(r'are', 'How are you'))             # 不在起始位置匹配
```

输出结果如下：

```
(0, 3)
None
```

2. 使用 search()方法进行匹配

search()方法用于在整个字符串中搜索第一个匹配的值，如果在起始位置匹配成功，则返回 Match 对象，否则返回 None。search()方法的语法格式如下：

```
re.search(pattern, string, [flags])
```

参数说明：

- pattern：表示模式字符串，由要匹配的正则表达式转换而来。
- string：表示要匹配的字符串。
- flags：可选，表示标志位，用于控制匹配方式，如是否区分字母大小写。

【例 5.36】使用 search()方法匹配字符串。

```
import re
    print(re.search(r'How', 'How are you').span())      # 在起始位置匹配
    print(re.search(r'are', 'How are you').span())      # 不在起始位置匹配
```

输出结果如下：

```
(0, 3)
(4, 7)
```

3. 使用 findall()方法进行匹配

findall()方法用于在整个字符串中搜索所有符合正则表达式的字符串，并以列表的形式返回。如果匹配成功，则返回包含匹配结构的列表，否则返回空列表。findall()方法的语法格式如下：

```
re.findall(pattern, string, [flags])
```

参数说明：

- pattern: 表示模式字符串，由要匹配的正则表达式转换而来。
- string: 表示要匹配的字符串。
- flags: 可选参数，表示标志位，用于控制匹配方式，如是否区分字母大小写。常用的标志如表 5.1 所示。

表5.1　常用的标志及其说明

标　　志	说　　明
re.I	忽略大小写
re.M	多行模式
re.S	点任意匹配模式
re.L	使预定义字符类\w、\W、\b、\B、\s、\S，取决于当前区域设定
re.U	使预定义字符类\w、\W、\b、\B、\s、\S，取决于 unicode 定义的字符属性
re.X	详细模式，正则表达式可以是多行的，忽略空白字符，可以加注释

【例 5.37】使用 findall()方法匹配字符串。

```
>>> re.findall(r'\bf[a-z]*', 'which foot or hand fell fastest') ['foot', 'fell',
'fastest']
>>> re.findall(r'(\w+)=(\d+)', 'set width=20 and height=10') [('width', '20'),
('height', '10')]
```

5.4.2　替换字符串

sub()方法用于实现字符串替换，其语法格式如下：

```
re.sub(pattern, repl, string, count, flags)
```

参数说明：

- pattern: 表示模式字符串，由要匹配的正则表达式转换而来。
- repl: 表示替换的字符串。
- string: 表示要被查找替换的原始字符串。
- count: 可选参数，表示模式匹配后替换的最大次数，默认值为 0，表示替换所有的匹配。
- flags: 可选参数，表示标志位，用于控制匹配方式，如是否区分字母大小写。

【例 5.38】隐藏中奖信息中的手机号码。

```
import re

pattern = r'1[34578]\d{9}'                        # 定义要替换的模式字符串
string = '中奖号码为: 84978981 联系电话为: 13611111111'
result = re.sub(pattern, '1XXXXXXXXXX', string)    # 替换字符串
print(result)
```

执行结果如下：

中奖号码为：84978981　联系电话为：1XXXXXXXXXX

5.4.3　分割字符串

split()方法用于实现根据正则表达式分割字符串，并以列表的形式返回。其作用与字符串对象的 split()方法类似，所不同的就是分割字符由模式字符串指定。split()方法的语法格式如下：

```
re.split(pattern, string, [maxsplit], [flags])
```

参数说明：

- pattern：表示模式字符串，由要匹配的正则表达式转换而来。
- string：表示要匹配的字符串。
- maxsplit：可选参数，表示最大的拆分次数。
- flags：可选参数，表示标志位，用于控制匹配方式，如是否区分字母大小写。

【例 5.39】使用 split()方法分割字符串。

```
str = "Line1-abcdef \nLine2-abc \nLine4-abcd";
print str.split( ); # 以空格为分隔符，包含 \n print str.split(' ', 1 ); # 以空格
为分隔符，分割成两个
```

输出结果如下：

```
['Line1-abcdef', 'Line2-abc', 'Line4-abcd']
['Line1-abcdef', '\nLine2-abc \nLine4-abcd']
```

5.5　本章小结

本章首先对常用的字符串操作技术进行了详细的讲解，其中拼接、截取、分割、合并、检索等都是需要重点掌握的技术；然后介绍了正则表达式的基本语法，以及 Python 中如何应用 re 模块实现正则表达式匹配等技术。相信通过本章的学习，读者能够举一反三，对所学知识灵活

运用，从而开发出实用的 Python 程序。

5.6 动手练习

1. 判断字符串是否全部小写。

2. 首字母缩写词扩充。

具体示例：

```
FEMA   Federal Emergency Management Agency
IRA    Irish Republican Army
DUP    Democratic Unionist Party
FDA    Food and Drug Administration
OLC    Office of Legal Counsel
```

3. 去掉数字中的逗号。

具体示例：

在处理自然语言 123,000,000 时，如果以标点符号分割，就会出现问题，数字会被逗号分割，因此可以先把数字处理干净（去掉逗号）。

4. 利用 Python 正则表达式，从字符串"hello world luozhixiang"中提取出所有单词。

5. 利用 Python 语言，使用正则将字符串"罗某 202004 月真的很倒霉，替蒋某挡了 3695489 点伤害"中连续 5 个以上的数字替换成*。

第6章

用 NumPy 进行数据计算

NumPy（Numericd Python）是 Python 进行科学计算时使用的一个库。NumPy 支持维度数组和矩阵运算，对数组运算提供了大量的数学函数库。NumPy 比 Python 自身嵌套的列表更具优势，其中一个优势便是速度。在对大型数组执行操作时，NumPy 的速度比 Python 自身嵌套的列表的速度快了好几倍。这是因为 NumPy 数组本身能节省内存，并且 NumPy 在执行算术、统计和线性代数运算时采用了优化算法。

NumPy 还具有可以表示向量和矩阵的多维数组数据结构。NumPy 对矩阵运算进行了优化，使我们能够高效地执行线性代数运算，使其非常适合解决机器学习问题。

与 Python 自身嵌套的列表相比，NumPy 的另一个强大优势是具有大量优化的内置数学函数，这些函数使我们能够非常快速地进行各种复杂的数学计算，并且用到的代码也很少（无须使用复杂的循环），使程序更容易被理解。

在数据分析中，NumPy 几乎是一个必备的数据计算工具，本章我们开始讲解 NumPy 的基本概念及其在数据分析中的使用。

6.1 安装 NumPy

要了解 NumPy，首先需要安装 NumPy，安装 NumPy 的步骤如下：

步骤01 下载 NumPy 安装包，下载地址为 https://www.lfd.uci.edu/~gohlke/pythonlibs/#numpy，下载链接界面如图 6.1 所示。

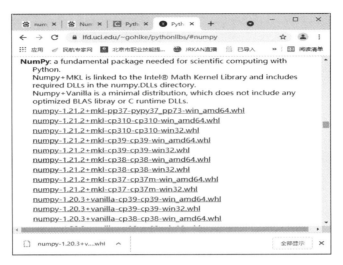

图 6.1　下载 NumPy 安装包界面

注　意

选择与自己 Python 版本匹配的 NumPy。笔者的是 Python 3.9 版本，Windows 64 位，所以要下载的是 numpy-1.20.3+vanilla-cp39-cp39-win_amd64.whl。

步骤 02 将下载的 NumPy 安装包复制到 Python39 中的 Scripts 文件夹里，如图 6.2 所示。

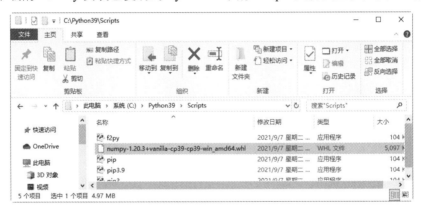

图 6.2　将安装包复制到安装目录

步骤 03 使用 cmd 命令打开 Windows 运行界面，并切换到 Scripts 目录，如图 6.3 所示。

图 6.3　切换到 Scripts 目录

> **注　意**
>
> 如果在安装的过程遇见 pip 需要升级的情况，则在 Python39 的 Scripts 目录下执行 python -m pip install --upgrade pip 命令即可。

步骤 04 输入命令安装 NumPy 函数库，命令格式为：pip install numpy 名称。命令如下：

```
pip install numpy-1.16.5+mkl-cp27-cp27m-win_amd64.whl
```

步骤 05 运行结果如图 6.4 所示，则表示 NumPy 函数库安装成功。

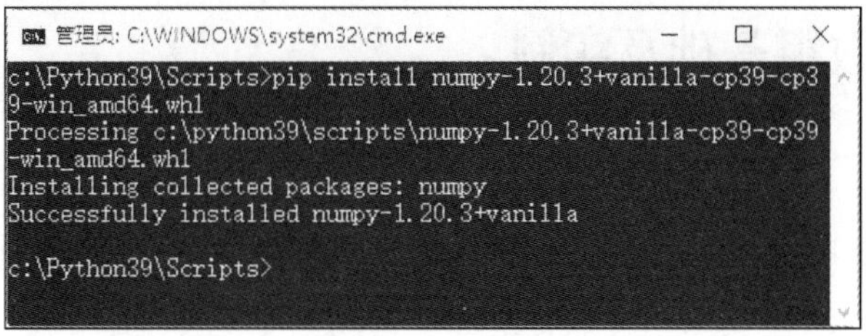

图 6.4　安装成功

步骤 06 再切换到 Python39 所在目录，输入 "C:\Python39\python.exe"，结果如图 6.5 所示。

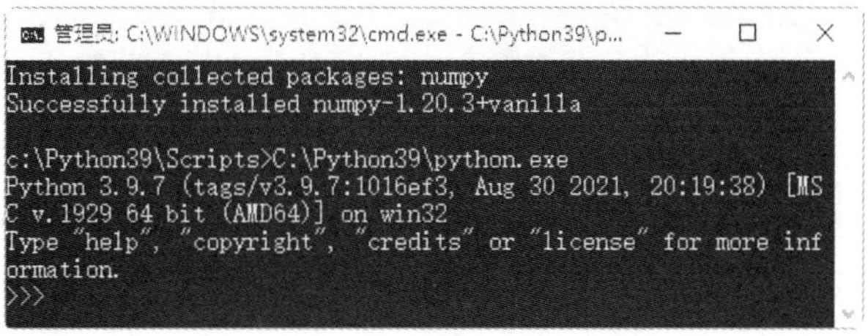

图 6.5　切换回安装目录

步骤 07 最后，输入 "from numpy import *"，可用 random.rand(4,4) 检测 NumPy 是否安装成功，若运行结果如图 6.6 所示，则验证成功。

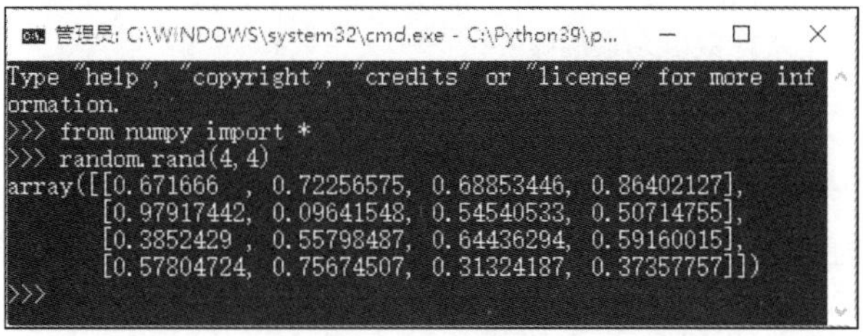

图 6.6　验证成功

6.2　NumPy 数组

Python 中用列表保存一组值，可以将列表当数组使用。另外，Python 中有 array 模块，但它不支持多维数组。无论是列表还是 array 模块，都没有科学运算函数，不适合进行矩阵等科学计算。NumPy 没有使用 Python 本身的数组机制，而是提供了 ndarray 对象，该对象不仅能方便地存取数组，而且拥有丰富的数组计算函数。

使用 ndarray 对象前先导入 numpy 模块，代码如下：

```python
import numpy as np
# 或
from numpy import *
```

6.2.1 ndarray 数组基础及实例

1. 创建数组

下面用一个实例来讲解数组的创建。

【例 6.1】创建数组。

```python
>>> x=np.array([[1.0,0.0,0.0],[0.,1.,2.]])  # 定义了一个二维数组，大小为（2，3）
>>> x
array([[1., 0., 0.],
       [0., 1., 2.]])
>>> x.ndim            # 数组维度数
2
>>> x.shape           # 数组的维数，返回格式为(n,m)，其中 n 为行数，m 为列数
(2, 3)
>>> x.size            # 数组元素的总数
6
>>> x.dtype           # 数组元素类型
dtype('float64')      # 64 位浮点型
>>> x.itemsize        # 每个元素占有的字节大小
8
>>> x.data            # 数组元素的缓冲区
<memory at 0x00000205227DAC18>
```

还有两种创建序列数组的函数，arrange 和 linspace，其功能和 range 函数类似，但它们都属于 NumPy 里面，说明如下：

- arange(a,b,c): 参数分别表示开始值，结束值，步长。
- linspace(a,b,c): 参数分别表示开始值，结束值，元素数量。

还可以调用它们自身的方法 reshape()指定形状，代码如下：

```python
>>> arange(15).reshape(3,5)
array([[ 0,  1,  2,  3,  4],
       [ 5,  6,  7,  8,  9],
       [10, 11, 12, 13, 14]])
```

```
>>> arange(10,30,5)
array([10, 15, 20, 25])
>>> arange(0,2,0.3)
array([0. , 0.3, 0.6, 0.9, 1.2, 1.5, 1.8])
>>> linspace(0,2,9) # 生成 9 个 0~2 的数字
array([0. , 0.25, 0.5 , 0.75, 1. , 1.25, 1.5 , 1.75, 2. ])
```

除了直接定义数组外，还可以使用两种创建概率分布的形式创建 ndarray 数组。

1）高斯分布（正态分布）

np.random.randn(shape)：生成对应形状（shape）的高斯分布。

np.random.normal(loc, scale, size)：生成均值为 loc、标准差为 scale、形状（shape）为 size 的高斯分布。

2）均匀分布

np.random.rand(shape)：生成对应形状（shape）的均匀分布。

np.random.uniform(low, high, size)：生成一个从[low, high)中随机采样的、样本数量为 size 的均匀分布。

【例 6.2】创建均匀分布数组。

```
>>> a = np.random.randn(10)  # 长度为 10 的一个一维数组
>>> a
array([ 0.12939473, 0.43128511, 1.20540157, 0.54083603, 0.80768359,
       -1.24217976, -0.9713093 , 1.43538807, -1.07227227, -1.27176462])
>>> b = np.random.normal(0, 1, (2,4)) # 均值为 1、方差为 0、形状为（2，4）的二维数组
>>> b
array([[ 0.4132305 , -2.06728849, 1.15189397, -1.11201615],
       [ 0.39955198, -0.89664908, -0.61361683, -0.13166113]])
>>> c = np.random.rand(2,3) # 生成一个形状为（2，3）的均匀分布的二维数组
>>> c
array([[0.57091351, 0.39960244, 0.77019683],
       [0.11316102, 0.59354993, 0.37849038]])
>>> d = np.random.uniform(-1,1,10)
>>> d
array([-0.34374858, -0.27026865, 0.27073922, -0.42654097, -0.38736897,
        0.16293278, -0.79578655, -0.04825995, 0.28444576, 0.99118406])
```

2. 特殊数组

在实际开发过程中，存在一些特殊数组，例如 zeros 数组、ones 数组和 empty 数组。

- zeros 数组：全 0 数组，元素全为 0。
- ones 数组：全 1 数组，元素全为 1。
- empty 数组：空数组，元素全近似为 0。

【例 6.3】创建特殊数组。

```
>>> zeros((3,4))
array([[0., 0., 0., 0.],
       [0., 0., 0., 0.],
       [0., 0., 0., 0.]])
>>> ones((2,3,4),dtype=int16)
array([[[1, 1, 1, 1],
        [1, 1, 1, 1],
        [1, 1, 1, 1]],

       [[1, 1, 1, 1],
        [1, 1, 1, 1],
        [1, 1, 1, 1]]], dtype=int16)
>>> empty((5,3))
array([[6.23042070e-307, 1.42417221e-306, 1.37961641e-306],
       [1.11261027e-306, 1.11261502e-306, 1.42410839e-306],
       [7.56597770e-307, 6.23059726e-307, 1.42419530e-306],
       [7.56599128e-307, 1.11260144e-306, 6.89812281e-307],
       [2.22522596e-306, 2.22522596e-306, 2.56761491e-312]])
```

3. 数组索引

NumPy 数组中每行元素、每列元素都可以用索引访问，索引也是从 0 开始。

【例 6.4】计算数组索引。

```
>>> c=arange(24).reshape(2,3,4)  # reshape()改变数组形状
>>> print(c)
[[[ 0  1  2  3]
  [ 4  5  6  7]
  [ 8  9 10 11]]

 [[12 13 14 15]
  [16 17 18 19]
  [20 21 22 23]]]
>>> print(c[1,2,:])
[20 21 22 23]
>>> print(c[0,1,2])
6
```

4. 数组运算

数组运算包括算术运算、逻辑运算、复合逻辑运算、统计运算。

1）算术运算

以加、减、乘、除以及乘方运算方式为数组中的元素分别进行运算。

【例 6.5】 数组算术运算。

```
>>> a=array([20,30,40,50])
>>> aa=arange(1,5)
>>> a/aa
array([20.        , 15.        , 13.33333333, 12.5       ])
>>> b=arange(4)
>>> b
array([0, 1, 2, 3])
>>> c=a-b
>>> c
array([20, 29, 38, 47])
>>> b**2
array([0, 1, 4, 9], dtype=int32)
>>> A=array([[1,1],[0,1]])
>>> b=array([[2,0],[3,4]])
>>> A*b
array([[2, 0],
       [0, 4]])
>>> A.sum()
3
>>> A.min()
0
>>> A.max()
1
```

2）逻辑运算

arr > a：返回 arr 中大于 a 的一个布尔值数组。

arr[arr>a]：返回由 arr 中大于 a 的数据构成的一维数组。

np.all(): 括号内全为真则返回真，有一个为假则返回 False。

np.any()：括号内全为假则返回假，有一个为真则返回真。

np.where(): 三元预算符，判断的同时为变量赋值。

例如，np.where(arr>0, 1, 0)表示 arr>0 时返回 1，否则返回 20。

3）复合逻辑运算

与：np.logical_and()，括号为为一系列表达式。

或：np.logical_or()，括号内为一系列表达式。

4）统计运算

统计指标函数：min, max, mean, median, var, std。

使用方式：

```
np.函数名(arr,axis=)
```

```
ndarray.方法名(arr,axis=)
```

axis 参数：axis=0 代表列，axis=1 代表行。

例如，最大值和最小值的索引函数分别为：

```
np.argmax(arr, axis=)
np.argmin(arr, axis=)
```

5. 数组的拷贝

数组的拷贝分浅拷贝和深拷贝两种，浅拷贝通过数组变量的赋值完成，深拷贝使用数组对象的 copy 方法。

浅拷贝只拷贝数组的引用，如果对拷贝进行修改，源数组也将修改。

【例 6.6】数组浅拷贝。

```
>>> a=ones((2,3))
>>> a
array([[1., 1., 1.],
       [1., 1., 1.]])
>>> b=a
>>> b[1,2]=2
>>> a
array([[1., 1., 1.],
       [1., 1., 2.]])
>>> b
array([[1., 1., 1.],
       [1., 1., 2.]])
```

从上述代码可以看出，对浅拷贝后的数组进行修改，源数组也一同修改了。

深拷贝会复制一份和源数组一样的数组，并且新数组与源数组会存放在不同内存位置，因此对新数组的修改不会影响源数组。

【例 6.7】数组深拷贝。

```
>>> a=ones((2,3))
>>> b=a.copy()
>>> b[1,2]=2
>>> a
rray([[1., 1., 1.],
       [1., 1., 1.]])
>>> b
array([[1., 1., 1.],
       [1., 1., 2.]])
```

从上述代码可以看出，对深拷贝后的数组进行修改，源数组不变。

6. 广播机制

NumPy 中不同维度的数组是可以进行算数运算的，只要满足广播机制即可。

广播机制：（1）数组拥有相同形状，例如（3,4）+（3,4）。

（2）当前维度相等，例如（3,4）+（4,）。

（3）当前维度有一个是 1--->（3,1,5）+（1,3,5）。

7. 合并与分割

np.hstack((a,b))：按行合并，要求 a 和 b 的行数相同。

np.vstack((a,b))：按列合并，要求 a 和 b 的列数相同。

np.c_[a,b]：用法如同 np.hstack((a,b))。

np.r_[a,b]：用法如同 np.vstack((a,b))。

【例 6.8】数组合并与分割 1。

```
>>> a = np.array([1,2,3])
>>> b = np.array([4,5,6])
>>> a,b
(array([1, 2, 3]), array([4, 5, 6]))
>>> np.hstack((a,b))
array([1, 2, 3, 4, 5, 6])
>>> np.vstack((a,b))
array([[1, 2, 3],
     [4, 5, 6]])
```

np.concatenate((a,b), axis = 1)：按行合并，要求 a 和 b 的行数相同。

np.concatenate((a,b), axis = 0)：按列合并，要求 a 和 b 的列数相同。

注　意
如果不指定 axis，则默认 axis=0，即按列合并，并且一维数组只能按行合并。

【例 6.9】数组合并与分割 2。

```
>>> a = np.array([1,2,3])
>>> b = np.array([4,5,6])
>>> np.concatenate((a,b),axis=0)
array([1, 2, 3, 4, 5, 6])
>>> np.concatenate((a,b),axis=1) # a、b 都是一维数组，只能按 axis=0 合并
Traceback (most recent call last):
  File "<stdin>", line 1, in <module>
numpy.AxisError: axis 1 is out of bounds for array of dimension 1
>>> x = np.array([[1,2],[3,4]])
>>> y = np.array([[5,6]])
```

```
>>> np.concatenate((x,y),axis=0)
array([[1, 2],
       [3, 4],
       [5, 6]])
>>> np.concatenate((x,y.T),axis=1)  # y.T 表示将 y 数组转置
array([[1, 2, 5],
       [3, 4, 6]])
```

np.split(arr, n)：用来对数组进行分割，n 要么是整数，要么是列表。n 为整数时必须能均匀分割数组。

np.array_split(arr, n)：类似上面的用法，但是可以不均等分割。

【例 6.10】数组均匀分割。

```
>>> x = np.arange(9.0)
>>> np.split(x, 3)
[array([ 0.,  1.,  2.]), array([ 3.,  4.,  5.]), array([ 6.,  7.,  8.])]
>>> x = np.arange(8.0)
>>> np.split(x, [3, 5, 6, 10])
[array([ 0.,  1.,  2.]),
 array([ 3.,  4.]),
 array([ 5.]),
 array([ 6.,  7.]),
 array([], dtype=float64)]

>>> x = np.arange(8.0)
>>> np.array_split(x, 3)
[array([ 0.,  1.,  2.]), array([ 3.,  4.,  5.]), array([ 6.,  7.])]

>>> x = np.arange(7.0)
>>> np.array_split(x, 3)
[array([ 0.,  1.,  2.]), array([ 3.,  4.]), array([ 5.,  6.])]
```

8. NumPy 降维

NumPy 降维可以使用 ravel()和 flatten()方法。

- ravel()：返回一维数组，但是改变返回的一维数组内容后，原数组的值也会相应改变。
- flatten()：返回一维数组，改变返回的数组不影响原数组。

【例 6.11】数组降维。

```
>>> a
array([[1, 2, 3],
       [7, 8, 9]])
>>> b
array([[4, 5, 6],
```

```
        [1, 2, 3]])
>>> c = a.ravel()
>>> c
array([1, 2, 3, 7, 8, 9])
>>> d = b.flatten()
>>> d
array([4, 5, 6, 1, 2, 3])
>>> c[0]=100
>>> c
array([100,   2,   3,   7,   8,   9])
>>> a
array([[100,   2,   3],
       [  7,   8,   9]])
>>> d[0]=100
>>> d
array([[100, 100],
       [  6,   1],
       [  2,   3]])
>>> b
array([[4, 5, 6],
       [1, 2, 3]])
```

6.2.2　矩阵

1. 创建矩阵

NumPy 的矩阵对象与数组对象相似，主要不同之处在于矩阵对象的计算遵循矩阵数学运算规律。矩阵使用 matrix 函数创建。

【例 6.12】创建矩阵。

```
>>> A=matrix('1.0 2.0;3.0 4.0')
>>> A
matrix([[1., 2.],
        [3., 4.]])
>>> b=matrix([[1.0,2.0],[3.0,4.0]])
>>> b
matrix([[1., 2.],
        [3., 4.]])
>>> type(A)
<class 'numpy.matrixlib.defmatrix.matrix'>
```

2. 矩阵运算

矩阵的常用数学运算有转置、乘法、求逆等。

【例 6.13】矩阵运算。

```
>>> A.T      # 转置
matrix([[1., 3.],
        [2., 4.]])
>>> x=matrix('5.0 7.0')
>>> y=x.T
>>> y
matrix([[5.],
        [7.]])
>>> print(A*y)    # 矩阵乘法
[[19.]
 [43.]]
>>> print(A.I)    # 逆矩阵
[[-2.   1. ]
 [ 1.5 -0.5]]
```

6.2.3 NumPy 线性代数相关函数

1. numpy.dot()

此函数返回两个数组的点积。对于二维向量，其等效于矩阵乘法。对于一维数组，它是向量的内积。对于 n 维数组，它是 a 的最后一个轴上的和与 b 的倒数第二个轴的乘积。

【例 6.14】numpy.dot()函数的应用。

```
>>> a=np.array([[1,2],[3,4]])
>>> b=np.array([[11,12],[13,14]])
>>> np.dot(a,b)
array([[37, 40],    # [[1*11+2*13, 1*12+2*14],[3*11+4*13, 3*12+4*14]]
       [85, 92]])
```

2. numpy.vdot()

此函数返回两个向量的点积。如果第一个参数是复数，那么它的共轭复数会用于计算。如果参数 id 是多维数组，它会被展开。

【例 6.15】numpy.vdot()函数的应用。

```
>>> np.vdot(a,b)
130    # 1*11+2*12+3*13+4*14=130
```

3. numpy.inner()

此函数返回一维数组的向量内积。对于更高的维度，它返回最后一个轴上的和的乘积。

【例 6.16】numpy.inner()函数的应用。

```
>>> x=np.array([1,2,3])
>>> y=np.array([0,1,0])
>>> print(np.inner(x,y))
2       # 等价于 1*0+2*1+3*0
```

4. numpy.matmul()

此函数返回两个数组的矩阵乘积。虽然它返回二维数组的正常乘积，但如果任意一个参数的维数大于 2，则将它视为存在于最后两个索引的矩阵的栈，并进行相应广播。如果任意一个参数是一维数组，则通过在其维度上附加 1 来提升为矩阵，并在乘法之后被去除。

【例 6.17】numpy.matmul()函数的应用。

```
# 对二维数组（列表），就相当于矩阵乘法
>>> a=[[1,0],[0,1]]
>>> b=[[4,1],[2,2]]
>>> print(np.matmul(a,b))
[[4 1]
 [2 2]]
 # 二维和一维运算
 >>> a=[[1,0],[0,1]]
>>> b=[1,2]
>>> print(np.matmul(a,b))
[1 2]
>>> print(np.matmul(b,a))
[1 2]
# 维度大于 2 的
>>> a=np.arange(8).reshape(2,2,2)
>>> b=np.arange(4).reshape(2,2)
>>> print(np.matmul(a,b))
[[[ 2  3]
  [ 6 11]]

 [[10 19]
  [14 27]]]
```

5. numpy.linalg.det()

此函数计算数组的行列式，行列式在线性代数中是非常有用的值。它计算方阵的对角元素。对于 2×2 矩阵，它是左上和右下元素的乘积与左下和右上元素的乘积的差。换句话说，对于矩阵[[a, b], [c, d]]，行列式计算为 ad-bc。较大的方阵被认为是 2×2 矩阵的组合。

【例 6.18】numpy.linalg.det()函数计算输入矩阵的行列式。

```
>>> a=np.array([[1,2],[3,4]])
```

```
>>> print(np.linalg.det(a))
-2.0000000000000004
>>> b=np.array([[6,1,1],[4,-2,5],[2,8,7]])
>>> print(b)
[[ 6  1  1]
 [ 4 -2  5]
 [ 2  8  7]]
>>> print(np.linalg.det(b))
-306.0
>>> print(6*(-2*7-5*8)-1*(4*7-5*2)+(4*8- -2*2))
-306
```

6. numpy.linalg.solve()

该函数给出了矩阵形式的线性方程的解。

【例 6.19】求下列方程组的解。

```
x + y + z = 6
2y + 5z = -4
2x + 5y - z = 27
```

写成矩阵形式：

$$\begin{bmatrix} 1 & 1 & 1 \\ 2 & 0 & 5 \\ 2 & 5 & -1 \end{bmatrix} \begin{bmatrix} x \\ y \\ z \end{bmatrix} = \begin{bmatrix} 6 \\ -4 \\ 27 \end{bmatrix}$$

可表示为 AX=B，即求 X=A^(-1)B，逆矩阵可以用 numpy.linalg.inv()函数来求。

代码如下：

```
a=np.array([[1,1,1],[2,0,5],[2,5,-1]])
print('数组 a:')
print(a)
ainv=np.linalg.inv(a)
print('a 的逆矩阵')
print(ainv)
print('矩阵 b:')
b=np.array([[6],[-4],[27]])
print(b)
print('计算：A^(-1)B:')
x=np.linalg.solve(a,b)
print(x)
```

输出结果如下：

```
数组 a:
[[ 1  1  1]
```

```
 [ 2  0  5]
 [ 2  5 -1]]
a 的逆矩阵
[[ 1.28571429 -0.28571429 -0.14285714]
 [-0.47619048  0.14285714  0.23809524]
 [ 0.19047619  0.14285714 -0.0952381 ]]
矩阵 b:
[[ 6]
 [-4]
 [27]]
计算: A^(-1)B:
[[ 5.]
 [ 3.]
 [-2.]]
```

6.3　NumPy 函数

NumPy 包含大量的数学运算的函数，包括字符串函数、数学函数、算术函数、统计函数、排序条件筛选函数等。

6.3.1　字符串函数及实例

NumPy 中字符串函数如表 6.1 所示。它们用于对 dtype 为 numpy.string_ 或 numpy.unicode_ 的数组执行向量化字符串操作。它们基于 Python 内置库中的标准字符串函数。这些函数在字符数组类（numpy.char）中定义。

表6.1　字符串函数

函　　数	描　　述
add()	对两个数组的字符串元素逐个进行连接
multiply()	返回按元素多重连接后的字符串
center()	居中字符串
capitalize()	将字符串的第一个字母转换为大写
title()	将字符串的每个单词的第一个字母转换为大写
lower()	数组元素转换为小写
upper()	数组元素转换为大写
split()	指定分隔符对字符串进行分割，并返回数组
splitlines()	以换行符对字符串进行分割，并返回数组
strip()	移除开头或者结尾处的特定字符
join()	通过指定分隔符来连接数组中的元素或字符串
replace()	使用新字符串替换字符串中的所有子字符串
decode()	数组元素依次调用 str.decode
encode()	数组元素依次调用 str.encode

1. numpy.char.add()函数

numpy.char.add() 函数依次对两个数组的字符串元素进行连接。

【例 6.20】numpy.char.add()函数的应用。

```
import numpy as np
print ('连接两个字符串：')
print (np.char.add(['hello'],[' xyz']))
print ('\n') print ('连接示例：')
print (np.char.add(['hello', 'hi'],[' abc', ' xyz']))
```

输出结果如下：

```
连接两个字符串：['hello xyz']
连接示例：['hello abc' 'hi xyz']
```

2. numpy.char.multiply()函数

numpy.char.multiply() 函数执行多重连接。

【例 6.21】numpy.char.multiply()函数的应用。

```
import numpy as np
print (np.char.multiply('Runoob ',3))
```

输出结果如下：

```
Runoob Runoob Runoob
```

3. numpy.char.center()

numpy.char.center() 函数用于将字符串居中，并使用指定字符在左侧和右侧进行填充。

【例 6.22】numpy.char.center()函数的应用。

```
import numpy as np
# np.char.center(str , width,fillchar) :
# str: 字符串, width: 长度, fillchar: 填充字符
print (np.char.center('Runoob', 20,fillchar = '*'))
```

输出结果如下：

```
*******Runoob*******
```

4. numpy.char.capitalize()函数

numpy.char.capitalize() 函数将字符串的第一个字母转换为大写。

【例 6.23】numpy.char.capitalize()函数的应用。

```
import numpy as np
```

```
print (np.char.capitalize('runoob'))
```

输出结果如下：

```
Runoob
```

5. numpy.char.title()函数

numpy.char.title() 函数将字符串的每个单词的第一个字母转换为大写。

【例 6.24】numpy.char.title()函数的应用。

```
import numpy as np
print (np.char.title('i like runoob'))
```

输出结果如下：

```
I Like Runoob
```

6. numpy.char.lower()函数

numpy.char.lower() 函数将数组的每个元素转换为小写，它对每个元素调用 str.lower。

【例 6.25】numpy.char.lower()函数的应用。

```
import numpy as np
# 操作数组
print (np.char.lower(['RUNOOB','GOOGLE']))
# 操作字符串
print (np.char.lower('RUNOOB'))
```

输出结果如下：

```
['runoob' 'google']
runoob
```

7. numpy.char.upper()函数

numpy.char.upper() 函数对数组的每个元素转换为大写，它对每个元素调用 str.upper。

【例 6.26】numpy.char.upper()函数的应用。

```
import numpy as np
# 操作数组
print (np.char.upper(['runoob','google']))
# 操作字符串
 print (np.char.upper('runoob'))
```

输出结果如下：

```
['RUNOOB' 'GOOGLE']
RUNOOB
```

8. numpy.char.split()函数

numpy.char.split()函数通过指定分隔符对字符串进行分割，并返回数组。默认情况下，分隔符为空格。

【例 6.27】numpy.char.split()函数的应用。

```
import numpy as np
# 分隔符默认为空格
print (np.char.split ('i like runoob?'))
# 分隔符为 .
print (np.char.split ('www.runoob.com', sep = '.'))
```

输出结果如下：

```
['i', 'like', 'runoob?']['www', 'runoob', 'com']
```

9. numpy.char.splitlines()函数

numpy.char.splitlines()函数以换行符作为分隔符来分割字符串，并返回数组。

【例 6.28】numpy.char.splitlines()函数的应用。

```
import numpy as np
# 换行符 \n
print (np.char.splitlines('i\nlike runoob?'))
print (np.char.splitlines('i\rlike runoob?'))
```

输出结果如下：

```
['i', 'like runoob?']['i', 'like runoob?']
```

\n，\r，\r\n 都可用作换行符。

10. numpy.char.strip()函数

numpy.char.strip()函数用于移除开头或结尾处的特定字符。

【例 6.29】numpy.char.strip()函数的应用。

```
import numpy as np
# 移除字符串头尾的 a 字符
print (np.char.strip('ashok arunooba','a'))
# 移除数组元素头尾的 a 字符
print (np.char.strip(['arunooba','admin','java'],'a'))
```

输出结果如下：

```
shok arunoob['runoob' 'dmin' 'jav']
```

11. numpy.char.join()函数

numpy.char.join() 函数通过指定分隔符来连接数组中的元素或字符串

【例 6.30】numpy.char.join()函数的应用。

```
import numpy as np
# 操作字符串
print (np.char.join(':','runoob'))
# 指定多个分隔符操作数组元素
print (np.char.join([':','-'],['runoob','google']))
```

输出结果如下：

```
r:u:n:o:o:b['r:u:n:o:o:b' 'g-o-o-g-l-e']
```

12. numpy.char.replace()函数

numpy.char.replace() 函数使用新字符串替换字符串中的所有子字符串。

【例 6.31】numpy.char.replace()函数的应用。

```
import numpy as np
print (np.char.replace ('i like runoob', 'oo', 'cc'))
```

输出结果如下：

```
i like runccb
```

13. numpy.char.encode()函数

numpy.char.encode()函数对数组中的每个元素调用 str.encode 函数。默认编码是 UTF-8，可以使用标准 Python 库中的编解码器。

【例 6.32】numpy.char.encode()函数的应用。

```
import numpy as np
a = np.char.encode('runoob', 'cp500')
print (a)
```

输出结果如下：

```
b'\x99\xa4\x95\x96\x96\x82'
```

14. numpy.char.decode()函数

numpy.char.decode()函数对编码的元素进行 str.decode() 解码。

【例 6.33】numpy.char.decode()函数的应用。

```
import numpy as np
a = np.char.encode('runoob', 'cp500')
```

```
print (a)
print (np.char.decode(a,'cp500'))
```

输出结果如下：

```
b'\x99\xa4\x95\x96\x96\x82'
runoob
```

6.3.2 数学函数及实例

NumPy 包含大量的数学运算的函数，包括三角函数，舍入函数等。

1. 三角函数

NumPy 提供了标准的三角函数：sin()、cos()、tan()。

【例 6.34】三角函数的应用。

```
import numpy as np
a = np.array([0,30,45,60,90])
print ('不同角度的正弦值：')
# 通过乘 pi/180 转化为弧度
print (np.sin(a*np.pi/180))
print ('\n')
print ('数组中角度的余弦值：')
print (np.cos(a*np.pi/180))
print ('\n')
print ('数组中角度的正切值：')
print (np.tan(a*np.pi/180))
```

输出结果如下：

不同角度的正弦值：[0.   0.5   0.70710678 0.8660254 1.   ]

数组中角度的余弦值：[1.00000000e+00 8.66025404e-01 7.07106781e-01 5.00000000e-01
6.12323400e-17]

数组中角度的正切值：[0.00000000e+00 5.77350269e-01 1.00000000e+00 1.73205081e+00
1.63312394e+16]

arcsin、arccos 和 arctan 函数返回给定角度的 sin、cos 和 tan 的反三角函数。这些函数的结果可以通过 numpy.degrees()函数将其由弧度转换为角度。

【例 6.35】numpy.degrees()函数的应用。

```
import numpy as np
a = np.array([0,30,45,60,90])
print ('含有正弦值的数组：')
sin = np.sin(a*np.pi/180)
```

```
print (sin) print ('\n')
print ('计算角度的反正弦，返回值以弧度为单位：')
inv = np.arcsin(sin)
print (inv)
print ('\n')
print ('通过转化为角度制来检查结果：')
print (np.degrees(inv))
print ('\n')
print ('arccos 和 arctan 函数行为类似：')
cos = np.cos(a*np.pi/180)
print (cos)
print ('\n')
print ('反余弦：')
inv = np.arccos(cos)
print (inv) print ('\n')
print ('角度制单位：')
print (np.degrees(inv))
print ('\n') print ('tan 函数：')
tan = np.tan(a*np.pi/180)
print (tan) print ('\n')
print ('反正切：')
inv = np.arctan(tan)
print (inv)
print ('\n')
print ('角度制单位：')
print (np.degrees(inv))
```

输出结果如下：

含有正弦值的数组：[0.　　　　0.5　　　0.70710678 0.8660254 1.　　　]

计算角度的反正弦，返回值以弧度为单位：[0.　　　　0.52359878 0.78539816 1.04719755
1.57079633]

通过转化为角度制来检查结果：[0. 30. 45. 60. 90.]

arccos 和 arctan 函数行为类似：[1.00000000e+00 8.66025404e-01 7.07106781e-01
5.00000000e-01
 6.12323400e-17]

反余弦：[0.　　　0.52359878 0.78539816 1.04719755 1.57079633]

角度制单位：[0. 30. 45. 60. 90.]

tan 函数：[0.00000000e+00 5.77350269e-01 1.00000000e+00 1.73205081e+00

```
1.63312394e+16]
```

反正切：[0.   0.52359878 0.78539816 1.04719755 1.57079633]

角度制单位：[0. 30. 45. 60. 90.]

2. 舍入函数

1）numpy.around()函数

numpy.around()函数返回指定数字的四舍五入值，其语法格式如下：

```
numpy.around(a,decimals)
```

参数说明：

- a：数组。
- decimals：舍入的小数位数。默认值为 0，如果为-n，则对小数点右边第 n 位近似。

【例 6.36】numpy.around() 函数的应用。

```
import numpy as np
a = np.array([1.0,5.55, 123, 0.567, 25.532])
print ('原数组：')
print (a)
print ('\n')
print ('舍入后：')
print (np.around(a))
print (np.around(a, decimals = 1))
print (np.around(a, decimals = -1))
```

输出结果如下：

原数组：[1.   5.55 123.   0.567 25.532]

舍入后：[1.   6.123.   1. 26.][1.   5.6123.   0.6 25.5][0. 10.120.   0.
30.]

2）numpy.floor()函数

numpy.floor()函数返回小于或等于指定表达式的最大整数，即向下取整。

【例 6.37】numpy.floor()函数的应用。

```
import numpy as np
a = np.array([-1.7, 1.5, -0.2, 0.6, 10])
print ('提供的数组：')
print(a)
print('\n')
print('修改后的数组：')
print(np.floor(a))
```

输出结果如下：

提供的数组：`[-1.7  1.5 -0.2  0.6 10. ]`

修改后的数组：`[-2.  1. -1.  0. 10.]`

3）numpy.ceil()函数

numpy.ceil()函数返回大于或等于指定表达式的最小整数，即向上取整。

【例 6.38】numpy.ceil()函数的应用。

```
import numpy as np
a = np.array([-1.7, 1.5, -0.2, 0.6, 10])
print ('提供的数组：')
print (a)
print ('\n')
print ('修改后的数组：')
print (np.ceil(a))
```

输出结果如下：

提供的数组：`[-1.7  1.5 -0.2  0.6 10. ]`

修改后的数组：`[-1.  2. -0.  1. 10.]`

6.3.3　算术函数

NumPy 算术函数包含 add()函数（加），subtract()函数（减），multiply()函数（乘）和 divide()函数（除）。

【例 6.39】算术函数的应用。

```
import numpy as np
a = np.arange(9, dtype = np.float_).reshape(3,3)
print ('第一个数组：')
print (a)
print ('\n')
print ('第二个数组：')
b = np.array([10,10,10])
print (b) print ('\n')
print ('两个数组相加：')
print (np.add(a,b))
print ('\n')
print ('两个数组相减：')
print (np.subtract(a,b))
print ('\n')
print ('两个数组相乘：')
print (np.multiply(a,b))
```

```
print ('\n')
print ('两个数组相除：')
print (np.divide(a,b))
```

输出结果如下：

第一个数组：[[0. 1. 2.]
 [3. 4. 5.]
 [6. 7. 8.]]

第二个数组：[10 10 10]

两个数组相加：[[10. 11. 12.]
 [13. 14. 15.]
 [16. 17. 18.]]

两个数组相减：[[-10. -9. -8.]
 [-7. -6. -5.]
 [-4. -3. -2.]]

两个数组相乘：[[0. 10. 20.]
 [30. 40. 50.]
 [60. 70. 80.]]

两个数组相除：[[0. 0.1 0.2]
 [0.3 0.4 0.5]
 [0.6 0.7 0.8]]

注　　意
数组必须具有相同的形状或符合数组广播规则。

此外，NumPy 还包含了其他重要的算术函数，下面分别进行介绍。

1. numpy.reciprocal()函数

numpy.reciprocal()函数返回逐元素的倒数，如 1/4 的倒数为 4/1。

【例 6.40】numpy.reciprocal()函数函数的应用。

```
import numpy as np
a = np.array([0.25, 1.33, 1, 100])
print ('我们的数组是：')
print (a) print ('\n')
print ('调用 reciprocal 函数：')
print (np.reciprocal(a))
```

输出结果如下：

我们的数组是：[0.25 1.33 1. 100.]

调用 reciprocal 函数：[4.   0.7518797 1.   0.01   ]

2. numpy.power()函数

numpy.power()函数将第一个数组中的元素作为底数，计算它与第二个数组中对应元素的幂。

【例 6.41】numpy.power()函数的应用。

```
import numpy as np
a = np.array([10,100,1000])
print ('我们的数组是；')
print (a) print ('\n')
print ('调用 power 函数：')
print (np.power(a,2))
print ('\n')
print ('第二个数组：')
b = np.array([1,2,3])
print (b)
print ('\n')
print ('再次调用 power 函数：')
print (np.power(a,b))
```

输出结果如下：

我们的数组是；[10 100 1000]

调用 power 函数：[100   10000 1000000]

第二个数组：[1 2 3]

再次调用 power 函数：[10   10000 1000000000]

3. numpy.mod()和 numpy.remainder()函数

numpy.mod()函数计算输入数组中相应元素的相除后的余数。numpy.remainder()函数也产生相同的结果。

【例 6.42】numpy.mod()和 numpy.remainder()函数的应用。

```
import numpy as np
a = np.array([10,20,30])
b = np.array([3,5,7])
print ('第一个数组：')
print (a)
print ('\n')
print ('第二个数组：')
print (b) print ('\n')
```

```
print ('调用 mod() 函数：')
print (np.mod(a,b))
print ('\n')
print ('调用 remainder() 函数：')
print (np.remainder(a,b))
```

输出结果如下：

第一个数组：[10 20 30]

第二个数组：[3 5 7]

调用 mod() 函数：[1 0 2]

调用 remainder() 函数：[1 0 2]

6.3.4 统计函数

NumPy 提供了很多统计函数，用于从数组中查找最小元素、最大元素、百分位标准差和方差等。

1. numpy.amin()和 numpy.amax()函数

numpy.amin()函数用于计算数组中的元素沿指定轴的最小值。

numpy.amax()函数用于计算数组中的元素沿指定轴的最大值。

【例 6.43】numpy.amin()和 numpy.amax()函数的应用。

```
import numpy as np
a = np.array([[3,7,5],[8,4,3],[2,4,9]])
print ('我们的数组是：')
print (a)
print ('\n')
print ('调用 amin() 函数：')
print (np.amin(a,1))
print ('\n')
print ('再次调用 amin() 函数：')
print (np.amin(a,0))
print ('\n')
print ('调用 amax() 函数：')
print (np.amax(a))
print ('\n')
print ('再次调用 amax() 函数：')
print (np.amax(a, axis = 0))
```

输出结果如下：

我们的数组是：[[3 7 5]

```
 [8 4 3]
 [2 4 9]]
```

调用 amin() 函数：[3 3 2]

再次调用 amin() 函数：[2 4 3]

调用 amax() 函数：9

再次调用 amax() 函数：[8 7 9]

2. numpy.ptp()函数

numpy.ptp()函数计算数组中元素最大值与最小值的差（最大值-最小值）。

【例 6.44】numpy.ptp()函数的应用。

```
import numpy as np
a = np.array([[3,7,5],[8,4,3],[2,4,9]])
print ('我们的数组是：')
print (a)
print ('\n')
print ('调用 ptp() 函数：')
print (np.ptp(a))
print ('\n')
print ('沿轴 1 调用 ptp() 函数：')
print (np.ptp(a, axis = 1))
print ('\n')
print ('沿轴 0 调用 ptp() 函数：')
print (np.ptp(a, axis = 0))
```

输出结果如下：

我们的数组是：[[3 7 5]
 [8 4 3]
 [2 4 9]]

调用 ptp() 函数：7

沿轴 1 调用 ptp() 函数：[4 5 7]

沿轴 0 调用 ptp() 函数：[6 3 6]

3. numpy.percentile()函数

numpy.percentile()函数用于计算一个多维数组的任意百分比分位数，其语法格式如下：

```
numpy.percentile(a, q, axis)
```

参数说明：

● a：输入数组。

● q：要计算的百分位数，在 0 和 100 之间。

● axis：计算百分位数的轴。

百分位数是统计中使用的度量，表示小于这个值的观察值的百分比。第 p 个百分位数是这样一个值，它使得至少有 p% 的数据项小于或等于这个值，且至少有(100-p)% 的数据项大于或等于这个值。

【例 6.45】百分数形式成绩报告。

高等院校的入学考试成绩经常采用百分位数的形式。比如，假设某个考生在入学考试中的语文的原始分数为 54 分，相对于参加同一考试的其他学生来说，他的成绩如何并不容易知道。但是如果原始分数 54 分恰好对应的是第 70 百分位数，我们就能知道大约 70% 的学生的考分比他低，而约 30% 的学生考分比他高。这里的 p = 70。

```python
import numpy as np
a = np.array([[10, 7, 4], [3, 2, 1]])
print ('我们的数组是：')
print (a)
print ('调用 percentile() 函数：')
# 50% 的分位数，就是 a 里排序之后的中位数
print (np.percentile(a, 50))
# axis 为 0，在纵列上求
print (np.percentile(a, 50, axis=0))
# axis 为 1，在横行上求
print (np.percentile(a, 50, axis=1))
# 保持维度不变
print (np.percentile(a, 50, axis=1, keepdims=True))
```

输出结果如下：

```
我们的数组是：[[10  7  4]
 [ 3  2  1]]调用 percentile() 函数：3.5[6.5 4.5 2.5][7. 2.][[7.]
 [2.]]
```

4. numpy.median()函数

numpy.median()函数用于计算数组 a 中元素的中位数（中值）。

【例 6.46】numpy.median()函数的应用。

```python
import numpy as np
a = np.array([[30,65,70],[80,95,10],[50,90,60]])
print ('我们的数组是：')
```

```
print (a)
print ('\n')
print ('调用 median() 函数：')
print (np.median(a))
print ('\n')
print ('沿轴 0 调用 median() 函数：')
print (np.median(a, axis = 0))
print ('\n')
print ('沿轴 1 调用 median() 函数：')
print (np.median(a, axis = 1))
```

输出结果如下：

我们的数组是：[[30 65 70]
 [80 95 10]
 [50 90 60]]

调用 median() 函数：65.0

沿轴 0 调用 median() 函数：[50. 90. 60.]

沿轴 1 调用 median() 函数：[65. 80. 60.]

5. numpy.mean()函数

numpy.mean() 函数返回数组中元素的算术平均值。如果提供了轴，则沿轴计算。算术平均值是沿轴的元素的总和除以元素的数量。

【例 6.47】numpy.mean()函数的应用。

```
import numpy as np
a = np.array([[1,2,3],[3,4,5],[4,5,6]])
print ('我们的数组是：')
print (a) print ('\n')
print ('调用 mean() 函数：')
print (np.mean(a))
print ('\n')
print ('沿轴 0 调用 mean() 函数：')
print (np.mean(a, axis = 0))
print ('\n')
print ('沿轴 1 调用 mean() 函数：')
print (np.mean(a, axis = 1))
```

输出结果如下：

我们的数组是：[[1 2 3]
 [3 4 5]
 [4 5 6]]

调用 mean() 函数：3.6666666666666665

沿轴 0 调用 mean() 函数：[2.66666667 3.66666667 4.66666667]

沿轴 1 调用 mean() 函数：[2. 4. 5.]

6. numpy.average()函数

numpy.average()函数根据在另一个数组中给出的各自的权重计算数组中元素的加权平均值。该函数可以接收一个轴参数。如果没有指定轴，则数组会被展开。加权平均值即将各数值乘以相应的权数，然后加总求和得到总体值，再除以总的单位数。

【例 6.48】numpy.average()函数的应用。

考虑数组[1,2,3,4]和相应的权重[4,3,2,1]，通过将对应元素的乘积相加求出和，再将和除以权重的和来计算加权平均值。

加权平均值 = $(1 \times 4 + 2 \times 3 + 3 \times 2 + 4 \times 1)/(4 + 3 + 2 + 1)$。

```
import numpy as np
a = np.array([1,2,3,4])
print ('我们的数组是：')
print (a) print ('\n')
print ('调用 average() 函数：')
print (np.average(a))
print ('\n')
# 不指定权重时相当于 mean 函数
wts = np.array([4,3,2,1])
print ('再次调用 average() 函数：')
print (np.average(a,weights = wts))
print ('\n')
# 如果 returned 参数设为 true，则返回权重的和
print ('权重的和：')
print (np.average([1,2,3, 4],weights = [4,3,2,1], returned = True))
```

输出结果如下：

我们的数组是：[1 2 3 4]

调用 average() 函数：2.5

再次调用 average() 函数：2.0

权重的和：(2.0, 10.0)

在多维数组中，可以指定用于计算的轴。

【例 6.49】numpy.average()函数在多维数组中的应用。

```
import numpy as np
a = np.arange(6).reshape(3,2)
print ('我们的数组是：')
print (a)
print ('\n')
print ('修改后的数组：')
wt = np.array([3,5])
print (np.average(a, axis = 1, weights = wt))
print ('\n')
print ('修改后的数组：')
print (np.average(a, axis = 1, weights = wt, returned = True))
```

输出结果如下：

```
我们的数组是：[[0 1]
 [2 3]
 [4 5]]

修改后的数组：[0.625 2.625 4.625]

修改后的数组：(array([0.625, 2.625, 4.625]), array([8., 8., 8.]))
```

7. 方差

统计中的方差（样本方差）是每个样本值与全体样本值的平均数之差的平方值的平均数，即 mean((x−x.mean())** 2)。

【例 6.50】如果数组是 $[1,2,3,4]$,则其平均值为 2.5,因此,差的平方是 $[2.25,0.25,0.25,2.25]$,再求差的平方的平均值，结果为 1.25。

```
import numpy as np
print (np.var([1,2,3,4]))
```

输出结果如下：

```
1.25
```

8. 标准差

标准差是一组数据平均值分散程度的一种度量，是方差的算术平方根。

标准差公式如下：

```
std = sqrt(mean((x - x.mean())**2))
```

【例 6.51】求差的平方的平均值的平方根，即 sqrt(1.25)。

```
import numpy as np
```

```
print (np.std([1,2,3,4]))
```

输出结果如下：

```
1.1180339887498949
```

6.3.5　排序条件筛选函数

NumPy 提供了多种排序，这些排序条件筛选函数。函数实现不同的排序算法。每个排序算法的特征在于执行速度、最坏情况性能、所需的工作空间和算法的稳定性。表 6.2 显示了 3 种排序算法的比较。

表6.2　3种排序算法比较

种　　类	速　　度	最坏情况	工作空间	稳　定　性
quicksort（快速排序）	1	$O(n^2)$	0	否
mergesort（归并排序）	2	$O(n*log(n))$	n	是
heapsort（堆排序）	3	$O(n*log(n))$	0	否

1. numpy.sort()函数

numpy.sort()函数返回输入数组的排序副本，其格式如下：

```
numpy.sort(a, axis, kind, order)
```

参数说明：

- a：要排序的数组。
- axis：排序数组的轴，如果为 None，则数组会被展开，沿着最后的轴排序；axis=0 按列排序；axis=1 按行排序。
- kind：默认为 quicksort（快速排序）。
- order：如果数组包含字段，则是要排序的字段。

【例 6.52】numpy.sort()函数的应用。

```
import numpy as np
a = np.array([[3,7],[9,1]])
print ('我们的数组是：')
print (a) print ('\n')
print ('调用 sort() 函数：')
print (np.sort(a))
print ('\n')
print ('按列排序：')
print (np.sort(a, axis = 0))
print ('\n')
# 在 sort 函数中排序字段
dt = np.dtype([('name', 'S10'),('age', int)])
```

```
a = np.array([("raju",21),("anil",25),("ravi", 17), ("amar",27)], dtype = dt)
print ('我们的数组是：')
print (a)
print ('\n')
print ('按 name 排序：')
print (np.sort(a, order = 'name'))
```

输出结果如下：

我们的数组是：[[3 7]
 [9 1]]

调用 sort() 函数：[[3 7]
 [1 9]]

按列排序：[[3 1]
 [9 7]]

我们的数组是：[(b'raju', 21) (b'anil', 25) (b'ravi', 17) (b'amar', 27)]

按 name 排序：[(b'amar', 27) (b'anil', 25) (b'raju', 21) (b'ravi', 17)]

2. numpy.argsort()函数

numpy.argsort()函数返回的是数组值从小到大的索引值。

【例 6.53】numpy.argsort()函数的应用。

```
import numpy as np
x = np.array([3, 1, 2])
print ('我们的数组是：')
print (x)
print ('\n')
print ('对 x 调用 argsort() 函数：')
y = np.argsort(x)
print (y)
print ('\n')
print ('以排序后的顺序重构原数组：')
print (x[y])
print ('\n')
print ('使用循环重构原数组：')
for i in y:
    print (x[i], end=" ")
```

输出结果如下：

我们的数组是：[3 1 2]

对 x 调用 argsort() 函数：[1 2 0]

以排序后的顺序重构原数组：`[1 2 3]`

使用循环重构原数组
```
1 2 3
```

3. numpy.lexsort()函数

numpy.lexsort()函数用于对多个序列进行排序。可以把它想象成对电子表格进行排序，每一列代表一个序列，排序时优先照顾靠后的列。

【例 6.54】小升初总成绩排序。

小升初考试，重点班录取学生对按照总成绩录取，在总成绩相同时，数学成绩高的优先录取，在总成绩和数学成绩都相同时，按照英语成绩录取…… 这里，总成绩排在电子表格的最后一列，数学成绩在倒数第二列，英语成绩在倒数第三列。

```
import numpy as np
nm = ('raju','anil','ravi','amar')
dv = ('f.y.', 's.y.', 's.y.', 'f.y.')
ind = np.lexsort((dv,nm))
print ('调用 lexsort() 函数：')
print (ind)
print ('\n')
print ('使用这个索引来获取排序后的数据：')
print ([nm[i] + ", " + dv[i] for i in ind])
```

输出结果如下：

调用 `lexsort()` 函数：`[3 1 0 2]`

使用这个索引来获取排序后的数据：`['amar, f.y.', 'anil, s.y.', 'raju, f.y.', 'ravi, s.y.']`

上面传入 np.lexsort 的是一个元组，排序时首先排 nm，顺序为：amar、anil、raju、ravi。综上排序结果为[3 1 0 2]。

4. msort、sort_complex、partition 和 argpartition 函数

msort、sort_complex、partition 和 argpartition 函数的功能描述如表 6.3 所示。

表6.3　msort、sort_complex、partition和argpartition函数功能描述

函　　数	描　　述
msort(a)	数组按第一个轴排序，返回排序后的数组副本。np.msort(a)等于 np.sort(a, axis=0)
sort_complex(a)	对复数按照先实部后虚部的顺序进行排序
partition(a, kth[, axis, kind, order])	指定一个数，对数组进行分区
argpartition(a, kth[, axis, kind, order])	通过关键字 kind 指定算法沿着指定轴对数组进行分区

【例 6.55】sort_complex()复数排序。

```
>>> import numpy as np
>>> np.sort_complex([5, 3, 6, 2, 1])
array([ 1.+0.j,  2.+0.j,  3.+0.j,  5.+0.j,  6.+0.j])
>>>
>>> np.sort_complex([1 + 2j, 2 - 1j, 3 - 2j, 3 - 3j, 3 + 5j])
array([ 1.+2.j,  2.-1.j,  3.-3.j,  3.-2.j,  3.+5.j])
```

【例 6.56】partition()分区排序。

```
>>> a = np.array([3, 4, 2, 1])>>> np.partition(a, 3)  # 将数组 a 中所有元素（包括
```
重复元素）从小到大排列，3 表示的是排序数组索引为 3 的数字，比该数字小的排在该数字前面，比该数字大的排在该数字的后面
```
array([2, 1, 3, 4])>>>>>> np.partition(a, (1, 3)) # 小于 1 的在前面，大于 3 的在
```
后面，1 和 3 之间的在中间
```
array([1, 2, 3, 4])
```

找到数组的第 3 小（index=2）的值和第 2 大（index=-2）的值：

```
>>> arr = np.array([46, 57, 23, 39, 1, 10, 0, 120])>>> arr[np.argpartition(arr,
2)[2]]10>>> arr[np.argpartition(arr, -2)[-2]]57
```

同时找到第 3 和第 4 小的值。注意，这里用[2,3]同时将第 3 和第 4 小的排序好，然后就可以分别通过下标[2]和[3]取得。

```
>>> arr[np.argpartition(arr, [2,3])[2]]10>>> arr[np.argpartition(arr,
[2,3])[3]]23
```

5. numpy.argmax()和 numpy.argmin()函数

numpy.argmax()和 numpy.argmin()函数分别沿给定轴返回最大和最小元素的索引。

【例 6.57】numpy.argmax()和 numpy.argmin()函数的应用。

```
import numpy as np
a = np.array([[30,40,70],[80,20,10],[50,90,60]])
print ('我们的数组是：')
print (a)
print ('\n')
print ('调用 argmax() 函数：')
print (np.argmax(a))
print ('\n')
print ('展开数组：')
print (a.flatten())
print ('\n')
print ('沿轴 0 的最大值索引：')
maxindex = np.argmax(a, axis = 0)
print (maxindex)
```

```
print ('\n')
print ('沿轴 1 的最大值索引：')
maxindex = np.argmax(a, axis = 1)
print (maxindex)
print ('\n')
print ('调用 argmin() 函数：')
minindex = np.argmin(a)
print (minindex)
print ('\n')
print ('展开数组中的最小值：')
print (a.flatten()[minindex])
print ('\n')
print ('沿轴 0 的最小值索引：')
minindex = np.argmin(a, axis = 0)
print (minindex)
print ('\n')
print ('沿轴 1 的最小值索引：')
minindex = np.argmin(a, axis = 1)
print (minindex)
```

输出结果如下：

我们的数组是：[[30 40 70]
 [80 20 10]
 [50 90 60]]

调用 argmax() 函数：7

展开数组：[30 40 70 80 20 10 50 90 60]

沿轴 0 的最大值索引：[1 2 0]

沿轴 1 的最大值索引：[2 0 1]

调用 argmin() 函数：5

展开数组中的最小值：10

沿轴 0 的最小值索引：[0 1 1]

沿轴 1 的最小值索引：[0 2 0]

6. numpy.nonzero()函数

numpy.nonzero()函数返回数组中非零元素的索引。

【例 6.58】numpy.nonzero() 函数的应用。

```
import numpy as np
a = np.array([[30,40,0],[0,20,10],[50,0,60]])
print ('我们的数组是：')
print (a)
print ('\n')
print ('调用 nonzero() 函数：')
print (np.nonzero (a))
```

输出结果如下：

```
我们的数组是：[[30 40  0]
 [ 0 20 10]
 [50  0 60]]


调用 nonzero() 函数：(array([0, 0, 1, 1, 2, 2]), array([0, 1, 1, 2, 0, 2]))
```

7. numpy.where() 函数

numpy.where() 函数返回数组中满足给定条件的元素的索引。

【例 6.59】numpy.where() 函数的应用。

```
import numpy as np
x = np.arange(9.).reshape(3, 3)
print ('我们的数组是：')
print (x)
print ( '大于 3 的元素的索引：')
y = np.where(x > 3)
print (y)
print ('使用这些索引来获取满足条件的元素：')
print (x[y])
```

输出结果如下：

```
我们的数组是：[[0. 1. 2.]
 [3. 4. 5.]
 [6. 7. 8.]]
大于 3 的元素的索引：(array([1, 1, 2, 2, 2]), array([1, 2, 0, 1, 2]))
使用这些索引来获取满足条件的元素：[4. 5. 6. 7. 8.]
```

8. numpy.extract() 函数

numpy.extract() 函数根据某个条件从数组中抽取元素，返回满足条件的元素。

【例 6.60】numpy.extract() 的应用。

```
import numpy as np
x = np.arange(9.).reshape(3, 3)
print ('我们的数组是：')
```

```
print (x)
# 定义条件，选择偶数元素
condition = np.mod(x,2) == 0
print ('按元素的条件值：')
print (condition)
print ('使用条件提取元素：')
print (np.extract(condition, x))
```

输出结果如下：

我们的数组是：[[0. 1. 2.]
 [3. 4. 5.]
 [6. 7. 8.]]
按元素的条件值：[[True False True]
 [False True False]
 [True False True]]
使用条件提取元素：[0. 2. 4. 6. 8.]

6.4　本章小结

NumPy 是 Python 的一种开源的数值计算扩展，可以用来存储和处理大型矩阵，比 Python 自身的嵌套列表结构要高效得多。本章介绍了如何安装 NumPy，同时用大量的实例介绍了 NumPy 的数组及函数的应用。

6.5　动手练习

1. 导入 NumPy 库并取别名为 np。
2. 创建长度为 10 的零向量。
3. 从数组[1, 2, 0, 0, 4, 0]中找出非 0 元素的位置索引。
4. 创建一个 3×3 的单位矩阵。
5. 创建一个 10×10 的随机数组，并找出该数组中的最大值与最小值。
6. 创建一个二维数组，该数组边界值为 1，内部值为 0。
7. 创建一个 5×5 的矩阵，且设置值 1, 2, 3, 4 在其对角线下面一行。
8. 思考一下形状为(6, 7, 8)的数组，其第 100 个元素的索引(x, y, z)分别是什么？
9. 创建一个大小为 10 的随机向量，并且将该向量中最大的值替换为 0。

第7章

用 Pandas 进行数据处理

与 NumPy 类似，Pandas 也是一个开放源码的 Python 库，提供了高性能、易于使用的数据结构和数据分析工具，广泛用于 Python 数据分析与处理（如数据清洗等）。Pandas 的名字衍生自术语 panel data（面板数据）和 Python data analysis（Python 数据分析）。Pandas 是一个强大的分析结构化数据的工具集，基础是 NumPy。Pandas 可以从各种文件格式（比如CSV、JSON、SQL、Excel）导入数据，并对这些数据进行处理。

本章我们主要介绍 Pandas 的基本概念、数据结构和数据清洗方法。

7.1　安装 Pandas

安装 Pandas 的基础环境是 Python，开始前假定已经安装了 Python 和 pip，安装 Pandas 的操作步骤如下：

步骤01 执行如下命令使用 pip 安装 Pandas：

```
pip install pandas
```

步骤02 安装成功后，导入 Pandas 包：

```
import pandas
```

【例 7.1】查看 Pandas 版本。

```
>>> import pandas
>>> pandas.__version__   # 查看版本
'1.1.5'
```

导入 Pandas 时一般使用别名 pd 来代替，代码如下：

```
import pandas as pd
```

【例 7.2】一个简单的 Pandas 使用实例。

```
import pandas as pd

mydataset = {
  'sites': ["Google", "Runoob", "Wiki"],
  'number': [1, 2, 3]
}

myvar = pd.DataFrame(mydataset)

print(myvar)
```

执行以上代码，输出结果如图 7.1 所示。

```
    sites  number
0  Google       1
1  Runoob       2
2    Wiki       3
```

图 7.1 输出结果

7.2 Pandas 数据结构

Pandas 有两类非常重要的数据结构，即 Series（序列）和 Data Frame（数据框）。

7.2.1 Pandas 数据结构——Series

Pandas Series 类似于 NumPy 中的一维数组，可以保存任何数据类型，而且还可以通过索引值的方式获取数据，其语法格式如下：

```
pandas.Series( data, index, dtype, name, copy)
```

参数说明：

- data: 一组数据（ndarray 类型）。
- index: 数据索引值，如果不指定，默认从 0 开始。
- dtype: 数据类型，默认会自己判断。
- name: 设置名称。
- copy: 拷贝数据，默认为 False。

【例 7.3】创建一个 Series 实例，不指定索引值。

```
import pandas as pd
a = [1, 2, 3]
myvar = pd.Series(a)
print(myvar)
```

输出结果如图 7.2 所示。

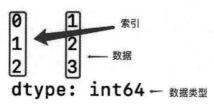

图 7.2　输出结果

由图 7.2 可知，如果没有指定索引值，索引值就从 0 开始。

根据索引值读取数据：

```
import pandas as pd
a = [1, 2, 3]
myvar = pd.Series(a)
print(myvar[1])
```

输出结果如下：

```
2
```

【例 7.4】创建一个 Series 实例，指定索引值。

```
import pandas as pd
a = ["Google", "Runoob", "Wiki"]
myvar = pd.Series(a, index = ["x", "y", "z"])
print(myvar)
```

输出结果如图 7.3 所示。

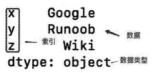

图 7.3　输出结果

根据索引值读取数据：

```
import pandas as pd
a = ["Google", "Runoob", "Wiki"]
myvar = pd.Series(a, index = ["x", "y", "z"])
print(myvar["y"])
```

输出结果如下：

```
Runoob
```

【例 7.5】通过字典的方式来创建 Series。

```
import pandas as pd

sites = {1: "Google", 2: "Runoob", 3: "Wiki"}

myvar = pd.Series(sites)

print(myvar)
```

输出结果如图 7.4 所示。

```
1       Google
2       Runoob
3         Wiki
dtype: object
```

图 7.4　输出结果

由图 7.4 可知，字典的 key 变成了索引值。

如果我们只需要字典中的一部分数据，只需指定需要数据的索引即可，代码如下：

```
import pandas as pd
sites = {1: "Google", 2: "Runoob", 3: "Wiki"}
myvar = pd.Series(sites, index = [1, 2])
print(myvar)
```

输出结果如图 7.5 所示。

```
1       Google
2       Runoob
dtype: object
```

图 7.5　输出结果

【例 7.6】设置 Series 名称参数。

```
import pandas as pd
sites = {1: "Google", 2: "Runoob", 3: "Wiki"}
myvar = pd.Series(sites, index = [1, 2], name="RUNOOB-Series-TEST" )
print(myvar)
```

输出结果如图 7.6 所示。

```
1    Google
2    Runoob
Name: RUNOOB-Series-TEST, dtype: object
Press any key to continue . . .
```

图 7.6　输出结果

7.2.2　Pandas 数据结构——DataFrame

DataFrame 是一个表格型的数据结构，它含有一组有序的列，每列可以是不同的值类型（数字、字符串、布尔型）。DataFrame 既有行索引也有列索引，它可以看作由 Series 组成的字典（共同用一个索引），如图 7.7 和图 7.8 所示。

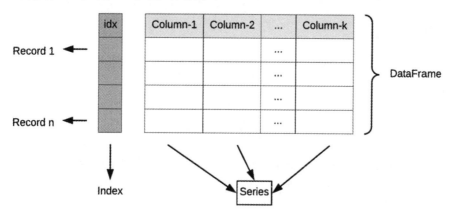

图 7.7　DataFrame 结构 1

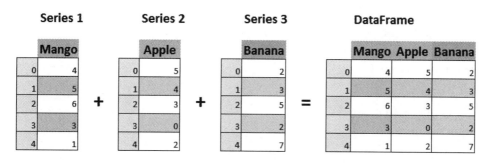

图 7.8　DataFrame 结构 2

Pandas DataFrame 类似于 NumPy 中的二维数组，其语法格式如下：

```
pandas.DataFrame( data, index, columns, dtype, copy)
```

参数说明：

● 　data：一组数据（ndarray、series、map、lists、dict 等类型）。

● 　index：索引值，或者可以称为行标签。

- columns: 列标签，默认为 RangeIndex (0, 1, 2, ..., n) 。
- dtype: 数据类型。
- copy: 拷贝数据，默认为 False。

1. 创建 Data Frame

Data Frame 的创建主要有 3 种方式：使用列表、使用 ndarrays 和使用字典创建。

【例 7.7】使用列表创建 Data Frame。

```
import pandas as pd
data = [['Google',10],['Runoob',12],['Wiki',13]]
df = pd.DataFrame(data,columns=['Site','Age'],dtype=float)
print(df)
```

输出结果如图 7.9 所示。

```
     Site   Age
0  Google  10.0
1  Runoob  12.0
2    Wiki  13.0
```

图 7.9　输出结果

使用 ndarrays 创建 Data Frame，ndarray 的长度必须相同，如果传递了索引值，则索引的长度应等于数组的长度。如果没有传递索引值，则默认情况下，索引值将是 range(n)，其中 n 是数组长度。

【例 7.8】使用 ndarrays 创建 Data Frame。

```
import pandas as pd
data = {'Site':['Google', 'Runoob', 'Wiki'], 'Age':[10, 12, 13]}
df = pd.DataFrame(data)
print (df)
```

输出结果如图 7.10 所示。

```
     Site   Age
0  Google  10.0
1  Runoob  12.0
2    Wiki  13.0
```

图 7.10　输出结果

从以上输出结果可以知道，DataFrame 数据类型一个表格型，包含 Rows 和 Columns，如图 7.11 所示。

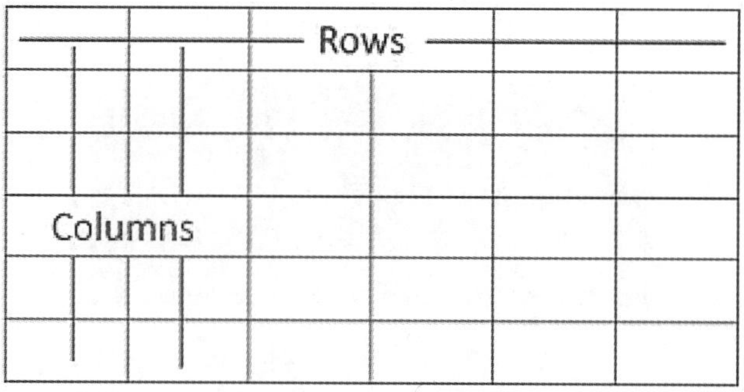

图 7.11　DataFrame 数据类型

【例 7.9】使用字典创建 Data Frame。

使用字典创建 Data Frame，字典的 key 为列名，代码如下：

```
import pandas as pd
data = [{'a': 1, 'b': 2},{'a': 5, 'b': 10, 'c': 20}]
df = pd.DataFrame(data)
print (df)
```

输出结果如图 7.12 所示。

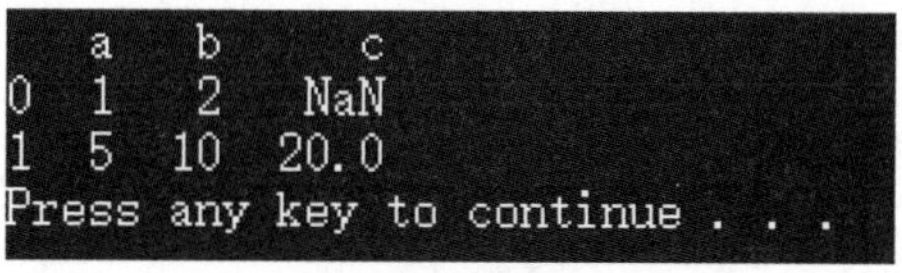

```
   a   b     c
0  1   2   NaN
1  5  10  20.0
Press any key to continue . . .
```

图 7.12　输出结果

从图 7.12 中可知，没有对应部分的数据为 NaN。

2. 返回数据

（1）Pandas 可以使用 loc 属性返回指定行的数据，如果没有设置索引，则第一行索引为 0，第二行索引为 1，以此类推。

【例 7.10】使用 loc 属性返回指定行的数据。

```
import pandas as pd
data = {
  "calories": [420, 380, 390],
  "duration": [50, 40, 45]
}
# 数据载入 DataFrame 对象
df = pd.DataFrame(data)
# 返回第一行
print(df.loc[0])
# 返回第二行
print(df.loc[1])
```

输出结果如图 7.13 所示。

```
calories    420
duration     50
Name: 0, dtype: int64
calories    380
duration     40
Name: 1, dtype: int64
Press any key to continue . . .
```

图 7.13　输出结果

注　意
返回结果其实就是一个 Pandas Series 数据。

（2）Pandas 也可以使用[[...]]格式返回多行数据，其中，...为各行的索引，以逗号隔开。

【例 7.11】Pandas 返回多行数据。

```
import pandas as pd
data = {
  "calories": [420, 380, 390],
  "duration": [50, 40, 45]
}
# 数据载入 DataFrame 对象
df = pd.DataFrame(data)
# 返回第一行和第二行
print(df.loc[[0, 1]])
```

输出结果如图 7.14 所示。

```
   calories  duration
0       420        50
1       380        40
Press any key to continue . . .
```

图 7.14　输出结果

注　意
返回结果其实就是一个 Pandas DataFrame 数据。

（3）Pandas 可以指定索引值。

【例 7.12】Pandas 指定索引值。

```
import pandas as pd
data = {
  "calories": [420, 380, 390],
  "duration": [50, 40, 45]
}
df = pd.DataFrame(data, index = ["day1", "day2", "day3"])
print(df)
```

输出结果如图 7.15 所示。

（4）Pandas 可以使用 loc 属性返回指定索引对应的某一行数据。

【例 7.13】Pandas 使用 loc 属性返回指定索引对应的某一行数据。

```
import pandas as pd
data = {
  "calories": [420, 380, 390],
  "duration": [50, 40, 45]
}
df = pd.DataFrame(data, index = ["day1", "day2", "day3"])
# 指定索引
print(df.loc["day2"])
```

输出结果如图 7.16 所示。

```
      calories  duration
day1       420        50
day2       380        40
day3       390        45
Press any key to continue . . .
```

图 7.15　输出结果

```
calories    380
duration     40
Name: day2, dtype: int64
Press any key to continue . . .
```

图 7.16　输出结果

7.3　Pandas 数据清洗

数据清洗是指对一些不规范数据进行处理的过程。很多数据集存在数据缺失、数据格式错误、数据错误或数据重复的情况，如果要使数据分析更加准确，就需要对这些数据进行处理。我们通常利用 Pandas 来进行数据清洗。

测试数据 property-data.csv 如图 7.17 所示。

PID	ST_NUM	ST_NAME	OWN_OCCUPIED	NUM_BEDROOMS	NUM_BATH	SQ_FT
100001000	104	PUTNAM	Y	3	1	1000
100002000	197	LEXINGTON	N	3	1.5	--
100003000		LEXINGTON	N	n/a	1	850
100004000	201	BERKELEY	12	1	NaN	700
	203	BERKELEY	Y	3	2	1600
100006000	207	BERKELEY	Y	NA	1	800
100007000	NA	WASHINGTON		2	HURLEY	950
100008000	213	TREMONT	Y	1	1	
100009000	215	TREMONT	Y	na	2	1800

图 7.17　测试数据

图 7.17 中的测试数据包含 4 种空数据：

- n/a
- NA
- —
- na

7.3.1 清洗空值

如果要删除包含空数据的行，可以使用 dropna()方法，其语法格式如下：

```
DataFrame.dropna(axis=0, how='any', thresh=None, subset=None, inplace=False)
```

参数说明：

- axis: 默认值为 0，表示逢空值删除整行，如果设置参数 axis = 1，表示逢空值删除整列。
- how: 默认为'any'，表示一行（或列）里任何一个数据为 NA，就删除整行（或列）；如果设置 how='all'，则表示一行（或列）都是 NA 才删掉这个整行（或列）。
- thresh: 设置需要保留多少非空值的数据。
- subset: 设置想要检查的列。如果是多个列，可以使用列名的 list 作为参数。
- inplace: 默认为 False，即将筛选后的数据存为副本。如果设置 True，将计算得到的值直接覆盖之前的值并返回 None，修改的是源数据。

1）判断各个单元格是否为空

清空值前，首先判断各个单元格是否为空。

可以通过 isnull()方法判断各个单元格是否为空，代码如下：

```
import pandas as pd
df = pd.read_csv('property-data.csv')
print (df['NUM_BEDROOMS'])
print (df['NUM_BEDROOMS'].isnull())
```

输出结果如图 7.18 所示。

从图 7.18 中我们看到 Pandas 把 n/a 和 NA 当作空数据，但 na 不是空数据，不符合我们的要求，因此需要指定空数据类型，修改后的代码如下：

```
import pandas as pd
missing_values = ["n/a", "na", "--"]
df = pd.read_csv('property-data.csv', na_values = missing_values)
print (df['NUM_BEDROOMS'])
print (df['NUM_BEDROOMS'].isnull())
```

输出结果如图 7.19 所示。

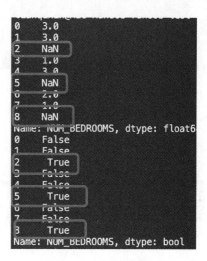

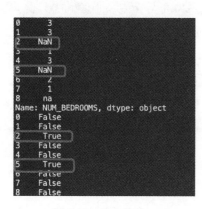

図 7.18　输出结果　　　　　　　図 7.19　输出结果

找出空数据的单元格后，就可以进行数据清洗了。

2）删除包含空数据的行

【例 7.14】删除包含空数据的行。

```python
import pandas as pd
df = pd.read_csv('property-data.csv')
new_df = df.dropna()
print(new_df.to_string())
```

输出结果如图 7.20 所示。

	PID	ST_NUM	ST_NAME	OWN_OCCUPIED	NUM_BEDROOMS	NUM_BATH	SQ_FT
0	100001000.0	104.0	PUTNAM	Y	3	1	1000
1	100002000.0	197.0	LEXINGTON	N	3	1.5	---
8	100009000.0	215.0	TREMONT	Y	na	2	1800

图 7.20　输出结果

注　意

默认情况下，dropna()方法返回一个新的 DataFrame，不会修改源数据。

如果要修改源数据 DataFrame，可以设置 inplace=True，代码如下：

```python
import pandas as pd
df = pd.read_csv('property-data.csv')
df.dropna(inplace = True)
print(df.to_string())
```

输出结果如图 7.21 所示。

	PID	ST_NUM	ST_NAME	OWN_OCCUPIED	NUM_BEDROOMS	NUM_BATH	SQ_FT
0	100001000.0	104.0	PUTNAM	Y	3	1	1000
1	100002000.0	197.0	LEXINGTON	N	3	1.5	--
8	100009000.0	215.0	TREMONT	Y	na	2	1800

图 7.21　输出结果

3）删除某一列中数据值为空的行

【例 7.15】删除 ST_NUM 列中数据值为空的行。

```
import pandas as pd
df = pd.read_csv('property-data.csv')
df.dropna(subset=['ST_NUM'], inplace = True)
print(df.to_string())
```

输出结果如图 7.22 所示。

	PID	ST_NUM	ST_NAME	OWN_OCCUPIED	NUM_BEDROOMS	NUM_BATH	SQ_FT
0	100001000.0	104.0	PUTNAM	Y	3	1	1000
1	100002000.0	197.0	LEXINGTON	N	3	1.5	--
3	100004000.0	201.0	BERKELEY	12	1	NaN	700
4	NaN	203.0	BERKELEY	Y	3	2	1600
5	100006000.0	207.0	BERKELEY	Y	NaN	1	800
7	100008000.0	213.0	TREMONT	Y	1	1	NaN
8	100009000.0	215.0	TREMONT	Y	na	2	1800

图 7.22　输出结果

4）替换空数据

用 fillna()方法来替换一些空数据。

【例 7.16】使用 12345 替换空数据。

```
import pandas as pd
df = pd.read_csv('property-data.csv')
df.fillna(12345, inplace = True)
print(df.to_string())
```

输出结果如图 7.23 所示。

	PID	ST_NUM	ST_NAME	OWN_OCCUPIED	NUM_BEDROOMS	NUM_BATH	SQ_FT
0	100001000.0	104.0	PUTNAM	Y	3	1	1000
1	100002000.0	197.0	LEXINGTON	N	3	1.5	--
2	100003000.0	12345.0	LEXINGTON	N	12345	1	850
3	100004000.0	201.0	BERKELEY	12	1	12345	700
4	12345.0	203.0	BERKELEY	Y	3	2	1600
5	100006000.0	207.0	BERKELEY	Y	12345	1	800
6	100007000.0	12345.0	WASHINGTON	12345	2	HURLEY	950
7	100008000.0	213.0	TREMONT	Y	1	1	12345
8	100009000.0	215.0	TREMONT	Y	na	2	1800

图 7.23　输出结果

也可以指定某一列来替换数据。

【例 7.17】使用 12345 替换 PID 列的空数据。

```
import pandas as pd
df = pd.read_csv('property-data.csv')
df['PID'].fillna(12345, inplace = True)
print(df.to_string())
```

输出结果如图 7.24 所示。

	PID	ST_NUM	ST_NAME	OWN_OCCUPIED	NUM_BEDROOMS	NUM_BATH	SQ_FT
0	100001000.0	104.0	PUTNAM	Y	3	1	1000
1	100002000.0	197.0	LEXINGTON	N	3	1.5	---
2	100003000.0	NaN	LEXINGTON	N	NaN	1	850
3	100004000.0	201.0	BERKELEY	12	1	NaN	700
4	12345.0	203.0	BERKELEY	Y	3	2	1600
5	100006000.0	207.0	BERKELEY	Y	NaN	1	800
6	100007000.0	NaN	WASHINGTON	NaN	2	HURLEY	950
7	100008000.0	213.0	TREMONT	Y	1	1	NaN
8	100009000.0	215.0	TREMONT	Y	na	2	1800

图 7.24　输出结果

替换空数据的常用方法是计算列的均值、中位数值和众数。Pandas 使用 mean()、median() 和 mode() 方法计算列的均值（所有值加起来的平均值）、中位数值（排序后排在中间的数）和众数（出现频率最高的数）。

【例 7.18】使用 mean() 方法计算列的均值并替换空数据。

```
import pandas as pd
df = pd.read_csv('property-data.csv')
x = df["ST_NUM"].mean()
df["ST_NUM"].fillna(x, inplace = True)
print(df.to_string())
```

输出结果如图 7.25 所示。

	PID	ST_NUM	ST_NAME	OWN_OCCUPIED	NUM_BEDROOMS	NUM_BATH	SQ_FT
0	100001000.0	104.000000	PUTNAM	Y	3	1	1000
1	100002000.0	197.000000	LEXINGTON	N	3	1.5	---
2	100003000.0	191.428571	LEXINGTON	N	NaN	1	850
3	100004000.0	201.000000	BERKELEY	12	1	NaN	700
4	NaN	203.000000	BERKELEY	Y	3	2	1600
5	100006000.0	207.000000	BERKELEY	Y	NaN	1	800
6	100007000.0	191.428571	WASHINGTON	NaN	2	HURLEY	950
7	100008000.0	213.000000	TREMONT	Y	1	1	NaN
8	100009000.0	215.000000	TREMONT	Y	na	2	1800

图 7.25　输出结果

【例 7.19】使用 median() 方法计算列的中位数并替换空数据。

```
import pandas as pd
df = pd.read_csv('property-data.csv')
x = df["ST_NUM"].median()
df["ST_NUM"].fillna(x, inplace = True)
```

```
print(df.to_string())
```

输出结果如图 7.26 所示。

图 7.26　输出结果

【例 7.20】使用 mode() 方法计算列的众数并替换空数据。

```
import pandas as pd
df = pd.read_csv('property-data.csv')
x = df["ST_NUM"].mode()
df["ST_NUM"].fillna(x, inplace = True)
print(df.to_string())
```

输出结果如图 7.27 所示。

图 7.27　执行结果

7.3.2　清洗格式错误数据

格式错误的数据会使数据分析变得困难，甚至不可能。因此，需要我们将包含空数据的行或者列中的所有数据转换为相同格式的数据。

【例 7.21】格式化日期。

```
import pandas as pd

# 第三个日期格式错误
data = {
  "Date": ['2020/12/01', '2020/12/02' , '20201226'],
  "duration": [50, 40, 45]
}
```

```
df = pd.DataFrame(data, index = ["day1", "day2", "day3"])

df['Date'] = pd.to_datetime(df['Date'])

print(df.to_string())
```

输出结果如图 7.28 所示。

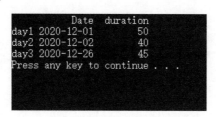

图 7.28　输出结果

7.3.3　清洗错误数据

数据错误也是很常见的情况，我们可以对错误的数据进行替换或删除。

【例 7.22】替换错误年龄的数据。

```
import pandas as pd

person = {
  "name": ['Google', 'Runoob' , 'Taobao'],
  "age": [50, 40, 12345]    # 12345 年龄数据是错误的
}

df = pd.DataFrame(person)

df.loc[2, 'age'] = 30 # 修改数据

print(df.to_string())
```

输出结果如图 7.29 所示。

```
        name   age
0   Google    50
1   Runoob    40
Press any key to continue . . .
```

图 7.29　输出结果

也可以设置条件语句，如果 age 大于 120，则将 age 设置为 120：

```
import pandas as pd

person = {
```

```
    "name": ['Google', 'Runoob' , 'Taobao'],
    "age": [50, 200, 12345]
}

df = pd.DataFrame(person)

for x in df.index:
  if df.loc[x, "age"] > 120:
    df.loc[x, "age"] = 120

print(df.to_string())
```

输出结果如图 7.30 所示。

图 7.30　输出结果

也可以将错误数据所在的行删除，例如删除 age 大于 120 的行：

```
import pandas as pd

person = {
    "name": ['Google', 'Runoob' , 'Taobao'],
    "age": [50, 40, 12345]     # 12345 年龄数据是错误的
}

df = pd.DataFrame(person)

for x in df.index:
  if df.loc[x, "age"] > 120:
    df.drop(x, inplace = True)

print(df.to_string())
```

输出结果如图 7.31 所示。

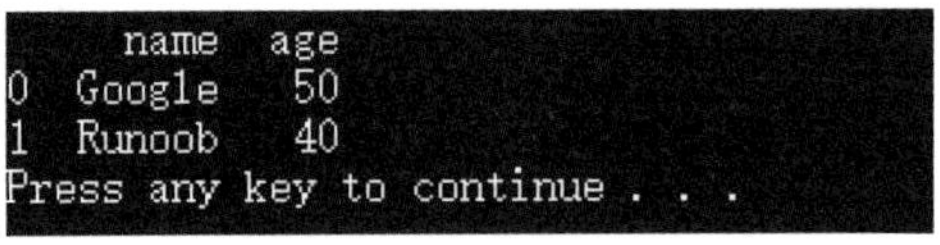

图 7.31　输出结果

7.3.4　清洗重复数据

如果要清洗重复数据，可以使用 duplicated()和 drop_duplicates()方法。首先用 duplicated()

方法对数据进行判断，如果数据是重复的，则返回 True，否则返回 False。

【例 7.23】判断数据是否重复。

```
import pandas as pd

person = {
  "name": ['Google', 'Runoob', 'Runoob', 'Taobao'],
  "age": [50, 40, 40, 23]
}
df = pd.DataFrame(person)

print(df.duplicated())
```

输出结果如图 7.32 所示。

```
0    False
1    False
2     True
3    False
dtype: bool
Press any key to continue . . .
```

图 7.32　输出结果

然后直接使用 drop_duplicates()方法删除重复数据。

【例 7.24】删除重复数据。

```
import pandas as pd

persons = {
  "name": ['Google', 'Runoob', 'Runoob', 'Taobao'],
  "age": [50, 40, 40, 23]
}

df = pd.DataFrame(persons)

df.drop_duplicates(inplace = True)
print(df)
```

输出结果如图 7.33 所示。

```
     name  age
0  Google   50
1  Runoob   40
3  Taobao   23
Press any key to continue . . .
```

图 7.33　输出结果

7.4　本章小结

本章介绍了 Pandas 的安装、Pandas 的数据结构和数据清洗的相关知识。Pandas 是数据分析与处理的重要工具，熟练掌握 Pandas 有助于我们大大提高数据分析效率。

7.5　动手练习

1. 将下面的字典创建为 DataFrame。

```
data = {"grammer":["Python","C","Java","GO","R","SQL","PHP","Python"],
    "score":[1,2,np.nan,4,5,6,7,10]}
```

	grammer	score
0	Python	1.0
1	C	2.0
2	Java	NaN
3	GO	4.0
4	R	5.0
5	SQL	6.0
6	PHP	7.0
7	Python	10.0

2. 提取含有字符串"Python"的行。

3. 输出 df 的所有列名。

```
df=pd.DataFrame(data)
```

4. 修改第二列的列名为"popularity"。

5. 统计 grammer 列中每种编程语言出现的次数。

6. 将空值用上、下值的平均值填充。

7. 提取 popularity 列中值大于 3 的行。

8. 计算 popularity 列的平均值。

9. 提取 popularity 列中值大于 3 且小于 7 的行。

10. 交换两列位置。

11. 提取 popularity 列中最大值所在行。

第 8 章

用 SciPy 进行科学计算

SciPy 是一个开源的 Python 算法库和数学工具包。SciPy 是基于 NumPy 的科学计算库，用于数学、科学、工程学等领域，很多高阶抽象知识和物理模型需要使用 SciPy。SciPy 包含的模块有最优化、线性代数、积分、插值、特殊函数、快速傅立叶变换、信号处理和图像处理、常微分方程求解和其他科学与工程中常用的计算，因此被广泛用于数据处理中。

本章主要介绍 SciPy 的基本使用和数据处理方法。

8.1 安装 SciPy

本节使用 pip 工具来安装 SciPy 库，操作步骤如下：

步骤 01 执行以下命令安装 Scipy 库：

```
python3 -m pip install -U scipy
```

步骤 02 安装完成后，通过以下命令来导入 SciPy 库的 contants 模块：

```
from scipy import constants
```

constants 是 SciPy 的常量模块，其中包括了许多物理常数，如光速、真空介电常数等。通过导入这个模块，可以在代码中使用这些常数值。

导入 SciPy 库后，如果要查看 SciPy 库的版本号，可使用如下代码：

```
import scipy

print(scipy.__version__)
```

执行以上代码，输出结果如下：

```
1.7.0
```

【例 8.1】导入 SciPy 的常量模块 constants，查看一英亩等于多少平方米。

```
from scipy import constants
```

```
# 一英亩等于多少平方米
print(constants.acre)
```

执行以上代码，输出结果如下：

```
4046.8564223999992
```

8.2　SciPy 数学模块

SciPy 是用户子模块的形式来组织的，这些子模块涵盖了不同科学计算领域的内容，本节主要介绍数学领域的子模块。

8.2.1　SciPy 常量模块

SciPy 的常量模块（constants）提供了许多内置的物理和数学常数。例如圆周率是一个数学常数，为一个圆的周长和其直径的比率，近似值约等于 3.14159，常用符号 π 来表示。

【例 8.2】输出圆周率。

```
from scipy import constants

print(constants.pi)
```

执行以上代码，输出结果如下：

```
3.141592653589793
```

【例 8.3】输出黄金比例。

```
from scipy import constants

print(constants.golden)
```

执行以上代码，输出结果如下：

```
1.618033988749895
```

我们可以使用 dir()函数来查看 constants 模块包含了哪些常量，代码如下：

```
from scipy import constants

print(dir(constants))
```

执行以上代码，输出结果如下：

```
['Avogadro', 'Boltzmann', 'Btu', ...]
```

constants 模块还包含了多种单位，包括公制单位、二进制（以字节为单位）、质量单位、角度换算、时间单位、长度单位、压强单位、面积单位、体积单位、速度单位、温度单位、能量单位、功率单位和力学单位。

下面举几个例子进行说明。

【例 8.4】质量单位。

返回千克数（gram 返回 0.001）。代码如下：

```
from scipy import constants

print(constants.gram)          # 0.001
print(constants.metric_ton)    # 1000.0
print(constants.grain)         # 6.479891e-05
print(constants.lb)            # 0.45359236999999997
print(constants.pound)         # 0.45359236999999997
print(constants.oz)            # 0.028349523124999998
print(constants.ounce)         # 0.028349523124999998
print(constants.stone)         # 6.3502931799999995
print(constants.long_ton)      # 1016.0469088
print(constants.short_ton)     # 907.1847399999999
print(constants.troy_ounce)    # 0.031103476799999998
print(constants.troy_pound)    # 0.37324172159999996
print(constants.carat)         # 0.0002
print(constants.atomic_mass)   # 1.66053904e-27
print(constants.m_u)           # 1.66053904e-27
print(constants.u)             # 1.66053904e-27
```

【例 8.5】角度单位。

返回弧度（degree 返回 0.017453292519943295）。代码如下：

```
from scipy import constants

print(constants.degree)        # 0.017453292519943295
print(constants.arcmin)        # 0.0002908882086657216
print(constants.arcminute)     # 0.0002908882086657216
print(constants.arcsec)        # 4.84813681109536e-06
print(constants.arcsecond)     # 4.84813681109536e-06
```

【例 8.6】时间单位。

返回秒数（hour 返回 3600.0）。代码如下：

```
from scipy import constants

print(constants.minute)        # 60.0
```

```
print(constants.hour)          # 3600.0
print(constants.day)           # 86400.0
print(constants.week)          # 604800.0
print(constants.year)          # 31536000.0
print(constants.Julian_year)   # 31557600.0
```

【例 8.7】长度单位。

返回米数（nautical_mile 返回 1852.0）。代码如下：

```
from scipy import constants

print(constants.inch)              # 0.0254
print(constants.foot)              # 0.30479999999999996
print(constants.yard)              # 0.9143999999999999
print(constants.mile)              # 1609.3439999999998
print(constants.mil)               # 2.5399999999999997e-05
print(constants.pt)                # 0.00035277777777777776
print(constants.point)             # 0.00035277777777777776
print(constants.survey_foot)       # 0.3048006096012192
print(constants.survey_mile)       # 1609.3472186944373
print(constants.nautical_mile)     # 1852.0
print(constants.fermi)             # 1e-15
print(constants.angstrom)          # 1e-10
print(constants.micron)            # 1e-06
print(constants.au)                # 149597870691.0
print(constants.astronomical_unit) # 149597870691.0
print(constants.light_year)        # 9460730472580800.0
print(constants.parsec)            # 3.0856775813057292e+16
```

【例 8.8】面积单位。

返回平方米数，平方米是面积的公制单位，其定义是在一平面上，边长为一米的正方形的面积（hectare 返回 10000.0）。代码如下：

```
from scipy import constants

print(constants.hectare) # 10000.0
print(constants.acre)    # 4046.8564223999992
```

【例 8.9】速度单位。

返回每秒多少米（speed_of_sound 返回 340.5）。代码如下：

```
from scipy import constants

print(constants.kmh)               # 0.2777777777777778
print(constants.mph)               # 0.44703999999999994
print(constants.mach)              # 340.5
print(constants.speed_of_sound)    # 340.5
```

```
print(constants.knot)                # 0.5144444444444445
```

【例 8.10】温度单位。

返回开尔文数（zero_Celsius 返回 273.15）。代码如下：

```
from scipy import constants

print(constants.zero_Celsius)           # 273.15
print(constants.degree_Fahrenheit)      # 0.5555555555555556
```

8.2.2　SciPy 优化模块

SciPy 的优化模块（optimize）提供了常用的最优化算法函数，我们可以直接调用这些函数完成优化问题，比如查找方程的根或函数的最小值等。

1. 查找方程的根

虽然 NumPy 能够找到多项式和线性方程的根，但它无法找到非线性方程的根，例如：

```
x + cos(x)
```

此时，我们可以使用 SciPy 的 optimze.root 函数来获得，该函数的语法格式如下：

```
scipy.optimize.root(fun, x0, args=(), method='hybr')
```

参数说明：

- fun：可调用的求根的向量函数。
- x0：ndarray 的初始猜测值。
- args：元组，可选，传递给目标函数及其雅可比行列式的额外参数。
- method：str，可选。

该函数返回一个对象，其中包含有关解决方案的信息。

【例 8.11】查找 x + cos(x)方程的根。

```
from scipy.optimize import root     # 导入 scipy 库中的 root 函数，用于求解方程的根
from math import cos                 # 导入 math 库中的 cos 函数，用于计算余弦值
def eqn(x):  # 定义一个函数 eqn，接收一个参数 x
    return x + cos(x)                # 返回 x 加上 x 的余弦值
myroot = root(eqn, 0)  # 使用 root 函数求解方程 eqn 在 x=0 处的根，将结果赋值给变量 myroot
print(myroot.x)         # 打印 myroot 的 x 属性，即方程的根
```

执行以上代码，输出结果如下：

```
-0.73908513]
```

查看更多信息：

```
from scipy.optimize import root  # 导入 scipy 库中的 root 函数，用于求解方程的根
from math import cos       # 导入 math 库中的 cos 函数，用于计算余弦值
def eqn(x):  # 定义一个函数 eqn，接收一个参数 x
    return x + cos(x)    # 返回 x 加上 x 的余弦值
myroot = root(eqn, 0)   # 使用 root 函数求解方程 eqn 在 x=0 处的根，将结果赋值给变量 myroot
print(myroot)            # 打印 myroot 的值
```

执行以上代码，输出结果如下：

```
    fjac: array([[-1.]])
     fun: array([0.])
 message: 'The solution converged.'
    nfev: 9
     qtf: array([-2.66786593e-13])
       r: array([-1.67361202])
  status: 1
 success: True
       x: array([-0.73908513])
```

2. 查找函数最小值

minimize 函数是 SciPy 库中的一个优化函数，用于寻找给定函数的最小值。它使用一种迭代的方法来逐步调整参数，直到找到使目标函数达到最小值的点。

该函数的基本语法如下：

```
scipy.optimize.minimize(fun, x0, args=(), method='Nelder-Mead', ...)
```

参数说明：

● fun: 目标函数，即需要最小化的函数。

● x0: 初始猜测值，一个列表或数组，表示参数的初始值。

● args: 可选参数，传递给目标函数的其他参数。

● method: 可选参数，指定使用的优化算法。默认为 Nelder-Mead。其他常用的方法包括 TNC、COBYLA 等。

● options: 可选参数，用于传递特定于所选优化算法的选项。

该函数返回一个 OptimizeResult 对象，其中包含有关优化过程的信息，如最小值、最优解、迭代次数等。可以通过访问这些属性来获取结果。

需要注意的是，minimize 函数只能用于无约束优化问题。如果存在约束条件，可以使用 scipy.optimize.minimize_scalar 函数或 scipy.optimize.minimize 结合 scipy.optimize.LinearConstraint 等方法来解决有约束优化问题。

【例 8.12】求解一个二维函数的最小值。

```
from scipy.optimize import minimize
```

```
def func(x):
    return x[0]**2 + x[1]**2

initial_guess = [1, 1]
result = minimize(func, initial_guess)

print("最小值：", result.fun)
print("最优解：", result.x)
```

程序的运行结果为：

```
最小值： 0.0
最优解： [0., 0.]
```

在这个例子中，我们使用了 scipy.optimize 库中的 minimize 函数来求解一个二维函数的最小值。我们定义了一个名为 func 的函数，它接收一个包含两个元素的列表 x 作为输入，并返回 x[0]**2 + x[1]**2 的值。我们还提供了一个初始猜测值 initial_guess，它是一个包含两个元素的列表。然后我们调用 minimize 函数，传入 func 和 initial_guess 作为参数，并将结果存储在变量 result 中。最后，我们打印出最小值（result.fun）和最优解（result.x）。

8.2.3 SciPy 稀疏矩阵模块

稀疏矩阵（Sparse Matrix）指的是在数值分析中绝大多数数值为 0 的矩阵。反之，如果大部分元素都非 0，则这个矩阵是稠密矩阵（Dense Matrix）。在科学与工程领域中求解线性模型时经常出现大型的稀疏矩阵。

在图 8.1 中，左边是一个稀疏矩阵，矩阵中包含了很多 0 元素；右边是稠密矩阵，其中大部分元素不是 0。

	A_1	A_2	A_3	A_4
1	0	7	5	0
2	0	0	0	8
3	5	0	0	0
4	0	3	5	0

稀疏矩阵

	A_1	A_2	A_3	A_4
1	3	7	5	9
2	0	5	0	8
3	5	0	2	3
4	1	3	5	4

稠密矩阵

图 8.1 矩阵示例

下面给出一个稀疏矩阵的例子，如图 8.2 所示。

$$\begin{bmatrix} 11 & 22 & 0 & 0 & 0 & 0 & 0 \\ 0 & 33 & 44 & 0 & 0 & 0 & 0 \\ 0 & 0 & 55 & 66 & 77 & 0 & 0 \\ 0 & 0 & 0 & 0 & 0 & 88 & 0 \\ 0 & 0 & 0 & 0 & 0 & 0 & 99 \end{bmatrix}$$

图 8.2　稀疏矩阵示例

上述稀疏矩阵仅包含 9 个非 0 元素，包含 26 个 0 元素，其稀疏度为 74%，密度为 26%。在数据分析过程中我们主要使用以下两种类型的稀疏矩阵：

- CSC（Compressed Sparse Column）矩阵，压缩稀疏列矩阵，按列压缩。
- CSR（Compressed Sparse Row）矩阵，压缩稀疏行矩阵，按行压缩。

本节我们主要使用 CSR 矩阵。

1. 创建 CSR 矩阵

SciPy 的 scipy.sparse 模块提供了处理稀疏矩阵的函数，我们可以通过向 scipy.sparse.csr_matrix()函数传递数组来创建一个 CSR 矩阵。

【例 8.13】创建 CSR 矩阵。

```
import numpy as np
from scipy.sparse import csr_matrix

arr = np.array([0, 0, 0, 0, 0, 1, 1, 0, 2])

print(csr_matrix(arr))
```

输出结果如下：

```
  (0, 5)        1
  (0, 6)        1
  (0, 8)        2
```

结果解析：

- 第一行：在矩阵第一行（索引值 0 ）第六（索引值 5 ）个位置有一个数值 1。
- 第二行：在矩阵第一行（索引值 0 ）第七（索引值 6 ）个位置有一个数值 1。
- 第三行：在矩阵第一行（索引值 0 ）第九（索引值 8 ）个位置有一个数值 2。

2. CSR 矩阵的方法

CSR 矩阵包含了许多方法，使用这些方法可对矩阵进行各种操作。

（1）使用 data 属性查看存储的数据（不含 0 元素）。

先介绍一下 data 属性，该属性可用来查看矩阵中存储的数据。例如，要查看矩阵中存储的数据，可使用如下代码：

```
import numpy as np
from scipy.sparse import csr_matrix

arr = np.array([[0, 0, 0], [0, 0, 1], [1, 0, 2]])

print(csr_matrix(arr).data)
```

输出结果如下：

```
[1 1 2]
```

（2）使用 count_nonzero()方法计算非 0 元素的总数。

【例 8.14】计算非 0 元素的参数。

```
import numpy as np
from scipy.sparse import csr_matrix

arr = np.array([[0, 0, 0], [0, 0, 1], [1, 0, 2]])

print(csr_matrix(arr).count_nonzero())
```

输出结果如下：

```
3
```

（3）使用 remove_zeros()方法删除矩阵中的 0 元素。

【例 8.15】删除矩阵中的 0 元素。

```
import numpy as np
from scipy.sparse import csr_matrix

arr = np.array([[0, 0, 0], [0, 0, 1], [1, 0, 2]])

mat = csr_matrix(arr)
mat.eliminate_zeros()

print(mat)
```

输出结果如下：

```
(1, 2)    1
(2, 0)    1
(2, 2)    2
```

（4）使用 sum_duplicates()方法删除重复项。

【例 8.16】删除重复项。

```python
import numpy as np
from scipy.sparse import csr_matrix

arr = np.array([[0, 0, 0], [0, 0, 1], [1, 0, 2]])

mat = csr_matrix(arr)
mat.sum_duplicates()

print(mat)
```

输出结果如下：

```
  (1, 2)    1
  (2, 0)    1
  (2, 2)    2
```

（5）使用 tocsc()方法将 csr 转换为 csc。

【例 8.17】将 CSR 矩阵转换为 CSC 矩阵。

```python
import numpy as np
from scipy.sparse import csr_matrix

arr = np.array([[0, 0, 0], [0, 0, 1], [1, 0, 2]])

newarr = csr_matrix(arr).tocsc()

print(newarr)
```

输出结果如下：

```
  (2, 0)    1
  (1, 2)    1
  (2, 2)    2
```

8.2.4　SciPy 图结构

图结构是算法学中最强大的框架之一。图是各种关系的节点和边的集合，节点是与对象对应的顶点，边是对象之间的连接。SciPy 提供了 scipy.sparse.csgraph 模块来处理图结构。

1. 邻接矩阵

邻接矩阵（Adjacency Matrix）是表示顶点之间相邻关系的矩阵，如图 8.3 所示。邻接矩阵逻辑结构分为两部分：V 集合和 E 集合。其中，V 是顶点；E 是边，边有时会有权重，表示节点之间的连接强度。

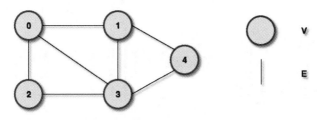

图 8.3　邻接矩阵

用一个一维数组存放图中所有顶点数据，用一个二维数组存放顶点间关系（边或弧）的数据，这个二维数组称为邻接矩阵，如图 8.4 所示。

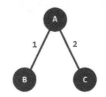

图 8.4　邻接矩阵示例

顶点有 A、B、C，边权重有 1 和 2。

● A 与 B 是连接的，权重为 1。

● A 与 C 是连接的，权重为 2。

● C 与 B 是没有连接的。

这个邻接矩阵可以表示为以下二维数组：

```
  A B C
A:[0 1 2]
B:[1 0 0]
C:[2 0 0]
```

邻接矩阵又分为有向图邻接矩阵和无向图邻接矩阵。无向图是双向关系，边没有方向，如图 8.5 所示。

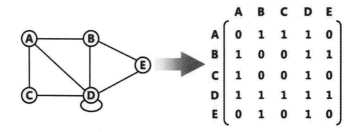

图 8.5　无向图

有向图的边带有方向，是单向关系，如图 8.6 所示。

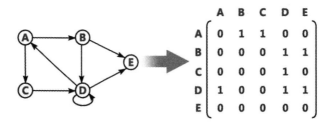

图 8.6 有向图

注 意

图 8.5 和图 8.6 中的 D 节点是自环，自环是指一条边的两端为同一个节点。

---

2. 连接组件

通过连接组件可实现程序内不同模块对数据的处理。通过输出连接组件，可以显示各个模块之间的连接点，从而知道哪些顶点在一个连通图中，这样就可以将一个大图拆分成若干个连通子图。

我们可以使用 connected_components() 方法查看所有的连接组件。

【例 8.18】查看所有连接组件。

```
import numpy as np
from scipy.sparse.csgraph import connected_components
from scipy.sparse import csr_matrix
# 创建一个 3×3 的二维数组
arr = np.array([
  [0, 1, 2],
  [1, 0, 0],
  [2, 0, 0]
])
# 将二维数组转换为压缩稀疏行矩阵（CSR 格式）
newarr = csr_matrix(arr)
# 计算并打印连通分量的数量
print(connected_components(newarr))
```

输出结果如下：

```
(1, array([0, 0, 0], dtype=int32))
```

3. 迪科斯彻算法

迪科斯彻（Dijkstra）算法用于计算一个节点到其他所有节点的最短路径。Scipy 使用 dijkstra() 方法来计算一个元素到其他元素的最短路径。

dijkstra() 方法的语法格式如下：

```
scipy.sparse.csgraph.dijkstra(csgraph, directed=True, indices=None,
```

```
return_predecessors=False, unweighted=False, limit=np.inf, min_only=False)
```

参数说明：

- csgraph：数组、矩阵或稀疏矩阵（二维），表示输入图的 N×N 非负距离数组。
- directed：布尔型，可选。
  - 如果为 True（默认），则在有向图上找到最短路径——仅沿路径 csgraph[i, j]从点 i 移动到点 j，并沿路径 csgraph[j, i]从点 j 移动到点 i。
  - 如果为 False，则在无向图上找到最短路径——沿着路径 csgraph[i, j]或 csgraph[j, i] 从点 i 前进到点 j 或从点 j 前进到点 i。
- indices：数组或 int，可选。如果指定，则仅计算给定索引处的点的路径。
- return_predecessors：布尔型，可选。如果为 True，则返回大小(N, N)前导矩阵。
- unweighted：布尔型，可选。如果为 True，则找到未加权的距离，即不是找到每个点 之间的路径以使权重之和最小化，而是找到路径以使边的数量最小化。
- limit：浮点数，可选。表示路径的最大权重。
- min_only：布尔型，可选。
  - 如果为 False（默认），对于图中的每个节点，从索引中的每个节点找到最短路径。
  - 如果为 True，则对于图中的每个节点，从索引中的任何节点找到最短路径（这可能 会更快）。

【例 8.19】查找元素 1 到元素 2 的最短路径。

```python
import numpy as np         # 导入 numpy 库，用于处理数组和矩阵
# 从 scipy.sparse.csgraph 模块导入 dijkstra 函数，用于计算最短路径
from scipy.sparse.csgraph import dijkstra
# 从 scipy.sparse 模块导入 csr_matrix 类，用于创建压缩稀疏行矩阵
from scipy.sparse import csr_matrix

arr = np.array([          # 创建一个 3×3 的二维数组
  [0, 1, 2],
  [1, 0, 0],
  [2, 0, 0]
])

newarr = csr_matrix(arr)  # 将二维数组转换为压缩稀疏行矩阵

# 使用 dijkstra 函数计算从顶点 0 开始到其他所有顶点的最短路径，并打印结果
print(dijkstra(newarr, return_predecessors=True, indices=0))
```

输出结果如下：

```
(array([ 0., 1., 2.]), array([-9999,    0,    0], dtype=int32))
```

4. 弗洛伊德算法

弗洛伊德（Floyd Warshall）算法是解决任意两点间的最短路径的一种算法，其时间复杂度是 n^3。该算法最大的优点就是代码简洁。在对时间复杂度要求不高的情况下，可以通过此算法找到任意两点间或者指定一点到另一点的最小距离。

我们可以通过引入中间点来寻找两点间的最短距离。例如，需要寻找 i 和 j 两点间的最短距离，那么我们可以引入中间点 k，判断 i 到 k 再到 j 的距离是否小于此时 i 到 j 的距离，如果是，则更新 i 到 j 点的距离。此算法运用了动态规划的思想。

Scipy 使用 floyd_warshall()方法来查找所有元素对之间的最短路径。

floyd_warshall()方法的语法格式如下：

```
scipy.sparse.csgraph.floyd_warshall(csgraph, directed=True, return_predeces
sors=False, unweighted=False, overwrite=False)
```

参数说明：

- csgraph: 数组、矩阵或稀疏矩阵（二维），表示输入图的 N×N 距离数组。
- directed: 布尔型，可选。
  - 如果为 True（默认），则在有向图上找到最短路径——仅沿路径 csgraph[i, j]从点 i 移动到点 j，并沿路径 csgraph[j, i]从点 j 移动到点 i。
  - 如果为 False，则在无向图上找到最短路径——沿着路径 csgraph[i, j]或 csgraph[j, i]从点 i 前进到点 j 或从点 j 前进到点 i。
- return_predecessors: 布尔型，可选。如果为 True，则返回大小(N, N)前导矩阵。
- unweighted: 布尔型，可选。如果为 True，则找到未加权的距离，即不是找到每个点之间的路径以使权重之和最小化，而是找到路径以使边的数量最小化。
- Overwrite: 布尔值，可选。如果为 True，则用结果覆盖 csgraph（只有当 csgraph 是密集的有序数组且 dtype=float64 时才适用）。

【例 8.20】查找所有元素对之间的最短路径。

```
import numpy as np        # 导入 numpy 库，用于处理数组和矩阵
# 从 scipy.sparse.csgraph 模块导入 floyd_warshall 函数，用于计算最短路径
from scipy.sparse.csgraph import floyd_warshall
# 从 scipy.sparse 模块导入 csr_matrix 类，用于创建压缩稀疏行矩阵
from scipy.sparse import csr_matrix

arr = np.array([        # 创建一个 3×3 的二维数组
  [0, 1, 2],
  [1, 0, 0],
  [2, 0, 0]
])
```

```
newarr = csr_matrix(arr)   # 将二维数组转换为压缩稀疏行矩阵

# 使用 floyd_warshall 函数计算从顶点 0 开始到其他所有顶点的最短路径，并打印结果
print(floyd_warshall(newarr, return_predecessors=True))
```

输出结果如下：

```
(array([[ 0.,  1.,  2.],
       [ 1.,  0.,  3.],
       [ 2.,  3.,  0.]]), array([[-9999,     0,     0],
       [    1, -9999,     0],
       [    2,     0, -9999]], dtype=int32))
```

5. 贝尔曼-福特算法

贝尔曼-福特算法（Bellman Ford）是解决任意两点间的最短路径的一种算法。Scipy 使用
bellman_ford() 方法来查找所有元素对之间的最短路径，通常可以在任何图中使用，包括有向
图、带负权边的图。

【例 8.21】使用负权边的图查找从元素 1 到元素 2 的最短路径。

```
import numpy as np              # 导入 numpy 库，用于处理数组和矩阵
# 从 scipy.sparse.csgraph 模块导入 bellman_ford 函数，用于计算最短路径
from scipy.sparse.csgraph import bellman_ford
# 从 scipy.sparse 模块导入 csr_matrix 类，用于创建压缩稀疏行矩阵
from scipy.sparse import csr_matrix

arr = np.array([                # 创建一个 3×3 的二维数组
  [0, -1, 2],
  [1, 0, 0],
  [2, 0, 0]
])

newarr = csr_matrix(arr)        # 将二维数组转换为压缩稀疏行矩阵

# 使用 bellman_ford 函数计算从顶点 0 开始到其他所有顶点的最短路径，并打印结果
print(bellman_ford(newarr, return_predecessors=True, indices=0))
```

输出结果如下：

```
(array([ 0., -1.,  2.]), array([-9999,     0,     0], dtype=int32))
```

6. 深度优先算法

深度优先算法主要思路：从图中一个未访问的顶点 V 开始，沿着一条路一直走到底，然后
从这条路尽头的节点回退到上一个节点，再从另一条路开始走到底……不断递归重复此过程，
直到所有的顶点都遍历完成。它的特点是"不撞南墙不回头"，先走完一条路，再换一条路继

续走。

depth_first_order()方法从一个节点返回深度优先遍历的顺序，其语法格式如下：

```
scipy.sparse.csgraph.depth_first_tree(csgraph, i_start, directed=True)
```

参数说明：

- csgraph: 表示压缩稀疏图的 N×N 矩阵。输入的 csgraph 将转换为 csr 格式以进行计算。
- i_start: int，起始节点的索引。
- directed: 布尔型，可选。
  - 如果为 True（默认），则在有向图上找到最短路径——仅沿路径 csgraph[i, j]从点 i 移动到点 j，并沿路径 csgraph[j, i]从点 j 移动到点 i。
  - 如果为 False，则在无向图上找到最短路径——沿着路径 csgraph[i, j]或 csgraph[j, i] 从点 i 前进到点 j 或从点 j 前进到点 i。

【例 8.22】返回深度优先遍历的顺序。

```
import numpy as np              # 导入 numpy 库，用于处理数组和矩阵
# 从 scipy.sparse.csgraph 模块导入 depth_first_order 函数，用于计算深度优先遍历
from scipy.sparse.csgraph import depth_first_order
# 从 scipy.sparse 模块导入 csr_matrix 类，用于创建压缩稀疏行矩阵
from scipy.sparse import csr_matrix

arr = np.array([              # 创建一个 4×4 的二维数组
  [0, 1, 0, 1],
  [1, 1, 1, 1],
  [2, 1, 1, 0],
  [0, 1, 0, 1]
])

newarr = csr_matrix(arr)      # 将二维数组转换为压缩稀疏行矩阵

# 使用 depth_first_order 函数计算从顶点 1 开始的深度优先遍历，并打印结果
print(depth_first_order(newarr, 1))
```

输出结果如下：

```
(array([1, 0, 3, 2], dtype=int32), array([   1, -9999,    1,    0],
dtype=int32))
```

7. 广度优先算法

广度优先算法（又称宽度优先算法）是最简便的图的搜索算法之一，这一算法也是很多重要的图的算法的原型。Dijkstra 单源最短路径算法和 Prim 最小生成树算法都采用了和广度优先

算法类似的思想。

广度优先算法的核心思想：从初始节点开始，应用算符生成第一层节点，检查目标节点是否在这些后继节点中；若没有，再用产生式规则将所有第一层的节点逐一扩展，得到第二层节点，并逐一检查第二层节点中是否包含目标节点；若没有，再用算符逐一扩展第二层的所有节点……如此依次扩展，检查下去，直到发现目标节点为止。

breadth_first_order() 方法从一个节点返回广度优先遍历的顺序，其语法格式如下：

```
scipy.sparse.csgraph.breadth_first_order(csgraph, i_start, directed=True, return_predecessors=True)
```

参数说明：

- csgraph：表示压缩稀疏图的 N×N 矩阵。输入的 csgraph 将转换为 csr 格式以进行计算。

- i_start：int，起始节点的索引。

- directed：布尔型，可选。
  - 如果为 True（默认），则在有向图上找到最短路径——仅沿路径 csgraph[i, j]从点 i 移动到点 j，并沿路径 csgraph[j, i]从点 j 移动到点 i。
  - 如果为 False，则在无向图上找到最短路径——沿着路径 csgraph[i, j]或 csgraph[j, i]从点 i 前进到点 j 或从点 j 前进到点 i。

- return_predecessors：布尔型，可选。如果为 True（默认值），则返回 Prepreesor 数组

【例 8.23】返回广度优先遍历的顺序。

```python
import numpy as np             # 导入 numpy 库，用于处理数组和矩阵
# 从 scipy.sparse.csgraph 模块导入 depth_first_order 函数，用于计算深度优先遍历
from scipy.sparse.csgraph import depth_first_order
# 从 scipy.sparse 模块导入 csr_matrix 类，用于创建压缩稀疏行矩阵
from scipy.sparse import csr_matrix

arr = np.array([              # 创建一个 4×4 的二维数组
  [0, 1, 0, 1],
  [1, 1, 1, 1],
  [2, 1, 1, 0],
  [0, 1, 0, 1]
])

newarr = csr_matrix(arr)      # 将二维数组转换为压缩稀疏行矩阵

# 使用 depth_first_order 函数计算从顶点 1 开始的深度优先遍历，并打印结果
print(depth_first_order(newarr, 1))
```

输出结果如下：

```
(array([1, 0, 2, 3], dtype=int32), array([   1, -9999,    1,    1],
dtype=int32))
```

8.2.5 SciPy 插值模块

在数学的数值分析领域中，插值（interpolation）是一种通过已知的、离散的数据点在给定范围内求得新数据点的过程或方法。简单来说插值是一种在给定的点之间生成新的点的方法。

例如，对于点 1 和点 2，我们可以插值找到点 1.33 和 1.66。

插值法有很多用途，例如在机器学习中我们经常需要处理数据缺失的数据，通常使用插值填充这些缺失的值，这种填充值的方法称为插补。除了插补，插值还常用于我们需要平滑数据集中离散点的地方。

SciPy 提供了 scipy.interpolate 模块来处理插值。

1. 一维插值

一维数据的插值运算可以通过 interp1d() 方法完成，其语法格式如下：

```
cipy.interpolate.interp1d(x, y, kind='linear', axis=- 1, copy=True,
bounds_error=None, fill_value=nan, assume_sorted=False)
```

参数说明：

● x: 一维实数值数组。

● y: n 维实数值数组。y 沿插值轴的长度必须等于 x 的长度。

● kind: str 或 int，可选。该参数给出插值的样条曲线的阶数，zero、nearest 表示零阶，slinear、linear 表示线性，quadratic、cubic 表示二阶和三阶样条曲线，更高阶的曲线可以直接使用整数值指定。默认为 linear。

● axis: int，可选。指定沿其进行插值的 Y 轴。插值默认为 y 的最后一个轴。

● copy: 布尔型，可选。
  ➤ 如果为 True，则制作 x 和 y 的内部副本。
  ➤ 如果为 False，则使用对 x 和 y 的引用。默认是 True。

● bounds_error: 布尔型，可选。
  ➤ 如果为 True，则在任何时候尝试对 x 范围之外的值进行插值时都会引发 ValueError（需要外插）。
  ➤ 如果为 False，则分配超出范围的值 fill_value。默认情况下，除非 fill_value="extrapolate"，否则会引发错误。

● fill_value: array-like 或（array-like，数组）或 extrapolate，可选。
  ➤ 如果是 ndarray（或浮点数），则此值将用于填充数据范围之外的请求点。如果未提供，则默认值为 NaN。array-like 必须正确广播到非插值轴的尺寸。

> ➤ 如果是双元素元组，则第一个元素用作 x_new < x[0]的填充值，第二个元素用作 x_new > x[-1]的填充值。任何不是二元素元组的东西（例如列表或 ndarray，无论形状如何）都被视为单个 array-like 参数，用于两个边界作为 below, above = fill_value, fill_value。要使用二元素元组或 ndarray，需要 bounds_error=False。

> ➤ 如果是 extrapolate，则将外推数据范围之外的点。

● assume_sorted: 布尔型，可选。如果为 False，则 x 的值可以是任何顺序，并且它们首先被排序。如果为 True，则 x 必须是一个单调递增值的数组。

返回值是可调用函数，该函数可以用新的 x 调用并返回相应的 y，y = f(x)。

【例 8.24】对给定的 xs 和 ys，找到 2.1、2.2、……、2.9 的一维插值。

```python
from scipy.interpolate import interp1d
import numpy as np

xs = np.arange(10)        # 创建一个包含 0 到 9 的一维数组，表示 X 轴上的点
ys = 2*xs + 1             # 根据给定的函数计算对应的 Y 轴上的点

# 使用 interp1d 函数创建一个插值函数，用于在新的 X 轴上计算对应的 Y 轴上的点
interp_func = interp1d(xs, ys)

# 在新的 X 轴上（从 2.1 到 3，步长为 0.1）计算对应的 Y 轴上的点，并将结果存储在 newarr 中
newarr = interp_func(np.arange(2.1, 3, 0.1))

print(newarr)  # 打印 newarr 的值
```

输出结果如下：

```
[5.2 5.4 5.6 5.8 6.  6.2 6.4 6.6 6.8]
```

注　　意
新的 xs 应该与旧的 xs 处于相同的范围内，这意味着我们不能使用大于 10 或小于 0 的值调用 interp_func()。

2. 样条插值

在一维插值中，点是针对单个曲线拟合的，而在样条插值中，点是针对使用多项式分段定义的函数拟合的。分段函数就是对于自变量 x 的不同取值范围，有着不同的解析式的函数。

单变量插值使用 UnivariateSpline() 函数，其语法格式如下：

```python
class scipy.interpolate.UnivariateSpline(x, y, w=None, bbox=[None, None], k=3,
s=None, ext=0, check_finite=False)
```

参数说明：

- x: 是一个一维数组，包含插值数据的 x 坐标。如果 s 为 0，则 x 必须严格递增。
- y: 与 x 长度相同的一维数组，包含插值数据的 y 坐标。
- w: 一维数组，可选。包含每个 y 值的权重。必须是积极的。如果 w 为 None，则权重均相等。默认为无。
- bbox: 一个长度为 2 的数组，可选。2-sequence 指定近似区间的边界。如果 bbox 是无，则 bbox=[x[0], x[-1]]。默认为无。
- k: 整数，可选。平滑样条的度数，必须是 $1 \leqslant k \leqslant 5$。默认值为 3，即三次样条。
- s: 浮点数或无，可选。用于选择结数的正平滑因子。节点数将增加，直到满足平滑条件：sum((w[i] * (y[i]-spl(x[i])))**2, axis=0) <= s。如果 s 是无，则 s = len(w) 是一个很好的值。1/w[i] 是 y[i] 标准差的估计值，如果为 0，则样条将插入所有数据点。默认为无。
- ext: int 或 str，可选。控制不在节点序列定义的区间内的元素的外推模式。
  - 如果 ext=0 或 "extrapolate"，则返回外推值。
  - 如果 ext=1 或 "zeros"，则返回 0。
  - 如果 ext=2 或 "raise"，则引发 ValueError。
  - 如果 "const" 的 ext=3，则返回边界值。
  - 默认值为 0。
- check_finite: 布尔型，可选。表示是否检查输入数组是否仅包含有限数。设置为 False 可能会提高性能，但如果输入确实包含无穷大或 NaN，则可能会导致问题（崩溃、非终止或无意义的结果）。默认为 False。

【例 8.25】为非线性点找到 2.1、2.2、...、2.9 的单变量样条插值。

```python
# 导入 UnivariateSpline 函数，用于一维样条插值
from scipy.interpolate import UnivariateSpline
import numpy as np

# 创建一个包含 0 到 9 的一维数组 xs
xs = np.arange(10)
# 根据 xs 计算对应的 y 值，即 xs 的平方加上 sin(xs) 再加 1
ys = xs**2 + np.sin(xs) + 1

# 使用 UnivariateSpline 函数对 xs 和 ys 进行一维样条插值，得到插值函数 interp_func
interp_func = UnivariateSpline(xs, ys)

# 在新的 X 轴上（从 2.1 到 3，步长为 0.1）计算对应的 y 值，并将结果存储在 newarr 中
newarr = interp_func(np.arange(2.1, 3, 0.1))

# 打印 newarr 的值
print(newarr)
```

输出结果如下：

```
[5.62826474 6.03987348 6.47131994 6.92265019 7.3939103  7.88514634
 8.39640439 8.92773053 9.47917082]
```

3. 径向基函数插值

径向基函数是对应固定参考点定义的函数。曲面插值里我们一般使用径向基函数插值。径向基函数插值运算可以使用 Rbf() 函数完成，其语法格式如下：

```
class scipy.interpolate.Rbf(*args, **kwargs)
```

参数说明：

● *args: 所有的位置参数（除最后一个参数外）都是一维数组，代表数据点的坐标。最后一个参数是数据点的值。

● Function: 字符串或可调用的方法或类，可选。径向基函数，基于范数给定的半径 r（默认值为欧几里得距离）；默认值为 multiquric。

【例 8.26】找到 2.1、2.2、…、2.9 的径向基函数插值。

```
# 导入 Rbf 函数，用于径向基函数插值
from scipy.interpolate import Rbf
import numpy as np

# 创建 X 轴上的点
xs = np.arange(10)
# 计算对应的 Y 轴上的点
ys = xs**2 + np.sin(xs) + 1

# 使用 Rbf 函数进行插值，得到插值函数 interp_func
interp_func = Rbf(xs, ys)

# 在新的 X 轴上（从 2.1 到 3，步长为 0.1）计算对应的 Y 轴上的点
newarr = interp_func(np.arange(2.1, 3, 0.1))

# 打印插值结果
print(newarr)
```

输出结果如下：

```
[6.25748981 6.62190817 7.00310702 7.40121814 7.8161443  8.24773402
 8.69590519 9.16070828 9.64233874]
```

8.3 SciPy 工程模块

SciPy 是基于 NumPy 构建的一个集成了多种数学算法和函数的 Python 模块。通过给用户提

供一些高层的命令和类，在 Python 交互式会话中，SciPy 大大增加了操作和可视化数据的能力。通过 SciPy，Python 的交互式会话变成了一个数据处理和 system-prototyping 环境，这使得 Python 足以和 Matlab、IDL、Octave、R-Lab 以及 SciLab 抗衡。

用 SciPy 写科学应用，还能获得世界各地的开发者开发的模块的帮助。从并行程序到 Web、数据库子例程，再到各种类，都已经有可用的模块提供给 Python 程序员了。

SciPy 中各个子模块及其描述如表 8.1 所示。

表8.1　SciPy中各个子模块及其描述

子 模 块	描　　述
constans	物理和数学常数
cluster	聚类算法
fftpack	快速傅立叶变换程序
integrate	集成和常微分方程求解器
interpolate	拟合和平滑曲线
io	输入和输出
linalg	线性代数
maxentropy	最大熵法
ndimage	N 维图像处理
odr	正交距离回归
optimize	最优路径选择
signal	信号处理
sparse	稀疏矩阵以及相关程序
spatial	空间数据结构和算法
special	特殊函数
stats	统计上的函数和分布
weave	C/C++ 整合（integration）

8.3.1　SciPy Matlab 数组

Matlab 是一款功能强大的数学软件，汇集了数值分析、矩阵计算、科学数据可视化等诸多强大功能。SciPy 提供了与 Matlab 交互的方法——SciPy 的 scipy.io 模块中的很多函数可用来处理 Matlab 的数组。

1. 以 Matlab 格式导出数据

使用 savemat()方法可以导出 Matlab 格式的数据，其语法格式如下：

```
scipy.io.savemat(file_name, mdict, appendmat=True, format='5', long_field_n
ames=False, do_compression=False, oned_as='row')
```

参数说明：

● file_name: 保存数据的文件名。

- mdict：包含数据的字典。
- do_compression：布尔值，指定结果数据是否压缩。默认为 False。

【例 8.27】将数组作为变量导出到 mat 文件。

```python
# 导入 scipy 库中的 io 模块
from scipy import io
import numpy as np

# 创建一个包含 0 到 9 的一维数组
arr = np.arange(10)

# 将数组保存为 MATLAB 格式的文件，文件名为'arr.mat'，并将数组命名为'vec'
io.savemat('arr.mat', {"vec": arr})
```

上面的代码会在你的计算机上保存了一个名为 "arr.mat" 的文件。

2. 导入 Matlab 格式数据

使用 loadmat()方法可以导入 Matlab 格式数据，其语法格式如下：

```python
scipy.io.loadmat(file_name, mdict=None, appendmat=True, **kwargs)
```

参数说明：

- file_name：要加载的 MATLAB 文件的名称（包括路径）。
- mdict：可选参数，用于指定一个字典，其中包含要从文件中加载的变量名及其对应的值。默认值为 None，表示加载文件中的所有变量。
- appendmat：可选参数，布尔值。如果为 True（默认值），则将新加载的数据追加到现有的 HDF5 文件中。如果为 False，则覆盖现有的 HDF5 文件。
- **kwargs：其他关键字参数，将传递给 h5py.File 构造函数。

【例 8.28】从 Matlab 文件中导入数组。

```python
from scipy import io      # 导入 scipy 库中的 io 模块
import numpy as np        # 导入 numpy 库，并使用别名 np

arr = np.array([0, 1, 2, 3, 4, 5, 6, 7, 8, 9])   # 创建一个包含 0 到 9 的 NumPy 数组

# 将数组 arr 保存为名为'arr.mat'的 MATLAB 文件，变量名为'vec'
io.savemat('arr.mat', {"vec": arr})

# 从名为'arr.mat'的 MATLAB 文件中加载数据，并将其存储在字典 mydata 中
mydata = io.loadmat('arr.mat')

print(mydata)            # 打印 mydata 字典，显示导入的数据
```

返回结果如下：

```
{
    '__header__': b'MATLAB 5.0 MAT-file Platform: nt, Created on: Tue Sep 22
13:12:32 2020',
    '__version__': '1.0',
    '__globals__': [],
    'vec': array([[0, 1, 2, 3, 4, 5, 6, 7, 8, 9]])
}
```

【例 8.29】使用变量名"vec"只显示 Matlab 格式的数组。

```
from scipy import io
import numpy as np

arr = np.array([0, 1, 2, 3, 4, 5, 6, 7, 8, 9,])

# 导出
io.savemat('arr.mat', {"vec": arr})

# 导入
mydata = io.loadmat('arr.mat')

print(mydata['vec'])
```

返回结果如下：

```
[[0 1 2 3 4 5 6 7 8 9]]
```

从结果可以看出，数组最初是一维的，但在提取时它增加了一个维度，变成了二维数组。要解决这个问题可以传递一个额外的参数 squeeze_me=True，代码如下：

```
from scipy import io
import numpy as np

arr = np.array([0, 1, 2, 3, 4, 5, 6, 7, 8, 9,])

# 导出
io.savemat('arr.mat', {"vec": arr})

# 导入
mydata = io.loadmat('arr.mat', squeeze_me=True)

print(mydata['vec'])
```

返回结果如下：

```
[0 1 2 3 4 5 6 7 8 9]
```

8.3.2　Scipy 显著性检验

显著性检验（Significance Test）就是事先对总体（随机变量）的参数或总体分布形式做出一个假设，然后利用样本信息来判断这个假设（备择假设）是否合理，即判断总体的真实情况与原假设是否有显著性差异。或者说，显著性检验要判断样本与我们对总体所做的假设之间的差异是机会变异，还是由我们所做的假设与总体真实情况之间不一致引起的。显著性检验是针对我们对总体所做的假设做检验，其原理就是用"小概率事件实际不可能性原理"来接受或否定假设。

显著性检验即用于实验处理组与对照组或两种不同处理的效应之间是否有差异，以及这种差异是否显著的方法。

SciPy 提供了 scipy.stats 的模块来执行 Scipy 显著性检验的功能。

1. 统计假设

统计假设是关于一个或多个随机变量的未知分布的假设。随机变量的分布形式已知，而仅涉及分布中的一个或几个未知参数的统计假设，称为参数假设。检验统计假设的过程称为假设检验，判别参数假设的检验称为参数检验。

2. 零假设

零假设（Null Hypothesis），统计学术语，又称原假设，指进行统计检验时预先建立的假设。零假设成立时，有关统计量应服从已知的某种概率分布。

当统计量的计算值落入否定域时，表示发生了小概率事件，应否定原假设。

常把一个要检验的假设记作 H0，称为原假设（或零假设），与 H0 对立的假设记作 H1，称为备择假设（Alternative Hypothesis）。

3. 备择假设

备择假设是统计学的基本概念之一，其包含关于总体分布的一切使原假设不成立的命题。备择假设亦称对立假设、备选假设。备择假设可以替代零假设。例如对于学生的评估，我们将采取：

● "学生比平均水平差"作为零假设。

● "学生优于平均水平"作为备择假设。

4. 单边检验

单边检验（One-Sided Test）也称单尾检验，又称单侧检验。在假设检验中，用检验统计量的密度曲线和 X、Y 轴所围成面积中的单侧尾部面积来构造临界区域进行检验的方法称为单边检验。

当我们的假设仅测试值的一侧时，它被称为"单尾测试"。

例如对于如下零假设：

"平均值等于 k"

我们可以有替代假设：

"平均值小于 k"或"平均值大于 k"

这种情况下，平均值小于 k 或大于 k，只需要检查一边。

5. 双边检验

双边检验（Two-Sided Test）亦称双尾检验、双侧检验。在假设检验中，用检验统计量的密度曲线和 X 轴所围成的面积的左右两边的尾部面积来构造临界区域进行检验的方法。

当我们的假设测试值的两边时，它被称为"双尾测试"。

例如对于如下零假设：

"平均值等于 k"

我们可以有替代假设：
"平均值不等于 k"

在这种情况下，平均值小于 k 或大于 k，两边都要检查。

6. 阿尔法值

阿尔法（alpha）值是显著性水平，用 α 表示。显著性水平是估计总体参数落在某一区间内可能犯错误的概率。在假设检验中有两类错误：

- 在原假设为真时，决定放弃原假设，称为第一类错误，其出现的概率通常记作 α。
- 在原假设不真时，决定不放弃原假设，称为第二类错误，其出现的概率通常记作 β，α+β 不一定等于 1。

通常只限定犯第一类错误的最大概率 α，不考虑犯第二类错误的概率 β，这样的假设检验又称为显著性检验。

最常用的 α 值为 0.01、0.05、0.10 等。一般情况下，根据研究的问题，如果放弃真假设损失大，为减少这类错误，则 α 取值小些，反之，α 取值大些。

7. p 值

p 值表明数据实际接近极端的程度。比较 p 值和阿尔法值来确定统计显著性水平，如果 p ≤α，则拒绝原假设并说数据具有统计显著性，否则接受原假设。

8. T 检验（T-Test）

T 检验用于确定两个变量的均值之间是否存在显著差异，并判断它们是否属于同一分布。这是一个双尾测试。

【例 8.30】使用函数 ttest_ind() 获取两个相同大小的样本，并生成 t 统计和 p 值的元组，查找给定值 v1 和 v2 是否来自相同的分布中。

```python
# 导入 numpy 库，并使用别名 np
import numpy as np
# 从 scipy.stats 模块中导入 ttest_ind 函数
from scipy.stats import ttest_ind
# 生成一个包含 100 个正态分布随机数的数组 v1
v1 = np.random.normal(size=100)
# 生成一个包含 100 个正态分布随机数的数组 v2
v2 = np.random.normal(size=100)
# 使用 ttest_ind 函数对 v1 和 v2 进行独立双样本 t 检验，并将结果存储在变量 res 中
res = ttest_ind(v1, v2)
print(res)  # 打印 t 检验的结果
```

输出结果如下：

```
Ttest_indResult(statistic=0.40833510339674095, pvalue=0.68346891833752133)
```

如果只想返回 p 值，可以使用 pvalue 属性，代码如下：

```python
import numpy as np
from scipy.stats import ttest_ind

v1 = np.random.normal(size=100)
v2 = np.random.normal(size=100)

res = ttest_ind(v1, v2).pvalue

print(res)
```

输出结果如下：

```
0.68346891833752133
```

9. KS 检验

KS 检验用于检查给定值是否符合分布。可以使用 scipy.stats.kstest 函数执行 KS 检验，其语法格式如下：

```
scipy.stats.kstest(rvs,cdf,args=(),N=20,alternative='two-sided',mode='auto')
```

参数说明：

- rvs：str、数组或可调用的方法或类。是测试的值。
  - ➤ 如果是数组，则是随机变量观察的一维数组。
  - ➤ 如果是可调用的方法或类，则是一个生成随机变量的函，需要有一个关键字参数大小。
  - ➤ 如果是字符串，则是 scipy.stats 中分布的名称，用于生成随机变量。
- cdf：str、数组或可调用的对象或类。用作单尾或双尾测试，默认为双尾测试。
  - ➤ 如果是数组，则是随机变量观察的一维数组，并执行双尾测试（并且 rvs 必须是数组）。
  - ➤ 如果是可调用对象或类，则该可调用对象用于计算 cdf。
  - ➤ 如果是字符串，则是 scipy.stats 中的分布的名称，用作 cdf 函数。
- args：元组、序列，可选。当 rvs 或 cdf 是字符串或可调用对象时使用。
- N：整数，可选。如果 rvs 是字符串或可调用的，则样本大小的默认值为 20。
- alternative：定义零假设和备择假设，可选。值为 two-sided、less 或 greater，默认为 two-sided。
- mode：可选。值为 auto、exact、approx 或 asymp。

【例 8.31】将参数替代作为两侧、小于或大于那侧的字符串传递，查找给定值是否符合正态分布。

```
# 导入 numpy 库，并使用别名 np
import numpy as np
# 从 scipy.stats 模块中导入 kstest 函数
from scipy.stats import kstest

# 生成一个包含 100 个正态分布随机数的数组 v
v = np.random.normal(size=100)

# 使用 kstest 函数对数组 v 进行 Kolmogorov-Smirnov 检验，检验其是否符合正态分布
res = kstest(v, 'norm')

# 打印检验结果
print(res)
```

输出结果如下：

```
KstestResult(statistic=0.047798701221956841, pvalue=0.97630967161777515)
```

10. 数据统计说明

使用 describe() 函数可以查看数组的信息，这些信息包含以下值：

- nobs：观测次数。
- minmax：最小值和最大值。

- mean：数学平均数。
- variance：方差。
- skewness：偏度。
- kurtosis：峰度。

【例 8.32】显示数组中的统计描述信息。

```
import numpy as np                # 导入 numpy 库，并使用别名 np
from scipy.stats import describe  # 从 scipy.stats 模块中导入 describe 函数

v = np.random.normal(size=100)    # 生成一个包含 100 个正态分布随机数的数组 v
res = describe(v)                 # 对数组 v 进行描述性统计分析，并将结果存储在变量 res 中

print(res)                        # 打印描述性统计分析的结果
```

输出结果如下：

```
DescribeResult(
    nobs=100,
    minmax=(-2.0991855456740121, 2.1304142707414964),
    mean=0.11503747689121079,
    variance=0.99418092655064605,
    skewness=0.013953400984243667,
    kurtosis=-0.671060517912661
)
```

11. 正态性检验

利用观测数据判断总体是否服从正态分布的检验称为正态性检验，它是统计判决中重要的一种特殊的拟合优度假设检验。正态性检验基于偏度和峰度，可使用 normaltest() 函数检验样品是否与正态分布不同，检验样本来自总体的零假设，返回零假设的 p 值。normaltest() 函数的语法格式如下：

```
scipy.stats.normaltest(array, axis=0)
```

参数说明：

- array：具有元素的输入数组或对象。
- axis：正态分布测试将沿其计算的轴进行。默认情况下，axis = 0。

12. 偏度

偏度是数据对称性的度量。对于正态分布，它是 0；如果是负数，则表示数据向左倾斜；如果是正数，则表示数据是正确倾斜的。

13. 峰度

峰度是衡量数据是重尾还是轻尾正态分布的度量。正峰度意味着重尾，负峰度意味着轻尾。

【例 8.33】查找数组中值的偏度和峰度。

```
import numpy as np                         # 导入 numpy 库，并使用别名 np
# 从 scipy.stats 模块中导入偏度函数（skew）和峰度函数（kurtosis）
from scipy.stats import skew, kurtosis

v = np.random.normal(size=100)             # 生成一个包含 100 个正态分布随机数的数组 v

print(skew(v))                             # 计算数组 v 的偏度，并打印结果
print(kurtosis(v))                         # 计算数组 v 的峰度，并打印结果
```

输出结果如下：

```
0.11168446328610283
-0.1879320563260931
```

查找数据是否来自正态分布：

```
import numpy as np                         # 导入 numpy 库，并使用别名 np
from scipy.stats import normaltest         # 从 scipy.stats 模块中导入 normaltest 函数

v = np.random.normal(size=100)             # 生成一个包含 100 个正态分布随机数的数组 v

print(normaltest(v))                       # 对数组 v 进行正态性检验，并打印检验结果
```

输出结果如下：

```
NormaltestResult(statistic=4.4783745697002848, pvalue=0.10654505998635538)
```

8.4　本章小结

本章主要介绍如何使用 SciPy 进行科学计算。首先介绍了 SciPy 的安装，然后介绍了使用 SciPy 数学模块进行优化、稀疏矩阵、图结构、插值等计算，最后介绍了 SciPy 工程模块，包括 Matlab 数组计算和显著性检验。

8.5　动手练习

1. 导入 NumPy 库并取别名为 np。
2. 打印输出 NumPy 的版本和配置信息。

3. 创建长度为 10 的零向量。

4. 创建一个长度为 10 的零向量，并把第 5 个值赋值为 1。

5. 创建一个值域为 10 到 49 的向量。

6. 从数组[1, 2, 0, 0, 4, 0]中找出非 0 元素的位置索引。

7. 创建一个 3×3 的单位矩阵。

8. 创建一个 10×10 的随机数组，并找出该数组中的最大值与最小值。

9. 创建一个长度为 30 的随机向量，并求它的平均值（提示：mean）。

10. 创建一个二维数组，该数组边界值为 1，内部的值为 0。

11. 创建一个 5×5 的矩阵，且设置值 1、2、3、4 在其对角线下面一行。

12. 创建一个 8×8 的国际象棋棋盘矩阵（黑块为 0，白块为 1）。

第9章

Matplotlib 数据可视化

Matplotlib 是在 Python 2D 绘图领域使用最广泛的一个库，它能让使用者很轻松地将数据图形化，并且提供多样化的输出格式。在需要将数据用图形化的形式展示时，Matplolib 无疑是最佳选择。

本章将介绍 Matplotlib 的基本使用及其在数据可视化方面的应用实践。

9.1 安装 Matplotlib

同样使用 pip 工具来安装 Matplotlib 库。操作步骤如下：

步骤01 安装 matplotlib 库：

```
python3 -m pip install -U matplotlib
```

步骤02 安装完成后，通过 import 来导入 matplotlib 库：

```
import matplotlib
```

步骤03 查看 Matplotlib 库的版本号：

```
import matplotlib
print(matplotlib.__version__)
```

执行以上代码，输出结果如下：

```
3.4.2
```

9.2 Matplotlib 绘图基础

本节将详细介绍如何使用 Matplotlib 绘制各种图形。

9.2.1　Matplotlib Pyplot 模块

Pyplot 是 Matplotlib 的常用的绘图模块，可以帮助用户轻松绘制 2D 图表。Pyplot 包含一系列绘图函数，每个函数都会对当前的图像进行一些修改，例如给图像加上标记、生成新的图像、在图像中产生新的绘图区域等。

在使用 Pyplot 前，需要我们使用 import 导入 Pyplot 库，并设置一个别名 plt：

```
import matplotlib.pyplot as plt
```

这样就可以使用 plt 来引用 Pyplot 包的方法了。

1. 绘制直线

【例 9.1】通过两个坐标(0,0)和(6,100)来绘制一条直线。

```
import matplotlib.pyplot as plt # 导入 matplotlib 库的 pyplot 模块，用于绘制图形
import numpy as np                 # 导入 numpy 库，用于处理数组和矩阵运算

xpoints = np.array([0, 6])         # 创建一个包含两个元素的一维数组，表示 X 轴上的点
ypoints = np.array([0, 100])       # 创建一个包含两个元素的一维数组，表示 Y 轴上的点

# 使用 plot 函数绘制折线图，xpoints 和 ypoints 分别表示 X 轴和 Y 轴上的点
plt.plot(xpoints, ypoints)
plt.show()                         # 显示绘制的图形
```

输出结果如图 9.1 所示。

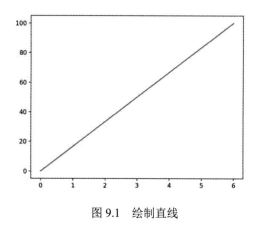

图 9.1　绘制直线

以上实例中使用了 Pyplot 的 plot()函数，该函数是绘制二维图形的最基本函数，可以绘制点和线，其语法格式如下：

```
# 画单条线
plot([x], y, [fmt], *, data=None, **kwargs)
# 画多条线
plot([x], y, [fmt], [x2], y2, [fmt2], ..., **kwargs)
```

参数说明：

- x, y：点或线的节点，x 为 X 轴数据，y 为 Y 轴数据，数据可以是列表或数组。
- fmt：可选，定义基本格式，如颜色（见表 9.1）、标记（见表 9.2）和线（见表 9.3）等。
- data：对象数据类型，支持所有可被索引的对象，如 dict 等。
- **kwargs：可选，用在二维平面图上，设置指定属性，如标签、线的宽度等。

表9.1 颜色类型

颜色标记	描 述
'r'	红色
'g'	绿色
'b'	蓝色
'c'	青色
'm'	品红
'y'	黄色
'k'	黑色
'w'	白色

表9.2 标记类型

标 记	符 号	描 述
"."	●	点
","	·	像素点
"o"	●	实心圆
"v"	▼	下三角
"^"	▲	上三角
"<"	◀	左三角
">"	▶	右三角
"1"	Y	下三叉
"2"	⅄	上三叉
"3"	⊰	左三叉
"4"	⊱	右三叉
"8"	●	八角形
"s"	■	正方形
"p"	⬠	五边形
"P"	✚	加号（填充）
"*"	★	星号
"h"	⬣	六边形 1
"H"	⬢	六边形 2

（续表）

标　　记	符　　号	描　　述
"+"	＋	加号
"x"	✕	乘号✕
"X"	✖	乘号✕（填充）
"D"	◆	菱形
"d"	◆	瘦菱形
"|"	|	竖线
"_"	─	横线
0 (TICKLEFT)	─	左横线
1 (TICKRIGHT)	─	右横线
2 (TICKUP)	|	上竖线
3 (TICKDOWN)	|	下竖线
4 (CARETLEFT)	◀	左箭头
5 (CARETRIGHT)	▶	右箭头
6 (CARETUP)	▲	上箭头
7 (CARETDOWN)	▼	下箭头
8 (CARETLEFTBASE)	◀	左箭头（中间点为基准）
9 (CARETRIGHTBASE)	▶	右箭头（中间点为基准）
10 (CARETUPBASE)	▲	上箭头（中间点为基准）
11 (CARETDOWNBASE)	▼	下箭头（中间点为基准）
"None", " " or ""		没有任何标记
'$...$'	f	渲染指定的字符。例如 "f" 以字母 f 为标记。

表9.3　线类型

线类型标记	描　　述
'-'	实线
':'	虚线
'--'	破折线
'-.'	点画线

例如：

```
>>> plot(x, y)          # 创建二维线图，使用默认样式
>>> plot(x, y, 'bo')    # 创建二维线图，使用蓝色实心圈绘制
>>> plot(y)             # x 的值为 0, 1, 2, ..., N-1
>>> plot(y, 'r+')       # 使用红色加号
```

如果要绘制坐标（1,3）到（8,10）的线，就需要传递数组[1,8]和[3,10]给 plot 函数，例如如下代码：

```
import matplotlib.pyplot as plt  # 导入 matplotlib 库的 pyplot 模块，用于绘制图形
import numpy as np               # 导入 numpy 库，用于处理数组和矩阵运算

xpoints = np.array([1, 8])       # 创建一个包含两个元素的一维数组，表示 X 轴上的点
ypoints = np.array([3, 10])      # 创建一个包含两个元素的一维数组，表示 Y 轴上的点

# 使用 plot 函数绘制折线图，xpoints 和 ypoints 分别表示 X 轴和 Y 轴上的点
plt.plot(xpoints, ypoints)
plt.show()  # 显示绘制的图形
```

输出结果如图 9.2 所示。

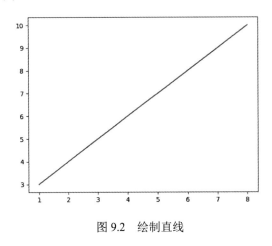

图 9.2　绘制直线

2. 绘制坐标点

如果只想绘制两个坐标点，而不是一条线，可以使用 o 参数，表示一个实心圈的标记。

【例 9.2】绘制坐标为(1,3)和(8,10)的两个点。

```
import matplotlib.pyplot as plt       # 导入 matplotlib 库的 pyplot 模块，用于绘制图形
import numpy as np                    # 导入 numpy 库，用于处理数组和矩阵运算

xpoints = np.array([1, 8])            # 创建一个包含两个元素的一维数组，表示 X 轴上的点
ypoints = np.array([3, 10])           # 创建一个包含两个元素的一维数组，表示 Y 轴上的点

plt.plot(xpoints, ypoints, 'o')  # 使用 plot 函数绘制折线图，xpoints 和 ypoints 分别
表示 X 轴和 Y 轴上的点，'o'表示用圆圈表示数据点
plt.show()  # 显示绘制的图形
```

输出结果如图 9.3 所示。

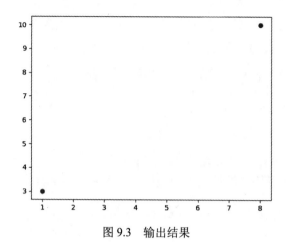

图 9.3　输出结果

也可以绘制任意数量的点，只需要确保对应的 X 轴和 Y 轴的数组中元素个数相同即可。

3. 绘制不规则线

【例 9.3】绘制一条不规则线，坐标为(1,3)、(2,8)、(6,1)、(8,10)，对应的两个数组为[1,2,6,8]与[3,8,1,10]。

```
import matplotlib.pyplot as plt        # 导入 matplotlib 库的 pyplot 模块，用于绘制图形
import numpy as np                      # 导入 numpy 库，用于处理数组和矩阵运算

xpoints = np.array([1, 2, 6, 8])       # 创建一个包含 4 个元素的一维数组，表示 X 轴上的点
ypoints = np.array([3, 8, 1, 10])      # 创建一个包含 4 个元素的一维数组，表示 Y 轴上的点

# 使用 plot 函数绘制折线图，xpoints 和 ypoints 分别表示 X 轴和 Y 轴上的点
plt.plot(xpoints, ypoints)
plt.show()    # 显示绘制的图形
```

输出结果如图 9.4 所示。

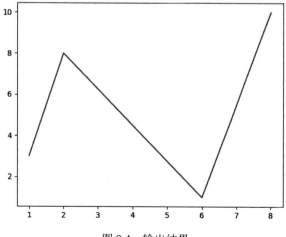

图 9.4　输出结果

如果不指定 X 轴上的点，则 x 会根据 y 的值来设置为 0, 1, 2, 3, ..., N-1。

例如以下代码不指定 X 轴上的点，指定了 Y 轴上的两个点。

```python
# 导入 matplotlib 库的 pyplot 模块，用于绘制图形
import matplotlib.pyplot as plt
# 导入 numpy 库，用于处理数组和矩阵运算
import numpy as np

# 创建一个包含两个元素的一维数组，表示 Y 轴上的点
ypoints = np.array([3, 10])

# 使用 plot 函数绘制折线图，传入 ypoints 作为 X 轴的值
plt.plot(ypoints)
# 显示绘制的图形
plt.show()
```

输出结果如图 9.5 所示。

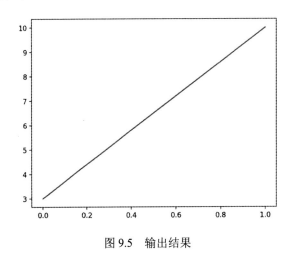

图 9.5　输出结果

从图 9.5 中可以看出，x 的值默认设置为 0,1。

再看一个有更多值的实例。以下代码不指定 X 轴上的点，但指定了 Y 轴上的多个点。

```python
import matplotlib.pyplot as plt  # 导入 matplotlib 库的 pyplot 模块，用于绘制图形
import numpy as np               # 导入 numpy 库，用于处理数组和矩阵运算

# 创建一个包含 6 个元素的一维数组，表示 Y 轴上的点
ypoints = np.array([3, 8, 1, 10, 5, 7])

plt.plot(ypoints)                # 使用 plot 函数绘制折线图，传入 ypoints 作为 X 轴的值
plt.show()                       # 显示绘制的图形
```

输出结果如图 9.6 所示。

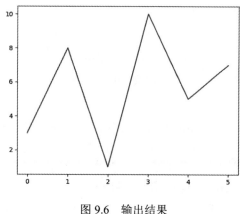

图 9.6　输出结果

从图 9.6 中可以看出，x 的值默认设置为 0, 1, 2, 3, 4, 5。

4. 绘制正弦和余弦函数图

在 plt.plot() 参数中传入两对值，第一对是 x,y，对应正弦函数，第二对是 x,z，对应余弦函数，绘制一个正弦和余弦函数图。

【例 9.4】绘制正弦和余弦函数图。

```
import matplotlib.pyplot as plt      # 导入 matplotlib 库的 pyplot 模块，用于绘制图形
import numpy as np                   # 导入 numpy 库，用于处理数组和矩阵运算

# 创建一个从 0 到 4π（不包括 4π）的等差数列，步长为 0.1
x = np.arange(0, 4 * np.pi, 0.1)
y = np.sin(x)                        # 计算 x 中每个元素的正弦值
z = np.cos(x)                        # 计算 x 中每个元素的余弦值
plt.plot(x, y, x, z)                 # 绘制两条曲线，分别表示正弦函数和余弦函数
plt.show()                           # 显示绘制的图形
```

输出结果如图 9.7 所示。

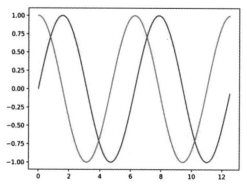

图 9.7　输出结果

9.2.2 Matplotlib 绘图标记

1. 使用 marker 参数

在绘图过程中如果我们想要给坐标自定义一些不一样的标记,可以使用 plot() 方法的 marker 参数。

marker 参数可以定义的标记和 fmt 参数定义的标记一样,见表 9.2。

【例 9.5】定义实心圆标记。

```python
# 导入 matplotlib 库的 pyplot 模块,用于绘制图形
import matplotlib.pyplot as plt
# 导入 numpy 库,用于处理数组和矩阵运算
import numpy as np

# 创建一个包含 14 个整数的 numpy 数组
ypoints = np.array([1,3,4,5,8,9,6,1,3,4,5,2,4])

# 使用 plt.plot() 函数绘制折线图,其中 ypoints 为 X 轴数据,marker 参数设置数据点的形状为圆形
plt.plot(ypoints, marker = 'o')
# 显示绘制的图形
plt.show()
```

输出结果如图 9.8 所示。

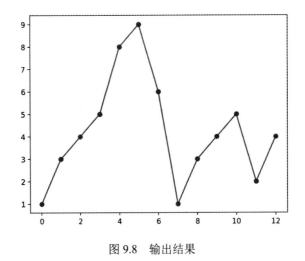

图 9.8 输出结果

【例 9.6】定义*标记。

```python
# 导入 matplotlib 库的 pyplot 模块,用于绘制图形
import matplotlib.pyplot as plt
# 导入 numpy 库,用于处理数组和矩阵运算
import numpy as np
```

```
# 创建一个包含 14 个整数的 numpy 数组
ypoints = np.array([1,3,4,5,8,9,6,1,3,4,5,2,4])
```

```
# 使用 plt.plot() 函数绘制折线图，其中 ypoints 为 X 轴数据，marker 参数设置数据点的形状为圆形
plt.plot(ypoints, marker = '*')
# 显示绘制的图形
plt.show()
```

输出结果如图 9.9 所示。

【例 9.7】定义下箭头。

```
# 导入 matplotlib 库的 pyplot 模块，用于绘制图形
import matplotlib.pyplot as plt
# 导入 matplotlib 库的 markers 模块，用于处理标记样式
import matplotlib.markers
```

```
# 使用 plt.plot() 函数绘制折线图，其中 X 轴数据为[1, 2, 3]，标记样式为 CARETDOWNBASE
plt.plot([1, 2, 3], marker=matplotlib.markers.CARETDOWNBASE)
# 显示绘制的图形
plt.show()
```

输出结果如图 9.10 所示。

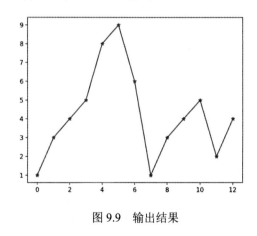

图 9.9　输出结果

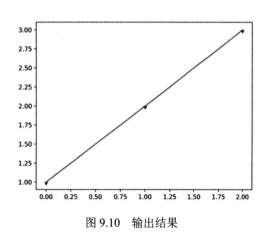

图 9.10　输出结果

2. 使用 fmt 参数

fmt 参数定义了基本格式，如标记、线条样式和颜色。其语法格式如下：

```
fmt = '[marker][line][color]'
```

在 9.2.1 节中已经介绍了 fmt 参数，在此不再赘述，下面我们看一个例子。

以下代码使用 o:r 标记，其中 o 表示实心圆标记，:表示虚线，r 表示颜色为红色。

```
import matplotlib.pyplot as plt    # 导入 matplotlib 库的 pyplot 模块，用于绘制图形
import numpy as np                 # 导入 numpy 库，用于处理数组和矩阵运算
```

```
ypoints = np.array([6, 2, 13, 10]) # 创建一个包含 4 个元素的一维数组，表示 Y 轴上的点

plt.plot(ypoints, 'o:r')      # 使用 plt.plot()函数绘制折线图,其中 ypoints 为 X 轴数据,
'o:r'表示用红色圆点连接折线，并用红色线条表示折线
plt.show()                    # 显示绘制的图形
```

输出结果如图 9.11 所示。

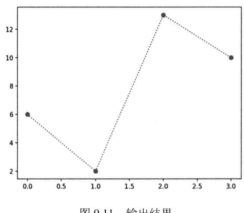

图 9.11　输出结果

3. 自定义标记大小与颜色

自定义标记的大小与颜色使用的参数分别是：

- Markersize（简写为 ms）：定义标记的大小。
- Markerfacecolor（简写为 mfc）：定义标记内部的颜色。
- Markeredgecolor（简写为 mec）：定义标记边框的颜色。

下面我们看几个例子。

【例 9.8】设置标记大小。

```
import matplotlib.pyplot as plt      # 导入 matplotlib 库的 pyplot 模块，用于绘制图形
import numpy as np                   # 导入 numpy 库，用于处理数组和矩阵运算

ypoints = np.array([6, 2, 13, 10]) # 创建一个包含 4 个元素的一维数组，表示 Y 轴上的点

plt.plot(ypoints, marker='o', ms=20)# 使用 plt.plot()函数绘制折线图，其中 ypoints
为 X 轴数据，marker 参数设置折线图中的数据点样式为圆形，ms 参数设置数据点的大小为 20
plt.show()  # 显示绘制的图形
```

输出结果如图 9.12 所示。

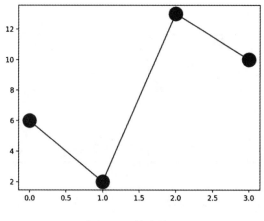

图 9.12　输出结果

【例 9.9】设置标记外边框颜色。

```
# 导入 matplotlib 库的 pyplot 模块，用于绘制图形
import matplotlib.pyplot as plt
# 导入 numpy 库，用于处理数组和矩阵运算
import numpy as np

# 创建一个包含 4 个元素的一维数组，表示 Y 轴上的点
ypoints = np.array([6, 2, 13, 10])

# 使用 plt.plot() 函数绘制折线图，其中 ypoints 为 X 轴数据，marker 参数设置折线图中的数据点
```
样式为圆形，ms 参数设置数据点的大小为 20，mec 参数设置数据点边缘颜色为红色
```
plt.plot(ypoints, marker='o', ms=20, mec='r')
# 显示绘制的图形
plt.show()
```

输出结果如图 9.13 所示。

【例 9.10】设置标记内部颜色。

```
# 导入 matplotlib 库的 pyplot 模块，用于绘制图形
import matplotlib.pyplot as plt
# 导入 numpy 库，用于处理数组和矩阵运算
import numpy as np

# 创建一个包含 4 个元素的一维数组，表示 Y 轴上的点
ypoints = np.array([6, 2, 13, 10])

# 使用 plt.plot() 函数绘制折线图，其中 ypoints 为 X 轴数据，marker 参数设置折线图中的数据点
```
样式为圆形，ms 参数设置数据点的大小为 20，mfc 参数设置数据点填充颜色为红色
```
plt.plot(ypoints, marker='o', ms=20, mfc='r')
# 显示绘制的图形
plt.show()
```

输出结果如图 9.14 所示。

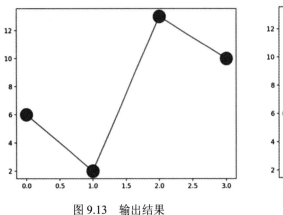 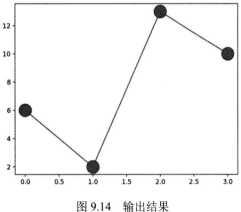

图 9.13　输出结果　　　　　　　　　图 9.14　输出结果

【例 9.11】自定义标记内部与边框的颜色。

```python
# 导入 matplotlib 库的 pyplot 模块，用于绘制图形
import matplotlib.pyplot as plt
# 导入 numpy 库，用于处理数组和矩阵运算
import numpy as np

# 创建一个包含 4 个元素的一维数组，表示 Y 轴上的点
ypoints = np.array([6, 2, 13, 10])
```
使用 plt.plot() 函数绘制折线图，其中 ypoints 为 X 轴数据，marker 参数设置折线图中的数据点样式为圆形，ms 参数设置数据点的大小为 20，mec 参数设置数据点边缘颜色为绿色（#4CAF50），mfc 参数设置数据点填充颜色为绿色（#4CAF50）
```python
plt.plot(ypoints, marker='o', ms=20, mec='#4CAF50', mfc='#4CAF50')
# 显示绘制的图形
plt.show()
```

输出结果如图 9.15 所示。

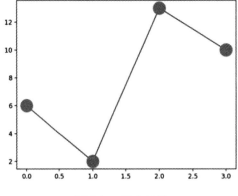

图 9.15　输出结果

9.2.3　Matplotlib 绘制图线

在绘图过程我们还可以自定义线的样式，包括线的类型、颜色和大小等。

1. 线的类型

线的类型可以使用 linestyle 参数来定义，简写为 ls。线的各种类型、简写及说明如表 9.4 所示。

表9.4　线的类型、简写及说明

类　　型	简　　写	说　　明
'solid'（默认）	'-'	实线
'dotted'	':'	虚线
'dashed'	'--'	破折线
'dashdot'	'-.'	点画线
'None'	" 或 ''	不画线

【例 9.12】使用类型名称定义线的类型。

```
import matplotlib.pyplot as plt      # 导入 matplotlib 库的 pyplot 模块，用于绘制图形
import numpy as np                   # 导入 numpy 库，用于处理数组和矩阵运算

ypoints = np.array([6, 2, 13, 10]) # 创建一个包含 4 个元素的一维数组，表示 Y 轴上的点

plt.plot(ypoints, linestyle='dotted')  # 使用 plt.plot()函数绘制折线图，设置线条样
式为虚线
plt.show()  # 显示绘制的图形
```

输出结果如图 9.16 所示。

【例 9.13】使用简写定义线的类型。

```
# 导入 matplotlib 库的 pyplot 模块，用于绘制图形
import matplotlib.pyplot as plt
# 导入 numpy 库，用于处理数组和矩阵运算
import numpy as np

# 创建一个包含 4 个元素的一维数组，表示 Y 轴上的点
ypoints = np.array([6, 2, 13, 10])

# 使用 plt.plot()函数绘制折线图，设置线条样式为点画线（'-.'）
plt.plot(ypoints, ls='-.')
# 显示绘制的图形
plt.show()
```

输出结果如图 9.17 所示。

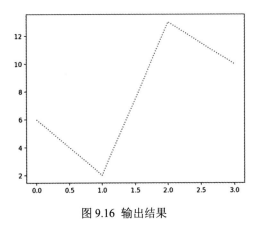

图 9.16 输出结果

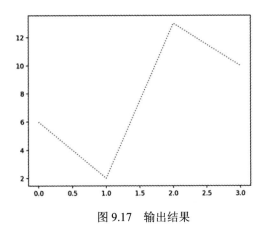

图 9.17 输出结果

2. 线的颜色

线的颜色可以使用 color 参数来定义，简写为 c。线的颜色类型与 9.2.1 节中 fmt 参数定义的颜色类型一致（见表 9.1）。

当然也可以自定义颜色类型，例如 SeaGreen、#8FBC8F 等。

【例 9.14】定义线的颜色类型。

```
import matplotlib.pyplot as plt      # 导入 matplotlib 库的 pyplot 模块，用于绘制图形
import numpy as np                   # 导入 numpy 库，用于处理数组和矩阵运算

ypoints = np.array([6, 2, 13, 10]) # 创建一个包含 4 个元素的一维数组，表示 Y 轴上的点

plt.plot(ypoints, color='r')  # 使用 plt.plot()函数绘制折线图,设置线条颜色为红色('r')
plt.show()  # 显示绘制的图形
```

输出结果如图 9.18 所示。

【例 9.15】使用 RGB 自定义线的颜色类型。

```
# 导入 matplotlib 库的 pyplot 模块，用于绘制图形
import matplotlib.pyplot as plt
# 导入 numpy 库，用于处理数组和矩阵运算
import numpy as np

# 创建一个包含 4 个元素的一维数组，表示 Y 轴上的点
ypoints = np.array([6, 2, 13, 10])

# 使用 plt.plot()函数绘制折线图，设置线条颜色为'#8FBC8F'（一种绿色）
plt.plot(ypoints, c='#8FBC8F')
# 显示绘制的图形
plt.show()
```

输出结果如图 9.19 所示。

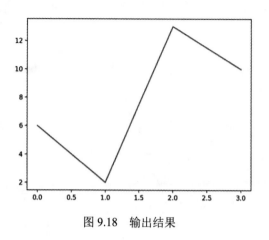

图 9.18　输出结果

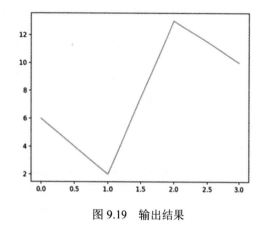

图 9.19　输出结果

【例 9.16】使用颜色名称自定义颜色类型。

```python
# 导入 matplotlib 库的 pyplot 模块，用于绘制图形
import matplotlib.pyplot as plt
# 导入 numpy 库，用于处理数组和矩阵运算
import numpy as np

# 创建一个包含 4 个元素的一维数组，表示 Y 轴上的点
ypoints = np.array([6, 2, 13, 10])

# 使用 plt.plot()函数绘制折线图，设置线条颜色为'SeaGreen'（一种绿色）
plt.plot(ypoints, c='SeaGreen')
# 显示绘制的图形
plt.show()
```

输出结果如图 9.20 所示。

3. 线的宽度

线的宽度可以使用 linewidth 参数来定义，简写为 lw，值可以是浮点数，如 1、2.0、5.67 等。

【例 9.17】定义线的宽度。

```python
import matplotlib.pyplot as plt  # 导入 matplotlib 库的 pyplot 模块，用于绘制图形
import numpy as np  # 导入 numpy 库，用于处理数组和矩阵运算

ypoints = np.array([6, 2, 13, 10])  # 创建一个包含 4 个元素的一维数组，表示 Y 轴上的点

plt.plot(ypoints, linewidth='12.5')# 使用 plt.plot()函数绘制折线图，设置线条宽度为12.5
plt.show()  # 显示绘制的图形
```

输出结果如图 9.21 所示。

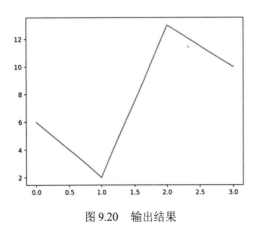

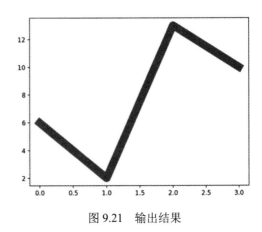

图 9.20　输出结果　　　　　　　　　　　图 9.21　输出结果

4. 多条线

plot() 方法中可以包含多对 x,y 值来绘制多条线。

【例 9.18】不指定 x 值绘制多条线。

```
# 导入 matplotlib 库的 pyplot 模块，用于绘制图形
import matplotlib.pyplot as plt
# 导入 numpy 库，用于处理数组和矩阵运算
import numpy as np

# 创建两个 numpy 数组 y1 和 y2
y1 = np.array([3, 7, 5, 9])
y2 = np.array([6, 2, 13, 10])

# 使用 plt.plot() 函数分别绘制 y1 和 y2 的折线图
plt.plot(y1)
plt.plot(y2)

# 显示绘制的图形
plt.show()
```

输出结果如图 9.22 所示。从图中可以看出，x 的值默认设置为 0, 1, 2, 3。

也可以自己设置 x,y 坐标的值来绘制多条线。

【例 9.19】指定 x,y 值绘制多条线。

```
import matplotlib.pyplot as plt # 导入 matplotlib 库的 pyplot 模块，用于绘制图形
import numpy as np                # 导入 numpy 库，用于处理数组和矩阵运算

x1 = np.array([0, 1, 2, 3])   # 创建一个包含 4 个元素的一维数组 x1，表示 X 轴上的坐标点
y1 = np.array([3, 7, 5, 9])   # 创建一个包含 4 个元素的一维数组 y1，表示 Y 轴上的坐标点
x2 = np.array([0, 1, 2, 3])   # 创建一个包含 4 个元素的一维数组 x2，表示 X 轴上的坐标点
```

```
y2 = np.array([6, 2, 13, 10])# 创建一个包含 4 个元素的一维数组 y2，表示 Y 轴上的坐标点

# 使用 plt.plot() 函数绘制两条折线，分别连接 x1 和 y1、x2 和 y2 的坐标点
plt.plot(x1, y1, x2, y2)
plt.show()                     # 显示绘制的图形
```

输出结果如图 9.23 所示。

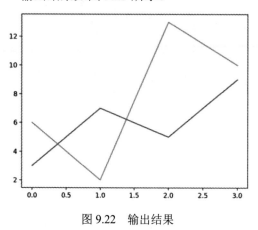 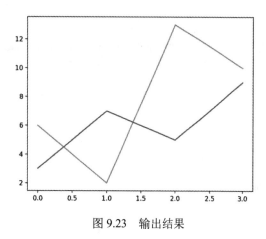

图 9.22　输出结果　　　　　　　　　　图 9.23　输出结果

9.2.4　Matplotlib 轴标签和标题

1. 轴标签

可使用 xlabel() 和 ylabel() 方法来设置 X 轴和 Y 轴的标签。

【例 9.20】设置 X 轴和 Y 轴标签。

```
import numpy as np               # 导入 numpy 库，用于处理数组和矩阵运算
import matplotlib.pyplot as plt  # 导入 matplotlib 库的 pyplot 模块，用于绘制图形

x = np.array([1, 2, 3, 4]) # 创建一个包含 4 个元素的一维数组 x，表示 X 轴上的坐标点
y = np.array([1, 4, 9, 16])# 创建一个包含 4 个元素的一维数组 y，表示 Y 轴上的坐标点
plt.plot(x, y)                   # 使用 plt.plot() 函数绘制一条折线，连接 x 和 y 的坐标点

plt.xlabel("x - label")    # 设置 X 轴的标签为"x - label"
plt.ylabel("y - label")    # 设置 Y 轴的标签为"y - label"

plt.show()                 # 显示绘制的图形
```

输出结果如图 9.24 所示。

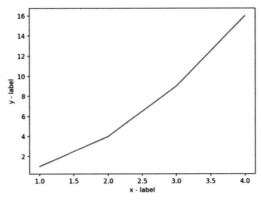

图 9.24 输出结果

2. 标题

可使用 title()方法来设置标题。

【例 9.21】设置标题。

```
import numpy as np                    # 导入 numpy 库，用于处理数组和矩阵运算
import matplotlib.pyplot as plt# 导入 matplotlib 库的 pyplot 模块，用于绘制图形

x = np.array([1, 2, 3, 4])          # 创建一个包含 4 个元素的一维数组 x，表示 X 轴上的坐标点
y = np.array([1, 4, 9, 16])         # 创建一个包含 4 个元素的一维数组 y，表示 Y 轴上的坐标点
plt.plot(x, y)   # 使用 plt.plot()函数绘制一条折线，连接 x 和 y 的坐标点

plt.title("RUNOOB TEST TITLE")  # 设置图形的标题为"RUNOOB TEST TITLE"
plt.xlabel("x - label")             # 设置 X 轴的标签为"x - label"
plt.ylabel("y - label")             # 设置 Y 轴的标签为"y - label"

plt.show()                          # 显示绘制的图形
```

输出结果如图 9.25 所示。

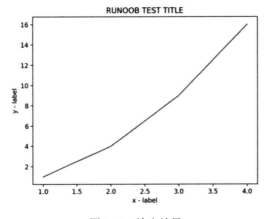

图 9.25 输出结果

3. 标题与标签的定位

title()方法提供了 loc 参数来设置标题显示的位置，可以设置为 left，right 和 center，默认值为 center。

xlabel()方法提供了 loc 参数来设置 X 轴显示的位置，可以设置为'left，right 和 center，默认值为 center。

ylabel()方法提供了 loc 参数来设置 Y 轴显示的位置，可以设置为 bottom，top 和 center，默认值为 center。

【例 9.22】设置标题与标签的定位。

```
import numpy as np
from matplotlib import pyplot as plt
import matplotlib

# fname 为下载的字体库路径（注意 SourceHanSansSC-Bold.otf 字体的路径），size 参数设置
字体大小
zhfont1 = matplotlib.font_manager.FontProperties(fname="SourceHanSansSC-Bol
d.otf", size=18)
font1 = {'color':'blue','size':20}
font2 = {'color':'darkred','size':15}
x = np.arange(1,11)
y =  2  * x + 5

# fontdict 可以使用 css 来设置字体样式
plt.title("菜鸟教程 - 测试", fontproperties=zhfont1, fontdict = font1, loc=
"left")

# fontproperties 设置中文显示，fontsize 设置字体大小
plt.xlabel("X 轴", fontproperties=zhfont1, loc="left")
plt.ylabel("Y 轴", fontproperties=zhfont1, loc="top")
plt.plot(x,y)
plt.show()
```

输出结果如图 9.26 所示。

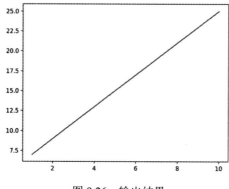

图 9.26　输出结果

9.3 Matplotlib 网格线

Matplotlib 网格线的绘制主要有两种方法，pyplot.grid()方法和 grid()方法。

1. pyplot.grid()方法

使用 pyplot 中的 grid()方法来设置图表中的网格线。pyplot.grid()方法语法格式如下：

```
matplotlib.pyplot.grid(b=None, which='major', axis='both', )
```

参数说明：

- b：可选，默认值为 None，可以设置布尔值，值为 True 则显示网格线，值为 False 则不显示。如果设置**kwargs 参数，则值为 True。
- which：可选，可选值有 major、minor 和 both，默认值为 major，表示应用更改的网格线。
- axis：可选，设置显示哪个方向的网格线，可以是 both（默认值），x 或 y，分别表示两个方向，X 轴方向或 Y 轴方向。
- **kwargs：可选，设置网格样式，如网格线的颜色、样式宽度等。

【例 9.23】添加一条简单的网格线，参数使用默认值。

```
import numpy as np            # 导入 numpy 库，用于处理数组和矩阵运算
import matplotlib.pyplot as plt# 导入 matplotlib 库的 pyplot 模块，用于绘制图形

x = np.array([1, 2, 3, 4])     # 创建一个包含 4 个元素的一维数组 x，表示 X 轴上的坐标点
y = np.array([1, 4, 9, 16])    # 创建一个包含 4 个元素的一维数组 y，表示 Y 轴上的坐标点

plt.title("RUNOOB grid() Test")# 设置图形的标题为"RUNOOB grid() Test"
plt.xlabel("x - label")        # 设置 X 轴的标签为"x - label"
plt.ylabel("y - label")        # 设置 Y 轴的标签为"y - label"

plt.plot(x, y)                 # 使用 plt.plot()函数绘制一条折线，连接 x 和 y 的坐标点

plt.grid()                     # 使用 plt.grid()函数添加网格线

plt.show()                     # 显示绘制的图形
```

输出结果如图 9.27 所示。

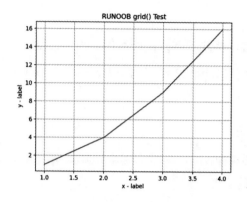

图 9.27　输出结果

【例 9.24】添加一条简单的网格线，设置 X 轴方向显示网格线。

```
import numpy as np                # 导入 numpy 库，用于处理数组和矩阵运算
import matplotlib.pyplot as plt   # 导入 matplotlib 库的 pyplot 模块，用于绘制图形

x = np.array([1, 2, 3, 4])        # 创建一个包含 4 个元素的一维数组 x，表示 X 轴上的坐标点
y = np.array([1, 4, 9, 16])       # 创建一个包含 4 个元素的一维数组 y，表示 Y 轴上的坐标点

plt.title("RUNOOB grid() Test")   # 设置图形的标题为"RUNOOB grid() Test"
plt.xlabel("x - label")           # 设置 X 轴的标签为"x - label"
plt.ylabel("y - label")           # 设置 Y 轴的标签为"y - label"

plt.plot(x, y)                    # 使用 plt.plot()函数绘制一条折线，连接 x 和 y 的坐标点

plt.grid(axis='x')                # 设置 X 轴方向显示网格线

plt.show()                        # 显示绘制的图形
```

输出结果如图 9.28 所示。

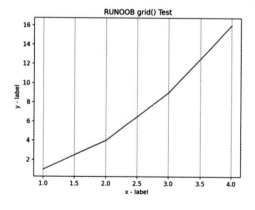

图 9.28　输出结果

2. grid()方法

使用 grid()方法直接设置网格线的样式，如颜色、线型、线宽等，其语法格式如下：

```
grid(color = 'color', linestyle = 'linestyle', linewidth = number)
```

参数说明：

- color：设置线的颜色。
- linestyle：设置线的类型。
- linewidth：设置线的宽度。

【例 9.25】添加一条简单的网格线，并设置网格线样式。

```python
import numpy as np        # 导入 numpy 库，用于处理数组和矩阵运算
import matplotlib.pyplot as plt# 导入 matplotlib 库的 pyplot 模块，用于绘制图形

x = np.array([1, 2, 3, 4]) # 创建一个包含 4 个元素的一维数组 x，表示 X 轴上的坐标点
y = np.array([1, 4, 9, 16])# 创建一个包含 4 个元素的一维数组 y，表示 Y 轴上的坐标点

plt.title("RUNOOB grid() Test")# 设置图形的标题为"RUNOOB grid() Test"
plt.xlabel("x - label")      # 设置 X 轴的标签为"x - label"
plt.ylabel("y - label")      # 设置 Y 轴的标签为"y - label"

plt.plot(x, y)                # 使用 plt.plot()函数绘制一条折线，连接 x 和 y 的坐标点

# 设置网格线的颜色、线型和线宽
plt.grid(color='r', linestyle='--', linewidth=0.5)

plt.show()                    # 显示绘制的图形
```

输出结果如图 9.29 所示。

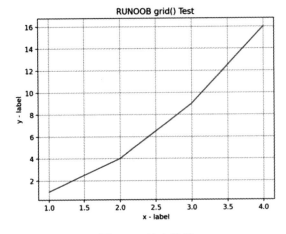

图 9.29　输出结果

9.4　Matplotlib 绘制图形

本节主要介绍如何使用 Matplotlib 绘制图形，例如绘制多个子图、散点图、柱形图和饼图。

9.4.1　Matplotlib 绘制多个子图

可以使用 pyplot 中的 subplot()和 subplots()方法来绘制多个子图。subplot()方法在绘图时需要指定位置，subplots()方法可以一次生成多个子图，在调用时只需要调用生成对象的 ax 即可。

1. subplots()方法

subplots()方法的语法格式如下：

```
plt.subplots(nrows, ncols)
```

参数说明：

- nrows：整数参数，子图所占的行数
- ncols：整数参数，子图所占的列数。

例如：

```
subplot(nrows, ncols, index, **kwargs)
subplot(pos, **kwargs)
subplot(**kwargs)
subplot(ax)
```

以上函数将整个绘图区域分成 nrows 行和 ncols 列，然后按从左到右、从上到下的顺序对每个子区域进行编号，左上的子区域的编号为 1，右下的子区域编号为 N，编号可以通过参数 index 来设置。

例如，设置 nrows＝1，ncols＝2，就是将图表绘制成 1×2 的图片区域，各区域对应的坐标为：

```
(1, 1), (1, 2)
```

plotNum＝1，表示坐标为(1, 1)，即第一行第一列的子图。

plotNum＝2，表示坐标为(1, 2)，即第一行第二列的子图。

【例 9.26】将图表绘制成 1×2 的图片区域。

```
import matplotlib.pyplot as plt
import numpy as np

# 绘制第一个图形：
xpoints = np.array([0, 6])
ypoints = np.array([0, 100])
```

```
plt.subplot(1, 2, 1)          # 创建一个 1 行 2 列的子图，当前子图为第 1 个
plt.plot(xpoints, ypoints)    # 在当前子图中绘制折线图
plt.title("plot 1")           # 设置当前子图的标题为"plot 1"

# 绘制第二个图形：
x = np.array([1, 2, 3, 4])
y = np.array([1, 4, 9, 16])

plt.subplot(1, 2, 2)          # 创建一个 1 行 2 列的子图，当前子图为第 2 个
plt.plot(x, y)                # 在当前子图中绘制折线图
plt.title("plot 2")           # 设置当前子图的标题为"plot 2"

plt.suptitle("RUNOOB subplot Test")    # 设置整个图形的标题为"RUNOOB subplot Test"
plt.show()                             # 显示整个图形
```

输出结果如图 9.30 所示。

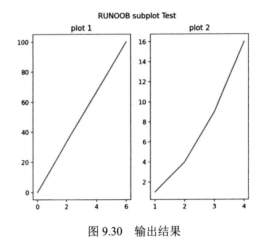

图 9.30　输出结果

设置 nrows＝2，ncols＝2，就是将图表绘制成 2×2 的图片区域，各区域对应的坐标为：

(1, 1), (1, 2)(2, 1), (2, 2)

- plotNum＝1，表示坐标为(1, 1)，即第一行第一列的子图。
- plotNum＝2，表示坐标为(1, 2)，即第一行第二列的子图。
- plotNum＝3，表示坐标为(2, 1)，即第二行第一列的子图。
- plotNum＝4，表示坐标为(2, 2)，即第二行第二列的子图。

【例 9.27】将图表绘制成 2×2 的图片区域。

```
import matplotlib.pyplot as plt# 导入 matplotlib 库的 pyplot 模块，用于绘制图形
import numpy as np             # 导入 numpy 库，用于处理数组和矩阵运算

# plot 1:
```

```
x = np.array([0, 6])            # 创建一个包含两个元素的一维数组 x，表示 X 轴上的坐标点
y = np.array([0, 100])          # 创建一个包含两个元素的一维数组 y，表示 Y 轴上的坐标点

plt.subplot(2, 2, 1)            # 创建一个 2 行 2 列的子图，当前子图为第 1 个
plt.plot(x, y)                  # 在当前子图中绘制折线图，连接 x 和 y 的坐标点
plt.title("plot 1")            # 设置当前子图的标题为"plot 1"

# plot 2:
x = np.array([1, 2, 3, 4])      # 创建一个包含 4 个元素的一维数组 x，表示 X 轴上的坐标点
y = np.array([1, 4, 9, 16])     # 创建一个包含 4 个元素的一维数组 y，表示 Y 轴上的坐标点

plt.subplot(2, 2, 2)            # 创建一个 2 行 2 列的子图，当前子图为第 2 个
plt.plot(x, y)                  # 在当前子图中绘制折线图，连接 x 和 y 的坐标点
plt.title("plot 2")            # 设置当前子图的标题为"plot 2"

# plot 3:
x = np.array([1, 2, 3, 4])      # 创建一个包含 4 个元素的一维数组 x，表示 X 轴上的坐标点
y = np.array([3, 5, 7, 9])      # 创建一个包含 4 个元素的一维数组 y，表示 Y 轴上的坐标点

plt.subplot(2, 2, 3)            # 创建一个 2 行 2 列的子图，当前子图为第 3 个
plt.plot(x, y)                  # 在当前子图中绘制折线图，连接 x 和 y 的坐标点
plt.title("plot 3")            # 设置当前子图的标题为"plot 3"

# plot 4:
x = np.array([1, 2, 3, 4])      # 创建一个包含 4 个元素的一维数组 x，表示 X 轴上的坐标点
y = np.array([4, 5, 6, 7])      # 创建一个包含 4 个元素的一维数组 y，表示 Y 轴上的坐标点

plt.subplot(2, 2, 4)            # 创建一个 2 行 2 列的子图，当前子图为第 4 个
plt.plot(x, y)                  # 在当前子图中绘制折线图，连接 x 和 y 的坐标点
plt.title("plot 4")            # 设置当前子图的标题为"plot 4"

plt.suptitle("RUNOOB subplot Test")# 设置整个图形的标题为"RUNOOB subplot Test"
plt.show()                      # 显示整个图形
```

输出结果如图 9.31 所示。

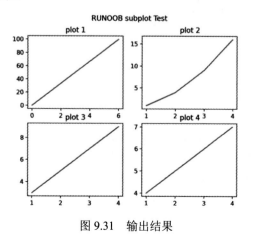

图 9.31　输出结果

2. subplots()方法

subplots() 方法的语法格式如下：

```
matplotlib.pyplot.subplots(nrows=1, ncols=1, *, sharex=False, sharey=False,
squeeze=True, subplot_kw=None, gridspec_kw=None, **fig_kw)
```

参数说明：

- nrows: 默认值为 1，设置图表的行数。
- ncols: 默认值为 1，设置图表的列数。
- sharex、sharey: 设置 X、Y 轴是否共享属性，默认值为 False，可设置为 none、all、row 或 col。设置为 False 或 None 表示每个子图的 X 轴或 Y 轴都是独立的，True 或 all 表示所有子图共享 X 轴或 Y 轴，row 表示每个子图行共享一个 X 轴或 Y 轴，col 表示每个子图列共享一个 X 轴或 Y 轴。
- squeeze: 布尔值，默认值为 True，表示额外的维度从返回的 Axes（轴）对象中挤出，对于 $N \times 1$ 或 $1 \times N$ 子图，返回一个一维数组，对于 $N \times M$（N>1，M>1）个子图，返回一个二维数组。如果设置为 False，则不进行挤压操作，返回一个元素为 Axes 实例的二维数组，即使它是 1×1 个子图。
- subplot_kw: 可选，字典类型。把字典的关键字传递给 add_subplot() 来创建每个子图。
- gridspec_kw: 可选，字典类型。将关键字传递给 GridSpec 构造函数，该构造函数用于放置子图。
- **fig_kw: 把详细的关键字参数传给 figure()函数。

【例 9.28】subplots()方法的应用示例。

```python
import matplotlib.pyplot as plt
import numpy as np

x = np.linspace(0, 2*np.pi, 400)
y = np.sin(x**2)

# 创建一个画像和子图——图1
fig, ax = plt.subplots()
ax.plot(x, y)
ax.set_title('Simple plot')

# 创建两个子图——图2
f, (ax1, ax2) = plt.subplots(1, 2, sharey=True)
ax1.plot(x, y)
ax1.set_title('Sharing Y axis')
ax2.scatter(x, y)

# 创建 4 个子图——图3
fig, axs = plt.subplots(2, 2, subplot_kw=dict(projection="polar"))
axs[0, 0].plot(x, y)
```

```
axs[1, 1].scatter(x, y)

# 共享 X 轴
plt.subplots(2, 2, sharex='col')

# 共享 Y 轴
plt.subplots(2, 2, sharey='row')

# 共享 X 轴和 Y 轴
plt.subplots(2, 2, sharex='all', sharey='all')

# 这个也是共享 X 轴和 Y 轴
plt.subplots(2, 2, sharex=True, sharey=True)

# 创建 10 幅图，已经存在的则删除——图 4
fig, ax = plt.subplots(num=10, clear=True)

plt.show()
```

部分图表显示结果如图 9.32~图 9.35 所示。

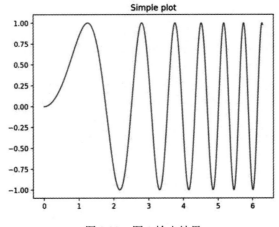

图 9.32　图 1 输出结果

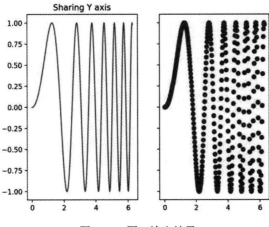

图 9.33　图 2 输出结果

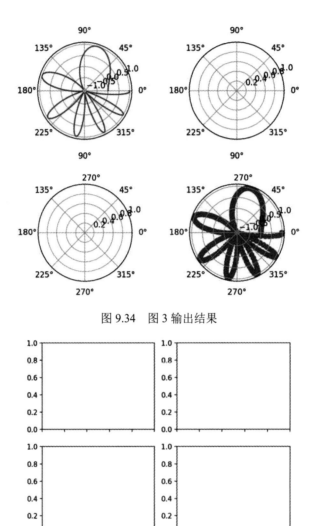

图 9.34　图 3 输出结果

图 9.35　图 4 输出结果

9.4.2　Matplotlib 散点图及实例

1. 绘制散点图

可以使用 pyplot 中的 scatter()方法来绘制散点图。scatter()方法的语法格式如下：

```
matplotlib.pyplot.scatter(x, y, s=None, c=None, marker=None, cmap=None,
norm=None, vmin=None, vmax=None, alpha=None, linewidths=None, *, edgecolors=None,
plotnonfinite=False, data=None, **kwargs)
```

参数说明：

● x，y：长度相同的数组，也就是即将绘制散点图的数据点。

- s: 点的大小，默认值为 20，也可以是一个数组，数组中的每个参数为对应点的大小。
- c: 点的颜色，默认为蓝色（b），也可以是一个 RGB 或 RGBA 二维行数组。
- marker: 点的样式，默认为小圆圈（o）。
- cmap: Colormap，默认值为 None，标量或者是一个 Colormap 的名字，只有 c 是一个浮点数的数组时才可以使用。如果没有声明就是 image.cmap。
- norm: Normalize，默认值为 None，数据亮度为 0~1，只有 c 是一个浮点数的数组时才可以使用。
- vmin，vmax: 亮度设置，在 norm 参数存在时则会忽略。
- alpha: 透明度设置，值为 0~1，默认值为 None，即不透明。
- linewidths: 标记点的长度。
- edgecolors: 颜色或颜色序列，默认值为 face，可选值有 face、none、None。
- plotnonfinite: 布尔值，设置是否绘制无穷远处的点。
- **kwargs: 其他参数。

【例 9.29】scatter() 函数接收长度相同的数组参数，一个用于 X 轴上的值，另一个用于 Y 轴上的值。

```python
import matplotlib.pyplot as plt# 导入 matplotlib 库的 pyplot 模块，用于绘制图形
import numpy as np                # 导入 numpy 库，用于处理数组和矩阵运算

# 创建一个包含 8 个元素的一维数组 x，表示 X 轴上的坐标点
x = np.array([1, 2, 3, 4, 5, 6, 7, 8])
# 创建一个包含 8 个元素的一维数组 y，表示 Y 轴上的坐标点
y = np.array([1, 4, 9, 16, 7, 11, 23, 18])

plt.scatter(x, y)      # 使用 scatter 函数绘制散点图,其中 x 和 y 分别表示 X 轴和 Y 轴的坐标点
plt.show()             # 显示绘制的图形
```

输出结果如图 9.36 所示。

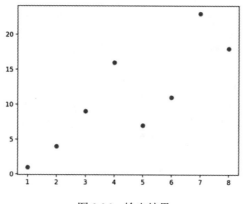

图 9.36　输出结果

【例 9.30】设置图标大小。

```
import matplotlib.pyplot as plt      # 导入 matplotlib 库的 pyplot 模块，用于绘制图形
import numpy as np                    # 导入 numpy 库，用于处理数组和矩阵运算

# 创建一个包含 8 个元素的一维数组 x，表示 X 轴上的坐标点
x = np.array([1, 2, 3, 4, 5, 6, 7, 8])
# 创建一个包含 8 个元素的一维数组 y，表示 Y 轴上的坐标点
y = np.array([1, 4, 9, 16, 7, 11, 23, 18])
# 创建一个包含 8 个元素的一维数组 sizes，表示散点图中每个点的大小
sizes = np.array([20, 50, 100, 200, 500, 1000, 60, 90])
plt.scatter(x, y, s=sizes)           # 使用 scatter 函数绘制散点图，其中 x 和 y 分别表示
X 轴和 Y 轴的坐标点，s 表示散点图中每个点的大小
plt.show()                           # 显示绘制的图形
```

输出结果如图 9.37 所示。

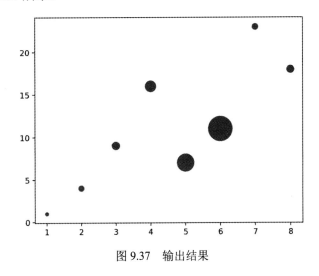

图 9.37 输出结果

【例 9.31】自定义点的颜色。

```
import matplotlib.pyplot as plt      # 导入 matplotlib 库的 pyplot 模块，用于绘制图形
import numpy as np                    # 导入 numpy 库，用于处理数组和矩阵运算

# 创建一个包含 8 个元素的一维数组 x，表示 X 轴上的坐标点
x = np.array([1, 2, 3, 4, 5, 6, 7, 8])
# 创建一个包含 8 个元素的一维数组 y，表示 Y 轴上的坐标点
y = np.array([1, 4, 9, 16, 7, 11, 23, 18])
colors = np.array(["red", "green", "black", "orange", "purple", "beige", "cyan",
"magenta"])            # 创建一个包含 8 个元素的一维数组 colors，表示每个点的颜色

# 使用 scatter 函数绘制散点图，其中 x 和 y 分别表示 X 轴和 Y 轴的坐标点，c 表示每个点的颜色
plt.scatter(x, y, c=colors)
plt.show()             # 显示绘制的图形
```

输出结果如图 9.38 所示。

【例 9.32】设置两组散点图。

```
import matplotlib.pyplot as plt# 导入 matplotlib 库的 pyplot 模块，用于绘制图形
import numpy as np                # 导入 numpy 库，用于处理数组和矩阵运算

# 创建一个包含 14 个元素的一维数组 x，表示 X 轴上的坐标点
x = np.array([5,7,8,7,2,17,2,9,4,11,12,9,6])
# 创建一个包含 14 个元素的一维数组 y，表示 Y 轴上的坐标点
y = np.array([99,86,87,88,111,86,103,87,94,78,77,85,86])
# 使用 scatter 函数绘制散点图，其中 x 和 y 分别表示 X 轴和 Y 轴的坐标点，color 表示散点的颜色
plt.scatter(x, y, color='hotpink')

# 创建一个包含 16 个元素的一维数组 x，表示 X 轴上的坐标点
x = np.array([2,2,8,1,15,8,12,9,7,3,11,4,7,14,12])
# 创建一个包含 16 个元素的一维数组 y，表示 Y 轴上的坐标点
y = np.array([100,105,84,105,90,99,90,95,94,100,79,112,91,80,85])
# 使用 scatter 函数绘制散点图，其中 x 和 y 分别表示 X 轴和 Y 轴的坐标点，color 表示散点的颜色
plt.scatter(x, y, color='#88c999')

plt.show()  # 显示绘制的图形
```

输出结果如图 9.39 所示。

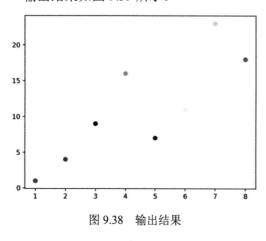

图 9.38　输出结果

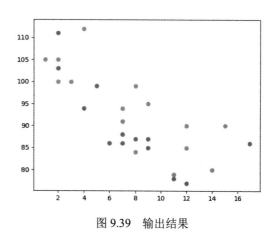

图 9.39　输出结果

【例 9.33】使用随机数来设置散点图。

```
import numpy as np
import matplotlib.pyplot as plt

# 随机数生成器的种子
np.random.seed(19680801)
```

```
N = 50
x = np.random.rand(N)
y = np.random.rand(N)
colors = np.random.rand(N)
area = (30 * np.random.rand(N))**2          # 0~15 点的半径

plt.scatter(x, y, s=area, c=colors, alpha=0.5)   # 设置颜色及透明度

plt.title("RUNOOB Scatter Test")            # 设置标题

plt.show()
```

输出结果如图 9.40 所示。

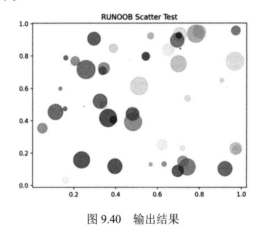

图 9.40　输出结果

2. 颜色条

Matplotlib 模块提供了很多可用的颜色条。颜色条就像一个颜色列表，其中每种颜色都有一个范围为 0~100 的值，如图 9.41 所示。

图 9.41　颜色条

设置颜色条需要使用 cmap 参数，默认值为 viridis，之后颜色值设置为 0~100 的数组。

【例 9.34】设置一个颜色条 cmap 设置为 viridis。

```
import matplotlib.pyplot as plt      # 导入 matplotlib 库的 pyplot 模块，用于绘制图形
import numpy as np                    # 导入 numpy 库，用于处理数组和矩阵运算

# 创建一个包含 14 个元素的一维数组 x，表示 X 轴上的坐标点
x = np.array([5,7,8,7,2,17,2,9,4,11,12,9,6])
# 创建一个包含 14 个元素的一维数组 y，表示 Y 轴上的坐标点
y = np.array([99,86,87,88,111,86,103,87,94,78,77,85,86])
# 创建一个包含 14 个元素的一维数组 colors，表示散点图中每个点的颜色值
colors = np.array([0, 10, 20, 30, 40, 45, 50, 55, 60, 70, 80, 90, 100])

plt.scatter(x, y, c=colors, cmap='viridis')   # 使用 scatter 函数绘制散点图，其中 x
和 y 分别表示 X 轴和 Y 轴的坐标点，c 表示散点图中每个点的颜色值，cmap 表示颜色映射方案

plt.show()   # 显示绘制的图形
```

输出结果如图 9.42 所示。

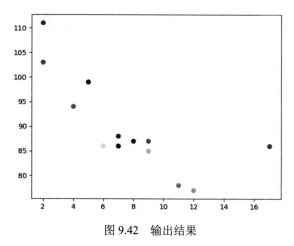

图 9.42　输出结果

如果要显示颜色条，需要使用 plt.colorbar()方法。

【例 9.35】显示颜色条。

```
import matplotlib.pyplot as plt      # 导入 matplotlib 库的 pyplot 模块，用于绘制图形
import numpy as np                    # 导入 numpy 库，用于处理数组和矩阵运算

# 创建一个包含 14 个元素的一维数组 x，表示 X 轴上的坐标点
x = np.array([5,7,8,7,2,17,2,9,4,11,12,9,6])
# 创建一个包含 14 个元素的一维数组 y，表示 Y 轴上的坐标点
y = np.array([99,86,87,88,111,86,103,87,94,78,77,85,86])
# 创建一个包含 14 个元素的一维数组 colors，表示散点图中每个点的颜色值
```

```
colors = np.array([0, 10, 20, 30, 40, 45, 50, 55, 60, 70, 80, 90, 100])
```

plt.scatter(x, y, c=colors, cmap='viridis') # 使用 scatter 函数绘制散点图，其中 x 和 y 分别表示 X 轴和 Y 轴的坐标点，c 表示散点图中每个点的颜色值，cmap 表示颜色映射方案

```
plt.colorbar()        # 添加颜色条
```

```
plt.show()            # 显示绘制的图形
```

输出结果如图 9.43 所示。

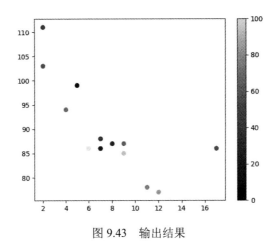

图 9.43　输出结果

【例 9.36】设置一个颜色条，cmap 设置为 afmhot_r。

```
import matplotlib.pyplot as plt    # 导入 matplotlib 库的 pyplot 模块，用于绘制图形
import numpy as np                 # 导入 numpy 库，用于处理数组和矩阵运算

# 创建一个包含 14 个元素的一维数组 x，表示 X 轴上的坐标点
x = np.array([5,7,8,7,2,17,2,9,4,11,12,9,6])
# 创建一个包含 14 个元素的一维数组 y，表示 Y 轴上的坐标点
y = np.array([99,86,87,88,111,86,103,87,94,78,77,85,86])
# 创建一个包含 14 个元素的一维数组 colors，表示散点图中每个点的颜色值
colors = np.array([0, 10, 20, 30, 40, 45, 50, 55, 60, 70, 80, 90, 100])
```

plt.scatter(x, y, c=colors, cmap='afmhot_r') # 使用 scatter 函数绘制散点图，其中 x 和 y 分别表示 X 轴和 Y 轴的坐标点，c 表示散点图中每个点的颜色值，cmap 表示颜色映射方案
```
plt.colorbar()        # 添加颜色条
plt.show()            # 显示绘制的图形
```

输出结果如图 9.44 所示。

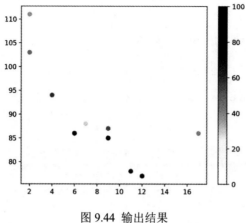

图 9.44　输出结果

9.4.3　Matplotlib 柱形图

可以使用 pyplot 中的 bar()方法来绘制柱形图。bar()方法的语法格式如下：

```
matplotlib.pyplot.bar(x, height, width=0.8, bottom=None, *, align='center',
data=None, **kwargs)
```

参数说明：

- x：浮点型数组，柱形图的 X 轴数据。
- height：浮点型数组，柱形图的高度。
- width：浮点型数组，柱形图的宽度。
- bottom：浮点型数组，底座的 y 坐标，默认值为 0。
- align：柱形图与 x 坐标的对齐方式，默认值为 center，表示以 x 坐标为中心。edge 表示将柱形图的左边缘与 x 坐标对齐。要对齐柱形图的右边缘坐标，可以传递负数的宽度值及 align='edge'。
- **kwargs：其他参数。

【例 9.37】使用 bar()方法创建一个柱形图。

```
import matplotlib.pyplot as plt      # 导入 matplotlib 库的 pyplot 模块，用于绘制图形
import numpy as np                   # 导入 numpy 库，用于处理数组和矩阵运算

# 创建一个包含 4 个字符串元素的一维数组 x，表示柱状图的横坐标
x = np.array(["Runoob-1", "Runoob-2", "Runoob-3", "C-RUNOOB"])
y = np.array([12, 22, 6, 18])# 创建一个包含 4 个整数元素的一维数组 y，表示柱状图的高度

plt.bar(x, y)          # 使用 plt.bar()函数绘制柱状图，其中 x 为横坐标，y 为高度
plt.show()             # 显示绘制的图形
```

输出结果如图 9.45 所示。

垂直方向的柱形图可以使用 barh() 方法来设置。

【例 9.38】使用 barh() 方法创建一个垂直方向的柱形图。

```
import matplotlib.pyplot as plt      # 导入 matplotlib 库的 pyplot 模块，用于绘制图形
import numpy as np                    # 导入 numpy 库，用于处理数组和矩阵运算

# 创建一个包含 4 个字符串元素的一维数组 x，表示柱状图的横坐标
x = np.array(["Runoob-1", "Runoob-2", "Runoob-3", "C-RUNOOB"])
y = np.array([12, 22, 6, 18])# 创建一个包含 4 个整数元素的一维数组 y，表示柱状图的高度

plt.barh(x, y)          # 使用 plt.barh() 函数绘制水平柱状图，其中 x 为横坐标，y 为高度
plt.show()              # 显示绘制的图形
```

输出结果如图 9.46 所示。

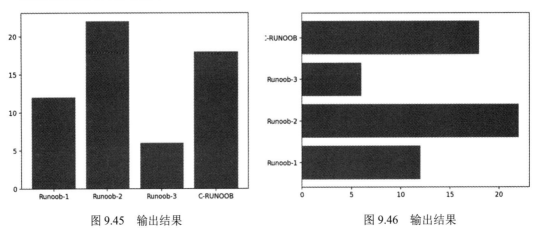

图 9.45　输出结果　　　　　　　　　图 9.46　输出结果

【例 9.39】设置柱形图颜色。

```
import matplotlib.pyplot as plt  # 导入 matplotlib 库的 pyplot 模块，用于绘制图形
import numpy as np  # 导入 numpy 库，用于处理数组和矩阵运算

# 创建一个包含 4 个字符串元素的一维数组 x，表示柱状图的横坐标
x = np.array(["Runoob-1", "Runoob-2", "Runoob-3", "C-RUNOOB"])
y = np.array([12, 22, 6, 18])# 创建一个包含 4 个整数元素的一维数组 y，表示柱状图的高度

# 使用 plt.bar() 函数绘制水平柱状图，其中 x 为横坐标，y 为高度，颜色设置为"#4CAF50"
plt.bar(x, y, color="#4CAF50")
plt.show()                          # 显示绘制的图形
```

输出结果如图 9.47 所示。

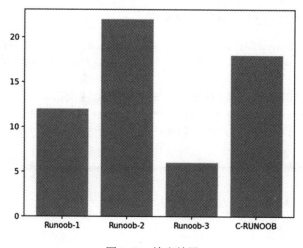

图 9.47　输出结果

【例 9.40】自定义各个柱形的颜色。

```
import matplotlib.pyplot as plt  # 导入 matplotlib 库的 pyplot 模块，用于绘制图形
import numpy as np  # 导入 numpy 库，用于处理数组和矩阵运算

# 创建一个包含 4 个字符串元素的一维数组 x，表示柱状图的横坐标
x = np.array(["Runoob-1", "Runoob-2", "Runoob-3", "C-RUNOOB"])
y = np.array([12, 22, 6, 18])# 创建一个包含 4 个整数元素的一维数组 y，表示柱状图的高度

# 使用 plt.bar() 函数绘制水平柱状图，其中 x 为横坐标，y 为高度，颜色设置为指定的颜色列表
plt.bar(x, y, color=["#4CAF50", "red", "hotpink", "#556B2F"])
plt.show()                      # 显示绘制的图形
```

输出结果如图 9.48 所示。

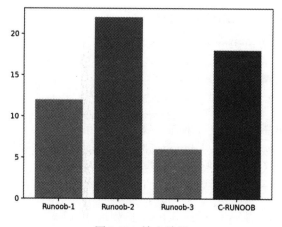

图 9.48　输出结果

设置柱形图宽度，bar()方法使用 width 设置，barh()方法使用 height 设置。

【例 9.41】设置水平方向上的柱形图的宽度。

```
import matplotlib.pyplot as plt      # 导入 matplotlib 库的 pyplot 模块，用于绘制图形
import numpy as np                   # 导入 numpy 库，用于处理数组和矩阵运算

# 创建一个包含 4 个字符串元素的一维数组 x，表示柱状图的横坐标
x = np.array(["Runoob-1", "Runoob-2", "Runoob-3", "C-RUNOOB"])
y = np.array([12, 22, 6, 18])# 创建一个包含 4 个整数元素的一维数组 y，表示柱状图的高度

# 使用 plt.bar()函数绘制水平柱状图，其中 x 为横坐标，y 为高度，width 参数设置柱子的宽度为 0.1
plt.bar(x, y, width=0.1)
plt.show()                           # 显示绘制的图形
```

输出结果如图 9.49 所示。

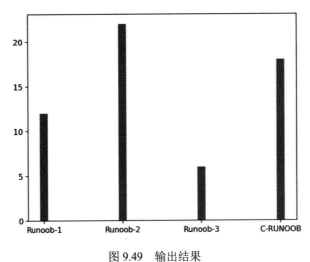

图 9.49　输出结果

【例 9.42】设置垂直方向上的柱形图的宽度。

```
# 导入 matplotlib 库的 pyplot 模块，用于绘制图形
import matplotlib.pyplot as plt
# 导入 numpy 库，用于处理数组和矩阵运算
import numpy as np

# 创建一个包含 4 个字符串元素的一维数组 x，表示柱状图的横坐标
x = np.array(["Runoob-1", "Runoob-2", "Runoob-3", "C-RUNOOB"])
# 创建一个包含 4 个整数元素的一维数组 y，表示柱状图的高度
y = np.array([12, 22, 6, 18])

# 使用 plt.barh()函数绘制水平柱状图，其中 x 为横坐标，y 为高度，height 参数设置柱子的宽度为 0.1
plt.barh(x, y, height=0.1)
plt.show()          # 显示绘制的图形
```

输出结果如图 9.50 所示。

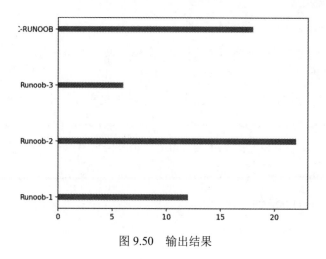

图 9.50　输出结果

9.4.4　Matplotlib 饼图

可以使用 pyplot 中的 pie()方法来绘制饼图。pie()方法的语法格式如下：

```
matplotlib.pyplot.pie(x, explode=None, labels=None, colors=None, autopct=None,
pctdistance=0.6, shadow=False, labeldistance=1.1, startangle=0, radius=1,
counterclock=True, wedgeprops=None, textprops=None, center=0, 0, frame=False,
rotatelabels=False, *, normalize=None, data=None)[source]
```

参数说明：

- x：浮点型数组，表示每个扇形的面积。

- explode：数组，表示各个扇形之间的间隔，默认值为 0。

- labels：列表，各个扇形的标签，默认值为 None。

- colors：数组，表示各个扇形的颜色，默认值为 None。

- autopct：设置饼图内各个扇形百分比显示格式，%d%%表示整数百分比，%0.1f 表示一位小数，%0.1f%%表示一位小数百分比，%0.2f%%表示两位小数百分比。

- pctdistance：类似于 labeldistance，指定 autopct 的位置刻度，默认值为 0.6。

- shadow：布尔类型，设置饼图的阴影，默认为 False，不设置阴影。

- labeldistance：标签标记的绘制位置，相对于半径的比例，默认值为 1.1，如果小于 1，则绘制在饼图内侧。

- startangle：绘制饼图的起始角度，默认为从 X 轴正方向逆时针画起，如果设定为 90，则从 Y 轴正方向画起。

- radius：设置饼图的半径，默认值为 1。

- counterclock：布尔值，设置指针方向，默认值为 True，即逆时针，False 为顺时针。

- wedgeprops：字典类型，默认值为 None。参数传递给 wedge 对象用来画一个饼图。例如：wedgeprops={'linewidth':5}，设置 wedge 线宽为 5。

● textprops: 字典类型，默认值为 None。参数传递给 text 对象，用于设置标签（labels）和比例文字的格式。

● center: 浮点类型的列表，默认值为(0,0)。用于设置图标中心位置。

● frame: 布尔类型，默认值为 False。如果值为 True，则绘制带有表的轴框架。

● rotatelabels: 布尔类型，默认值为 False。如果值为 True，则旋转每个 label 到指定的角度。

【例 9.43】使用 pie()方法创建一个饼图。

```python
import matplotlib.pyplot as plt
import numpy as np

y = np.array([35, 25, 25, 15])

plt.pie(y)
plt.show()
```

输出结果如图 9.51 所示。

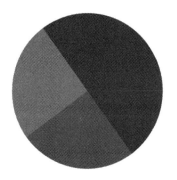

图 9.51　输出结果

【例 9.44】设置饼图各个扇形的标签与颜色。

```python
import matplotlib.pyplot as plt
import numpy as np

y = np.array([35, 25, 25, 15])

plt.pie(y,
        labels=['A','B','C','D'],                              # 设置饼图标签
        colors=["#d5695d", "#5d8ca8", "#65a479", "#a564c9"],   # 设置饼图颜色
        )
plt.title("RUNOOB Pie Test")                                   # 设置标题
plt.show()
```

输出结果如图 9.52 所示。

【例 9.45】突出显示第二个扇形，并格式化输出百分比。

```python
import matplotlib.pyplot as plt
import numpy as np


y = np.array([35, 25, 25, 15])

plt.pie(y,
        labels=['A','B','C','D'],                        # 设置饼图标签
        colors=["#d5695d", "#5d8ca8", "#65a479", "#a564c9"],   # 设置饼图颜色
        explode=(0, 0.2, 0, 0),      # 第二部分突出显示，值越大距离中心越远
        autopct='%.2f%%',            # 格式化输出百分比
        )
plt.title("RUNOOB Pie Test")
plt.show()
```

输出结果如图 9.53 所示。

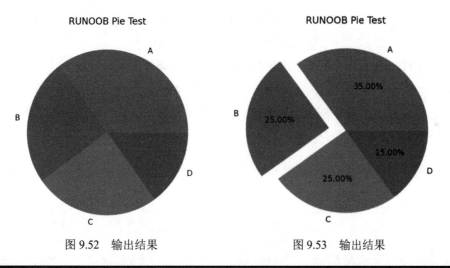

图 9.52　输出结果　　　　　　　　图 9.53　输出结果

注　意
默认情况下，第一个扇形的绘制从 X 轴开始并逆时针移动。

9.5　本章小结

本章主要介绍如何使用 Matplotlib 进行绘图，其中内容包括安装 Matplotlib、Matplotlib 绘图基础、Matplotlib 网格线以及使用 Matplotlib 绘制各种图形（多个子图、散点图、柱形图及饼图）。

9.6 动手练习

1. 航班乘客变化分析。

（1）分析年度乘客总量变化情况（折线图）。

（2）分析乘客在一年中各月份的分布（柱状图）。

	Year	month	Passengers
0	1949	january	112
1	1949	February	118
2	1949	March	132
3	1949	April	129
4	1949	May	121

2. 餐厅小费情况分析。

（1）小费和总消费之间的关系如何（散点图）。

（2）男性顾客和女性顾客，谁更慷慨（分类箱式图）。

（3）抽烟与否是否会对小费金额产生影响（分类箱式图）。

（4）工作日和周末，哪个时间段顾客给的小费更慷慨（分类箱式图）。

（5）午饭和晚饭，哪一顿顾客更愿意给小费（分类箱式图）。

（6）就餐人数是否会对慷慨度产生影响（分类箱式图）。

（7）性别+抽烟的组合因素对慷慨度的影响如何（分组柱状图）。

	Total_bill	tip	sex	Smoker	day	time	size
0	16.99	1.01	Female	No	Sun	Dinner	2
1	10.34	1.66	Male	No	Sun	Dinner	3
2	21.01	3.50	Male	No	Sun	Dinner	3
3	23.68	3.31	Male	No	Sun	Dinner	2
4	24.59	3.61	Female	No	Sun	Dinner	4

3. 泰坦尼克号海难幸存者状况分析。

（1）不同仓位等级中幸存者和遇难的乘客比例（堆积柱状图）。

（2）不同性别的幸存者比例（堆积柱状图）。

（3）幸存者和遇难乘客的票价分布（分类箱式图）。

（4）幸存者和遇难乘客的年龄分布（分类箱式图）。

（5）不同上船港口的乘客仓位等级分布（分组柱状图）。

（6）幸存者和遇难乘客堂兄、弟、姐妹的数量分布（分类箱式图）。

（7）幸存者和遇难乘客父母子女的数量分布（分类箱式图）。

（8）单独乘船与否和幸存之间有没有联系（堆积柱状图或者分组柱状图）。

survived	Pclass	sex	age	sibsp	parch	fare	embarked	class	who	adult_male	deck	embark_town	Alive	alone
0	3	male	22.0	1	0	7.2500	S	Thire	man	True	NaN	Southampton	no	False
1	1	female	38.0	1	0	71.2833	C	First	woman	False	C	cherbourg	yes	False
1	3	female	26.0	0	0	7.9250	S	Third	woman	False	NaN	Southampton	yes	True
1	1	female	35.0	1	0	53.1000	S	First	woman	False	C	Southampton	yes	False
0	3	male	35.0	0	0	8.0500	S	Third	man	Trule	NaN	Southampton	no	True

第 10 章

用 Scikit-learn 进行数据分析

Scikit-learn 是简单高效的数据挖掘和数据分析工具，通过它可以实现数据预处理、分类、回归、降维、模型选择等操作。Scikit-learn 的预处理操作提供了许多模块工具，灵活使用这些工具可以让数据预处理变得轻松。本章介绍使用 Scikit-learn 进行数据处理的常用方法。

10.1 Scikit-learn 简介

本节简要介绍 Scikit-learn 库和它的安装方法。

10.1.1 安装 Scikit-learn

在安装 Scikit-learn 库时，为了使用 Scikit-learn 进行数据处理和分析工作，系统中必须安装 Python 及其相关的包，如 NumPy 和 SciPy 等，其中各个工具的版本要求如下：

- Python 3.3 版本以上。
- NumPy 1.8.2 版本以上。
- SciPy 0.13.3 版本以上。

可以用 pip list 命令查看安装了哪些 Python 包，如图 10.1 所示。

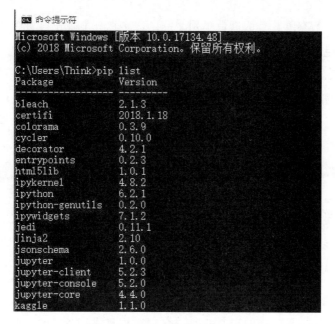

图 10.1　查看安装的 Python 包

如果已经有一个安全的 NumPy 和 SciPy，那么安装 Scikit-learn 最简单的方法是使用 pip：

```
pip install -U scikit-learn
```

如果是在 Anaconda 环境下，那么安装 Scikit-learn 可以使用 conda：

```
conda install scikit-learn
```

pip 升级和卸载操作仅适用于通过 pip install 安装的软件包。使用 Anaconda 安装的 scikit-Learn 的升级或卸载要用 conda 命令：

```
升级：scikit-learn: conda update scikit-learn
卸载：scikit-learn: conda remove scikit-learn
```

10.1.2　机器学习和 Scikit-learn 库

机器学习是什么？

一般来说，一个学习问题通常会考虑一系列样本数据，然后尝试预测未知数据的属性。如果每个样本都有多个属性的数据（比如一个多维记录），就说它有许多"属性"，或称 features（特征）。

可以将学习问题分为以下几大类：

- 有监督学习：其中数据带有一个附加属性，即我们想要预测的结果值。
- 分类（classification）：样本属于两个或更多个类，我们想从已经标记的数据中学习如何预测未标记数据的类别。分类问题的一个例子是手写数字识别，其目的是将每个输入向量分配给有限数目的离散类别之一。通常把分类视作有监督学习的一个离散形式（区别于连续形式），从有限的类别中，给每个样本贴上正确的标签。

- 回归（regression）：如果期望的输出由一个或多个连续变量组成，则该任务称为回归。回归问题的一个例子是预测鲑鱼的长度是其年龄和体重的函数。
- 无监督学习：其中训练数据由没有任何相应目标值的一组输入向量 x 组成。无监督学习的目标可能是在数据中发现彼此类似的示例所聚成的簇（这称为聚类），或者确定输入空间内的数据分布（这被称为密度估计），又或者从高维数据投影数据空间缩小到二维或三维以进行可视化。
- 训练集和测试集：机器学习是从数据的属性中进行学习，并将它们应用到新数据的过程。这就是为什么机器学习中评估算法的普遍实践是把数据集分割成训练集（从中学习数据的属性）和测试集（测试这些性质）。

Scikit-learn 是机器学习的一个子集，或者说是一个工具箱，它为机器学习的研究者和开发者提供了方便、高效的工具。当使用 Scikit-learn 对数据集进行学习时，通常的流程包括数据预处理、特征选择、模型训练和评估等步骤。

值得一提的是，Scikit-learn 和 NumPy、SciPy 被称为 Python 科学计算库的三剑客。

10.2　利用 Scikit-learn 进行数据分析的方法

Scikit-learn 是一个专为 Python 编程语言设计的机器学习库，它提供了大量的算法，供程序员和数据科学家在各种机器学习模型中进行选择和部署。这些算法覆盖了从有监督学习到无监督学习的多种类型，例如分类、回归、聚类和降维等。本节介绍 Scikit-learn 提供的几个常用算法。

10.2.1　决策树（Decision Trees (DTs)）

1. 概念

决策树（Decision Trees，DTs）是一种用来进行分类和回归的无参有监督学习方法，其目的是创建一种模型，用来从数据特征中学习简单的决策规则，以预测一个目标变量的值。决策树跟老式流程图非常类似，只不过流程图允许循环而已。进行决策树学习时，决策树的末端节点通常又叫作叶节点，其中存放着分类问题的类标签。每个非叶节点都对应特征值之间的一个布尔条件判断。Scikit-learn 使用基尼不纯度（Gini impurity）和熵作为信息的衡量指标。

例如，在图 10.2 中，决策树通过 if-then-else 的决策规则来学习数据，从而估测出一个正弦图像。决策树越深入，决策规则就越复杂，并且对数据的拟合越好。

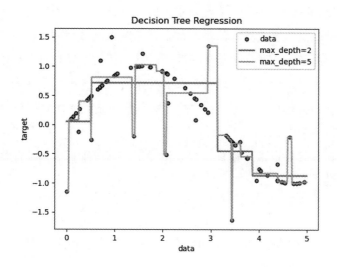

图 10.2　根据决策树规则估测出的正弦图像

决策树的优势如下：

- 便于理解和解释。树的结构可以可视化出来。
- 训练需要的数据少。其他机器学习模型通常需要数据规范化，比如构建虚拟变量和移除缺失值。注意决策树不支持缺失值。
- 训练决策树的数据点的数量使得决策树的使用开销呈指数分布（训练树模型的时间复杂度是参与训练数据点的对数值）。
- 能够处理数值型数据和分类数据。其他的技术通常只能用来专门分析某一种变量类型的数据集。
- 能够处理多路输出的问题。
- 使用白盒模型。如果某种给定的情况在该模型中是可以观察的，那么就可以轻易地通过布尔逻辑来解释这种情况。相比之下，黑盒模型中的结果就很难说清楚。
- 可以通过数值统计测试来验证该模型。这使解释验证该模型的可靠性成为可能。
- 即使该模型假设的结果与真实模型所提供的数据相反，其表现依旧良好。

决策树的缺点如下：

- 决策树模型容易产生一个过于复杂的模型，这样的模型对数据的泛化性能会很差。这就是所谓的过拟合。一些策略如剪枝、设置叶节点所需的最小样本数或设置树的最大深度，是避免出现该问题的有效方法。
- 决策树可能是不稳定的，因为数据中的微小变化可能会导致生成完全不同的树。这个问题可以通过决策树的集成来得到缓解。
- 在多方面性能最优和简单化概念的要求下，学习一棵最优决策树通常是一个 NP 难问题（NP-hard problem，定义需要超多项式时间才能求解的问题）。因此，实际的决策树学习算法是基于启发式算法的，例如在每个节点进行局部最优决策的贪心算法。但这样的算法不能保证返回全局最优决策树。这个问题可以通过集成学习训练多棵决策树来缓解，多棵决策树一般通过对特征和样本有放回地随机采样来生成。

- 有些概念很难被决策树学习到，因为决策树很难清楚地表述这些概念。例如 XOR、奇偶或者复用器的问题。
- 如果某些类在问题中占主导地位，就会使得创建的决策树有偏差。因此，建议在拟合前对数据集进行平衡。

2. 实例

以下实例使用 tree(1).csv 数据集文件。tree(1).csv 包含了一个名为"tree"的树形结构的数据，通常用于机器学习和数据分析。

在这个数据集中，每个节点都有一个唯一的标识符（例如 1），以及与该节点相关的信息。这些信息可以是任何类型的数据，例如特征值、标签或其他属性。通过分析这个数据集，可以构建或评估决策树等机器学习模型。

tree(1).csv 数据集如表 10.1 所示。

表10.1　tree(1).csv数据集

RID	age	Income	Student	credit_rating	buy
1	youth	high	No	fair	no
2	youth	high	no	excellent	no
3	middle_aged	high	no	fair	yes
4	senior	medium	no	fair	yes
5	senior	low	yes	fair	yes
6	senior	low	yes	excellent	no
7	middle_aged	low	yes	excellent	yes
8	youth	medium	no	fair	no
9	youth	low	yes	fair	yes
10	senior	medium	yes	fair	yes
11	youth	medium	yes	excellent	yes
12	middle_aged	medium	no	excellent	yes
13	middle_aged	high	yes	fair	yes
14	senior	medium	no	excellent	no

下面介绍使用 tree(1).csv 数据集构建决策树的步骤。

步骤01 导入必要的库。

```
# 导入 matplotlib 库，用于绘制图形
import matplotlib.pyplot as plt
# 导入 DictVectorizer 类，用于将字典类型的数据转换为向量类型
```

```
from sklearn.feature_extraction import DictVectorizer
# 导入 csv 模块，用于读取和写入 CSV 文件
import csv
# 导入 preprocessing 模块，用于数据预处理
from sklearn import preprocessing
# 导入 tree 模块，用于构建决策树模型
from sklearn import tree
```

步骤 02 加载数据文件。

```
# 打开名为 "tree(1).csv" 的文件，并将它赋值给变量 load_file
load_file = open(r'tree(1).csv')
# 使用 csv 模块的 reader 方法创建一个读取器对象，用于读取 load_file 中的数据
reader = csv.reader(load_file)  #载入数据
# 使用 reader 对象的 __next__()方法读取文件的第 1 行数据，并将它赋值给变量 headers
headers = reader.__next__()    #读取第 1 行
# 打印 headers 变量的值，即文件的第 1 行数据
print(headers)
```

打印结果如下：

```
['RID', 'age', 'income', 'student', 'credit_rating', 'class_buys_computer']
```

观察数据，可以发现数据中的特征，例如 age:youth 等，导入后无法识别，因此需要对特征进行抽取，这里使用了 DictVectorizer。

提　示
DictVectorizer 是一个特征提取的 API，它的处理对象是符号化（非数字化）的但是具有一定结构的特征数据，如字典等。

将符号转换成数字，用 0/1 表示。

```
lables = []    # 用于存储标记实例，也就是本例中的是否购入计算机
feature = []   # 用于存储特征
# reader 返回的值是 CSV 文件中每行的列表，将每行读取的值作为列表返回
for row in reader:
# 将每行最后一个元素（即是否购入计算机）添加到 lables 列表中
lables.append(row[len(row)-1])
# 初始化一个空字典，用于存储当前行的特征
features = {}
# 遍历当前行除最后一个元素外的其他元素，并将它们作为特征添加到 features 字典中
for each in range(1,len(row)-1):features[headers[each]] = row[each]
# 将当前行的特征字典添加到 feature 列表中
feature.append(features)
# 使用 DictVectorizer 将特征字典转换为稀疏矩阵
vec = DictVectorizer()
x = vec.fit_transform(feature).toarray()
```

```
print('特征提取后的 X'+'\n'+str(x))
# print(headers)
# 使用 LabelBinarizer 将标签转换为二进制矩阵
lab = preprocessing.LabelBinarizer()
y = lab.fit_transform(lables)
print('Y'+'\n'+str(y))
```

输出特征提取后的 X：

```
[[0. 0. 1. 0. 1. 1. 0. 0. 1. 0.]
 [0. 0. 1. 1. 0. 1. 0. 0. 1. 0.]
 [1. 0. 0. 0. 1. 1. 0. 0. 1. 0.]
 [0. 1. 0. 0. 1. 0. 0. 1. 1. 0.]
 [0. 1. 0. 0. 1. 0. 1. 0. 0. 1.]
 [0. 1. 0. 1. 0. 0. 1. 0. 0. 1.]
 [1. 0. 0. 1. 0. 0. 1. 0. 0. 1.]
 [0. 0. 1. 0. 1. 0. 0. 1. 1. 0.]
 [0. 0. 1. 0. 1. 0. 0. 1. 0. 1.]
 [0. 1. 0. 0. 1. 0. 0. 1. 0. 1.]
 [0. 0. 1. 1. 0. 0. 0. 1. 0. 1.]
 [1. 0. 0. 1. 0. 0. 0. 1. 1. 0.]
 [1. 0. 0. 0. 1. 1. 0. 0. 0. 1.]
 [0. 1. 0. 1. 0. 0. 0. 1. 1. 0.]]
```

输出特征提取后的 Y：

```
[0]
 [0]
 [1]
 [1]
 [1]
 [0]
 [1]
 [0]
 [1]
 [1]
 [1]
 [1]
 [1]
 [0]]
```

步骤 03 建立决策树模型。

```
# 创建一个决策树分类器实例，使用熵作为特征选择标准
result = tree.DecisionTreeClassifier(criterion='entropy')
# 特征选择标准为 entropy，默认为基尼系数 "gini"
result.fit(x,y)
# print('result'+str(result))
# 将分类器导出为 Graphviz 格式的 DOT 文件
```

```
with open('tree1.dot','w') as f:
    f=
tree.export_graphviz(result,out_file=f,feature_names=vec.get_feature_names())
    #保存成文件
```

处理完毕后，进行可视化，得到的结果如图 10.3 所示。

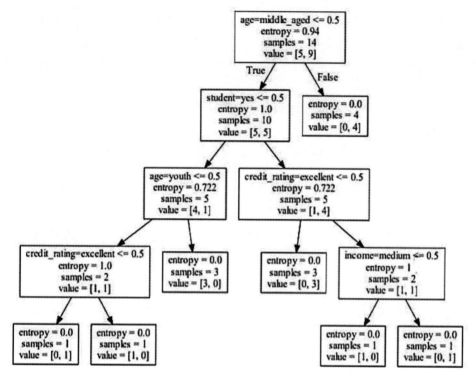

图 10.3　可视化结果

10.2.2　支持向量机

支持向量机（Support Vector Machines，简称 SVM）是一种有监督学习的算法，主要用于解决二分类问题，包括分类、回归和异常检测等。它的基本模型是定义在特征空间上的间隔最大的线性分类器，这个间隔最大使它有别于感知机。同时，SVM 还包括核技巧，这使它能够处理线性不可分的问题，实质上成为非线性分类器。

在学习过程中，SVM 的目标是找到一个几何间隔最大的分离超平面，即决策边界。对于线性可分的数据集来说，这样的超平面有无穷多个，但几何间隔最大的分离超平面是唯一的。对于线性不可分的样本，可以通过映射到更高维度的向量空间来进行处理，仍然通过间隔最大化的方式找到决策边界。

SVM 的学习策略可以形式化为一个求解凸二次规划的问题，也等价于正则化的合页损失函数的最小化问题。因此，SVM 的学习算法就是求解凸二次规划的最优化算法。

支持向量机的优势在于：

- 在高维空间中非常高效。
- 即使在数据维度比样本数量大的情况下仍然有效。
- 在决策函数（称为支持向量）中使用训练集的子集，因此它也是高效利用内存的。
- 通用性：不同的核函数与特定的决策函数一一对应。常见的 Kernel 已经提供该服务，也可以指定定制的内核。

支持向量机的缺点：

- 如果特征数量比样本数量大得多，在选择核函数时要避免过拟合，而且正则化项是非常重要的。
- 支持向量机不直接提供概率估计，这些都是使用昂贵的五次交叉验算计算的。

在 Scikit-learn 中，支持向量机可以输出 dense（密集）和 sparse（稀疏）两种类型的样例向量。其中，dense 可以使用 numpy.ndarray 进行转换，而 sparse 则可以是任何 scipy.sparse 格式的数据。但是，如果要使用支持向量机对稀疏数据进行预测，则必须先拟合这种数据。为了优化性能，建议使用行优先存储的 numpy.ndarray（密集）或带有 dtype=float64 的 scipy.sparse.csr_matrix（稀疏）。

1. 分类问题

SVC（Support Vector Classification）、NuSVC（Nu-Support Vector Classification）和 LinearSVC 都是支持向量机的变体，都可以用来解决分类问题。

SVC、NuSVC 和 LinearSVC 能在数据集中实现多元分类。它有多种核函数选项，包括线性、多项式和径向基函数（RBF），如图 10.4 所示。

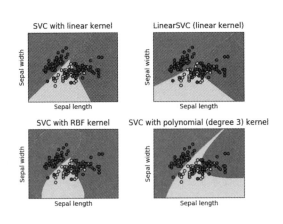

图 10.4　SVC 的核函数

SVC 和 NuSVC 是相似的方法，但是接受稍许不同的参数设置并且有不同的数学方程。LinearSVC 是另一个实现线性核函数的支持向量分类。注意，LinearSVC 不接受关键词 kernel，因为它被假设为线性的；它也缺少一些 SVC 和 NuSVC 的成员，例如 support_。

和其他分类器一样，SVC、NuSVC 和 LinearSVC 将两个数组作为输入：[n_samples, n_features] 大小的数组 X 作为训练样本，[n_samples]大小的数组 Y 作为类别标签（字符串或者整数）。

代码如下：

```
# 导入支持向量机（SVM）模块
from sklearn import svm
# 定义训练数据 X 和对应的标签 y
X = [[0, 0], [1, 1]]
y = [0, 1]
# 创建一个 SVC 分类器实例，设置 gamma 参数为'scale'
clf = svm.SVC(gamma='scale')

# 使用训练数据 X 和标签 y 对分类器进行拟合
clf.fit(X, y)
# 创建 SVC 分类器的实例，设置参数
SVC(C=1.0, cache_size=200, class_weight=None, coef0=0.0,
 decision_function_shape='ovr', degree=3, gamma='scale', kernel='rbf',
 max_iter=-1, probability=False, random_state=None, shrinking=True,
 tol=0.001, verbose=False)
```

在拟合后，这个模型可以用来预测新的值：

```
clf.predict([[2., 2.]])
array([1])
```

支持向量机的决策函数取决于训练集的一些子集，这些子集称作支持向量。这些支持向量的部分特性可以在 support_vectors_、support_ 和 n_support_ 中找到。

```
# 获得支持向量
clf.support_vectors_
array([[ 0.,  0.],
 [ 1.,  1.]])
# 获得支持向量的索引
clf.support_
array([0, 1]...)
# 为每一个类别获得支持向量的数量
clf.n_support_
array([1, 1]...)
```

2. 分类问题实例

这里以 Iris 数据集为例。

Iris 数据集又被称为鸢尾花数据集，是一个多维度的数据集，它包含了 150 个样本，每个样本具有 4 个属性。这些样本被分为 3 类，每类 50 个样本。这个数据集常被应用在数据挖掘和分类任务中，作为测试集或训练集来使用。

可以使用 Python 的 Pandas 库来读取 CSV 格式的 Iris 数据集；也可以使用 Scikit-learn 库中的 load_iris 函数来载入数据，并将得到的数据转化为 DataFrame 格式；还可以使用 NumPy 导入数据。

1）读入数据

从 UCI 数据库（UCI 数据库的官网地址为 https://archive.ics.uci.edu/ml/index.php，可以在这里找到更多关于 UCI 数据库的信息，包括如何访问和使用这些数据集的具体指导）中下载的 Iris 原始数据集如图 10.5 所示，前 4 列为特征列，第 5 列为类别列，分别有 3 种类别——Iris-setosa、Iris-versicolor 和 Iris-virginica。

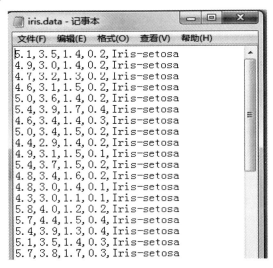

图 10.5　Iris 数据集

当使用 NumPy 中的 loadtxt 函数导入该数据集时，原先假设数据类型 dtype 为浮点型，但是很明显第 5 列的数据类型并不是浮点型。因此要额外做一个工作，即通过 loadtxt()函数中的 converters 参数将第 5 列通过转换函数映射成浮点型的数据。

首先，写一个转换函数，将鸢尾花种类名称转换为对应的数字编码。

```
def iris_type(s):
```

参数：

s(str)：鸢尾花种类名称，可以是 'Iris-setosa'、'Iris-versicolor' 或 'Iris-virginica'。

返回：

```
it = {'Iris-setosa': 0, 'Iris-versicolor': 1, 'Iris-virginica': 2}
```

```
return it[s]
```

返回对应的数字编码，0 表示'Iris-setosa'，1 表示'Iris-versicolor'，2 表示'Iris-virginica'。

接下来，读入数据：

```
path = u'D:/f盘/python/学习/iris.data'  # 数据文件路径
# converters={4: iris_type}中 "4" 指的是第 5 列
data = np.loadtxt(path, dtype=float, delimiter=',', converters={4: iris_type})
```

读入结果如图 10.6 所示。

```
C:\ProgramData\Anaconda2\python.exe D:/f盘/python/学习/svm.py
[[ 5.1  3.5  1.4  0.2  0. ]
 [ 4.9  3.   1.4  0.2  0. ]
 [ 4.7  3.2  1.3  0.2  0. ]
 [ 4.6  3.1  1.5  0.2  0. ]
 [ 5.   3.6  1.4  0.2  0. ]
 [ 5.4  3.9  1.7  0.4  0. ]
 [ 4.6  3.4  1.4  0.3  0. ]
 [ 5.   3.4  1.5  0.2  0. ]
```

图 10.6　读入结果

2）将 Iris 分为训练集与测试集

```
# 将 data 按照第 4 列进行分割，得到 x 和 y
x, y = np.split(data, (4,), axis=1)

# 从 x 中选取前两列作为新的 x
x = x[:, :2]
# 将 x 和 y 进行训练集和测试集的划分，设置随机种子为 1，训练集占比为 0.6
x_train, x_test, y_train, y_test = train_test_split(x, y, random_state=1,
train_size=0.6)
```

随机数种子其实就是该组随机数的编号，在需要重复试验的时候，保证得到一组一样的随机数。例如，每次都填 1，其他参数一样的情况下得到的随机数组是一样的；但填 0 或不填，每次得到随机数都会不一样。随机数的产生取决于种子，随机数和种子之间的关系遵从以下两个规则：种子不同，产生的随机数不同；种子相同，即使实例不同也会产生相同的随机数。

3）绘制图像

```
x1_min, x1_max = x[:, 0].min(), x[:, 0].max()  # 第 0 列的范围
x2_min, x2_max = x[:, 1].min(), x[:, 1].max()  # 第 1 列的范围
x1, x2 = np.mgrid[x1_min:x1_max:200j, x2_min:x2_max:200j]  # 生成网格采样点
grid_test = np.stack((x1.flat, x2.flat), axis=1)  # 测试点
# print 'grid_test = \n', grid_testgrid_hat = clf.predict(grid_test)        # 预
测分类值 grid_hat = grid_hat.reshape(x1.shape)  # 使之与输入的形状相同
mpl.rcParams['font.sans-serif'] = [u'SimHei']
mpl.rcParams['axes.unicode_minus'] = False
```

```
cm_light = mpl.colors.ListedColormap(['#A0FFA0', '#FFA0A0', '#A0A0FF'])
cm_dark = mpl.colors.ListedColormap(['g', 'r', 'b'])
plt.pcolormesh(x1, x2, grid_hat, cmap=cm_light)
plt.scatter(x[:, 0], x[:, 1], c=y, edgecolors='k', s=50, cmap=cm_dark)  # 样
本
plt.scatter(x_test[:, 0], x_test[:, 1], s=120, facecolors='none', zorder=10)
# 圈中测试集样本
plt.xlabel(u'花萼长度', fontsize=13)
plt.ylabel(u'花萼宽度', fontsize=13)
plt.xlim(x1_min, x1_max)
plt.ylim(x2_min, x2_max)
plt.title(u'鸢尾花 SVM 二特征分类', fontsize=15)
# plt.grid()
plt.show()
```

最终的结果如图 10.7 所示。

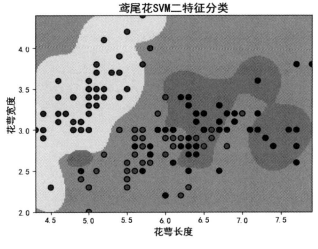

图 10.7　分类的结果

10.2.3　朴素贝叶斯

1. 概念

朴素贝叶斯（Naive Bayes）是一种基于贝叶斯定理与特征条件独立假设的分类方法。它是贝叶斯分类算法中最简单的一个，一般用于处理二分类或多分类任务。尽管名为"朴素"，但此算法在实际应用中表现出了出色的性能和鲁棒性。

朴素贝叶斯法的核心思想：对于给定的输入 x，首先基于先验概率 P(y)估计样本属于每个类别的概率，然后使用贝叶斯定理计算后验概率 P(y|x)，最后选择具有最大后验概率的类别作为预测结果。

贝叶斯分类器是一类利用概率统计知识进行分类的算法。作为"生成式模型"，它可以处理多分类问题。在朴素贝叶斯分类器中，假设所有特征之间都是独立的，这一特性使得算法的计算效率非常高。尽管这个假设在现实中并不总是成立，但是朴素贝叶斯分类器仍然能够在许多复杂问题中取得很好的分类效果。

朴素贝叶斯法的运行流程简述如下：首先，根据已知的训练数据集来确定每个类别的概率；然后，利用贝叶斯定理计算每个类别下各个特征的条件概率；最后，根据上述条件概率来预测新的数据点所属的类别。

2. 实例

下面是一个使用 Python 和 Scikit-learn 库实现朴素贝叶斯分类器的例子。

```python
# 导入鸢尾花数据集
from sklearn.datasets import load_iris
# 导入训练集和测试集划分函数
from sklearn.model_selection import train_test_split
# 导入朴素贝叶斯分类器
from sklearn.naive_bayes import GaussianNB
# 导入准确率评估函数
from sklearn.metrics import accuracy_score

# 加载鸢尾花数据集
iris = load_iris()
X = iris.data
y = iris.target

# 将数据集划分为训练集和测试集
X_train, X_test, y_train, y_test = train_test_split(X, y, test_size=0.3,
random_state=42)

# 创建高斯朴素贝叶斯分类器
gnb = GaussianNB()

# 使用训练集训练模型
gnb.fit(X_train, y_train)

# 对测试集进行预测
y_pred = gnb.predict(X_test)

# 计算预测准确率
accuracy = accuracy_score(y_test, y_pred)
print("预测准确率: ", accuracy)
```

本例是一个多分类问题，使用了鸢尾花数据集。我们将数据集划分为训练集和测试集，然后使用高斯朴素贝叶斯分类器（GaussianNB）对训练集进行训练，最后对测试集进行预测并计算预测准确率。

10.3 聚 类

本节介绍聚类算法（Clustering Algorithm），主要介绍 K-Means 算法和层次聚类的基本概念及其在数据处理中的应用。

10.3.1 概述

聚类算法是一种无监督学习方法，用于将数据点分组为不同的组，并分析数据点的属性和特征。它的主要目标是按照某个特定标准（如距离）把一个数据集分割成不同的类或簇，使得同一个簇内的数据对象的相似性尽可能大，同时不在同一个簇中的数据对象的差异性也尽可能地大。

在实际应用中，常用的聚类算法有 K-Means、层次聚类、均值偏移、K-Medians、DBSCAN 和 DBSCAN+等。

未标记的数据的聚类可以使用模块 sklearn.cluster 来实现。

每个聚类算法都有两个变体：一个是类，它实现了 fit 方法来学习训练数据的簇；另一个函数，给定训练数据后，它返回与不同簇对应的整数标签数组。对于类来说，训练数据上的标签可以在 labels_ 属性中找到。

需要注意的一点是，该模块中实现的算法可以采用不同种类的矩阵作为输入。所有算法的调用接口都接收 shape [n_samples, n_features]的标准数据矩阵。这些矩阵可以通过使用 sklearn.feature_extraction 模块中的类获得。对于 Affinity Propagation、Spectral Clustering 和 DBSCAN 聚类算法，也可以输入 shape [n_samples, n_samples]的相似矩阵。这些矩阵都可以通过 sklearn.metrics.pairwise 模块中的函数获得。

10.3.2 K-means

1. 概念

K-means 通常被称为劳埃德算法（Lloyd's Algorithm），它通过把样本分离成 n 个具有相同方差的类的方式来聚集数据。该算法需要指定簇的数量。它可以很好地扩展到大量样本（Large Number of Samples），并已经被广泛应用于许多不同的领域。

K-means 算法将一组（N 个）样本 X 划分成 K 个不相交的簇，每个簇都用该簇中的样本的均值描述。这个均值通常被称为簇的"质心（centroids）"或簇内平方和（within-cluster sum-of-squaves）。注意，它们一般不是从 X 中挑选出来的点，虽然它们处在同一个空间。

K-means 算法旨在选择一个质心，能够最小化惯量或簇内平方和：

$$\sum_{i=0}^{n} \min_{\mu_j \in C}(\|x_j - \mu_i\|^2)$$

惯量被认为是测量簇内聚程度的度量（measure），惯量越小，聚类效果越好，但它有如下缺点：

- 惯性假设簇是凸（Convex）的和各项同性（Isotropic），这并不是总是对的。它对细长的簇或具有不规则形状的流行反应不佳。

- 惯性不是一个归一化度量（Normalized Metric）：惯量的值较低是较好的，并且值为 0 是最优的。但是在非常高维的空间中，欧氏距离往往会膨胀（这就是所谓的 "维度诅咒/维度惩罚"（Curse of Dimensionality）。在 K-means 聚类算法之前运行诸如 PCA 之类的降维算法，可以减轻这个问题并加快计算速度。

K-means 算法可分为 4 个步骤。

步骤 01 选择初始质心，最基本的方法是从 X 数据集中随机选择 k 个样本，将每个样本分配到其最近的质心。

步骤 02 通过获取先前分配给每个质心的所有样本的平均值来创建新的质心。

步骤 03 计算旧的和新的质心之间的差值。

步骤 04 重复步骤 02 和步骤 03，直到该差值小于阈值，换句话说，直到质心不再显著移动。

K-means 相当于具有小的全对称协方差矩阵（Small, All-Equal, Diagonal Covariance Matrix）的期望最大化算法（Expectation-Maximization Algorithm）。该算法也可以通过 Voronoi Diagrams（Voronoi 图）的概念来理解。首先，使用当前质心计算点的 Voronoi 图。Voronoi 图中的每个段（Segment）都成为一个单独分离的簇。其次，质心被更新为每个段的平均值。然后，该算法重复此操作，直到满足停止条件。 通常情况下，当迭代之间的目标函数的相对减小小于给定的公差值时，算法停止。但在此实现中却不是这样：当质心移动小于公差时，迭代停止。

给定足够的时间，K-means 将总是收敛的，但这可能是局部最小。这在很大程度上取决于质心的初始化。 因此，通常会进行几次初始化不同质心的计算。帮助解决这个问题的一种方法是 K-means++ 初始化方案，它已经在 Scikit-learn 中实现（使用 init='k-means++' 参数）。这将使初始化质心（通常）彼此远离，得出比随机初始化更好的结果。

2. K-means 实例

这里介绍一个简单的示例，该示例根据学生的分数将学生分为 A 和 B 两类。

步骤 01 导入 SciPy 库，库中已有实现的 kmeans 模块，直接使用即可，根据 6 个学生的分数将他们分为 A、B 两类。

```
# 导入 numpy 库，并将其重命名为 np
import numpy as np
```

```
# 从 scipy.cluster.vq 模块中导入 vq、kmeans 和 whiten 函数
from scipy.cluster.vq import vq,kmeans,whiten
# 定义 6 个列表，分别表示 6 个学生的分数
list1=[88,64,96,85]
list2=[92,99,95,94]
list3=[91,87,99,95]
list4=[78,99,97,81]
list5=[88,78,98,84]
list6=[100,95,100,92]
```

步骤 02 将数据组成数组：

```
data=np.array([list1,list2,list3,list4,list5,list6])
```

步骤 03 数据归一化处理：

```
whiten=whiten(data)
```

步骤 04 使用 K-means 聚类，第 1 个参数为数据，第 2 个参数是 k 类，得到的结果是二维的，所以加一个下画线表示不取第 2 个值，第 1 个值为得到的聚类中心，第 2 个值为损失。

```
# 使用 K-means 算法进行聚类，设置聚类数量为 2
centroids,_=kmeans(whiten,2)
```

步骤 05 使用 vq 函数根据聚类中心将数据进行分类，输出的结果是二维的，第 1 个结果为分类的标签，第 2 个结果不需要。

```
# 使用 vq 函数计算数据点与质心之间的距离，并将结果存储在 result 变量中
result,_=vq(whiten,centroids)
print(result)
```

输出结果如下：

```
[0 1 1 0 0 1]
```

0 为 B 类，1 为 A 类，根据输出结果可以看出：6 个学生中，1、4、5 为 B 类，2、3、6 为 A 类。

10.3.3 层次聚类

1. 概念

层次聚类（Hierarchical Clustering）是一种对数据进行分层的聚类分析方法，其基本思想是将数据集中相似的对象逐步合并成更大的组，直到所有对象都被合并为止。它包括两种主要的类型：凝聚层次聚类和分裂层次聚类。凝聚层次聚类是从每个样本开始，逐步将相似的样本或对象合并在一起，形成一个大的簇；而分裂层次聚类则是从一个大的簇开始，将其划分为小的簇，直到每个簇只包含一个样本或对象。

聚类的层次可以表示成树或者树形图（dendrogram）。树根是拥有所有样本的唯一聚类，

叶子是仅有一个样本的聚类。

以一个简单的例子来说明层次聚类。假设有一组数据点，代表不同的水果，如苹果、香蕉、橙子等，如果我们想基于它们的颜色来进行层次聚类：

- 首先，将所有的水果视为单个簇，这时候有多个簇，每个簇只包含一个水果。
- 然后，找到颜色最接近的两个簇并合并它们。例如，我们可以将苹果和橙子这两个簇合并为一个新的簇，因为它们都是红色系的水果。
- 继续这个过程，每次都找到颜色最接近的两个簇并将它们合并。
- 最后，可能会得到几个大的簇，每个簇包含了多种颜色的水果。

这就是层次聚类的基本过程。需要注意的是，层次聚类的最终结果可能会受到初始设定的影响，因此需要多次尝试以获得最优的结果。

2. 案例

本例使用 5 个学生成绩来演示层次聚类的工作原理和实现过程。

5 个学生的成绩如图 10.8 所示。

Student_ID	Marks
1	10
2	7
3	28
4	20
5	35

图 10.8　5 个学生的成绩

首先，创建一个邻近矩阵，它储存了每个点两两之间的距离，因此可以得到一个形状为 n×n 的矩阵。

在本例中，可以得到如图 10.9 所示的 5×5 的邻近矩阵。

ID	1	2	3	4	5
1	0	3	18	10	25
2	3	0	21	13	28
3	18	21	0	8	7
4	10	13	8	0	15
5	25	28	7	15	0

图 10.9　5×5 的邻近矩阵

矩阵里有两点需要注意：一是矩阵的对角元素始终为 0，因为点与其自身的距离始终为 0；

二是使用欧几里得距离公式来计算非对角元素的距离，按此计算方法填充邻近矩阵其余元素。

然后，执行层次聚类，这里使用凝聚层次聚类来实现。

步骤 01 将所有点分配成单个簇。这里不同的颜色代表不同的簇，数据中的 5 个点，即有 5 个不同的簇。

步骤 02 查找邻近矩阵中的最小距离并合并距离最小的点。邻近矩阵如图 10.10 所示，最小距离是 3，因此将点 1 和点 2 合并，如图 10.11 所示。

ID	1	2	3	4	5
1	0	(3)	18	10	25
2	(3)	0	21	13	28
3	18	21	0	8	7
4	10	13	8	0	15
5	25	28	7	15	0

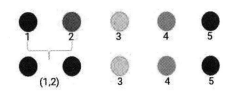

图 10.10 查找邻近矩阵中的最小距离　　　图 10.11 合并点 1 和点 2

更新集群并相应地更新邻近矩阵，结果如图 10.12 所示。

Student_ID	Marks
(1,2)	10
3	28
4	20
5	35

ID	(1,2)	3	4	5
(1,2)	0	18	10	25
3	18	0	8	7
4	10	8	0	15
5	25	7	15	0

图 10.12 更新后的集群和邻近矩阵

步骤 03 重复步骤 02，直到只剩下一个簇。

重复所有的步骤后，将得到如图 10.13 所示的合并的聚类。

这就是凝聚层次聚类的工作原理。但问题是我们仍然不知道该分几组？是 2 组、3 组，还是 4 组呢？

下面介绍如何选择聚类数。为了获得层次聚类的簇数，我们使用了一个概念，叫作树状图。通过树状图，可以更方便地选出聚类的簇数。

回到上面的例子。当合并两个簇时，树状图会相应地记录这些簇之间的距离并以图形形式表示。如图 10.14 所示是树状图的原始状态，横坐标记录了每个点的标记，纵坐标记录了点和点之间的距离。

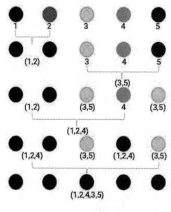

图 10.13　合并的聚类

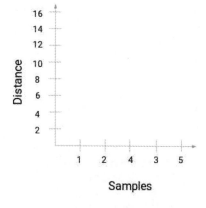

图 10.14　树状图的原始状态

当合并两个簇时，它们会在树状图中连接起来，连接的高度就是点与点之间的距离，如图 10.15 所示。

然后开始对上面的过程进行树状图的绘制。从合并样本 1 和样本 2 开始，这两个样本之间的距离为 3，绘制的树状图如图 10.16 所示。

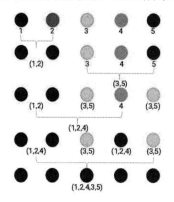

图 10.15　层次聚类后

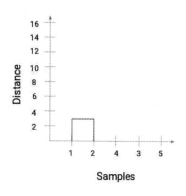

图 10.16　绘制树状图

可以看到已经合并了 1 和 2。垂直线代表 1 和 2 的距离。同理，按照层次聚类过程绘制合并簇类的所有步骤，最后得到的树状图如图 10.17 所示。

通过树状图，我们可以清楚地看到形象化层次聚类的步骤。树状图中垂直线的距离越远，代表簇之间的距离越大。有了这个树状图，决定簇类数就方便多了。

现在可以设置一个阈值距离，绘制一条水平线。比如将阈值设置为 12，并绘制一条水平线，如图 10.18 所示。

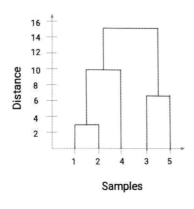

图 10.17　绘制合并的簇类

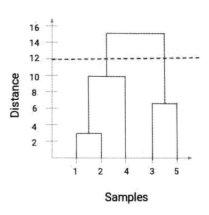

图 10.18　绘制一条水平线

聚类的数量就是阈值水平线与垂直线相交的数量（红线与 2 条垂直线相交，将有 2 个簇）。与横坐标相对应的是，一个簇将有一个样本集合（1,2,4），另一个簇将有一个样本集合（3,5）。这样，我们就通过树状图解决了分层聚类中聚类的数量问题。

10.4　时间序列

本节介绍时间序列的概念及其模型预测示例。

10.4.1　时间序列概念

时间序列是指将同一统计指标的数值按其先后发生的时间顺序排列而成的数列。时间序列分析的主要目的是根据已有的历史数据对未来进行预测。

常用的时间序列模型有 4 种：自回归模型 AR(p)、移动平均模型 MA(q)、自回归移动平均模型 ARMA(p,q)、自回归差分移动平均模型 ARIMA(p,d,q)，可以说前 3 种都是 ARIMA(p,d,q) 模型的特殊形式。

ARIMA 模型是在平稳的时间序列基础上建立起来的，因此时间序列的平稳性是建模的重要前提。检验时间序列模型平稳的方法一般采用 ADF 单位根检验模型去检验。当然，如果时间序列不稳定，也可以通过一些操作去使得时间序列稳定（比如取对数、差分），然后进行 ARIMA 模型预测，得到稳定的时间序列的预测结果。对预测结果进行之前的使序列稳定的操作的逆操作（取指数、差分的逆操作），就可以得到原始数据的预测结果。

10.4.2　ARMA 模型预测案例

本例演示 ARMA 模型预测数据的步骤。

1. 数据索引列处理

```
# 定义一个列表 list5，包含 4 个整数元素
list5=[88,78,98,84]
# 定义一个列表 list6，包含 4 个整数元素
list6=[100,95,100,92]

# 定义一个 lambda 函数 dateparse，用于将字符串类型的日期转换为 pandas 的 datetime 类型
dateparse = lambda dates: pd.datetime.strptime(dates, '%Y%m%d')
# 使用 pandas 的 read_csv 方法读取 CSV 文件，并将 date 列解析为日期格式
# parse_dates 参数指定需要解析为日期的列名
# date_parser 参数指定用于解析日期的函数
# index_col 参数指定作为索引的列名
# encoding 参数指定文件编码方式
# engine 参数指定使用的引擎，这里使用 python 引擎
data = pd.read_csv(r'filepath',
                parse_dates=['date'],
                date_parser=dateparse,
                index_col='date',
                encoding='utf-8',
                engine='python')
```

绘图观察时间序列是否平稳：

```
# 创建一个大小为 10x6 的图形窗口
plt.figure(figsize=(10, 6))
# 绘制数据，使用红色线条表示原始数据，并添加标签"Raw"
plt.plot(data, 'r', label='Raw')

# 显示图例，位置在左上角（loc=0）
plt.legend(loc=0)
```

绘制的时间序列图如图 10.19 所示。

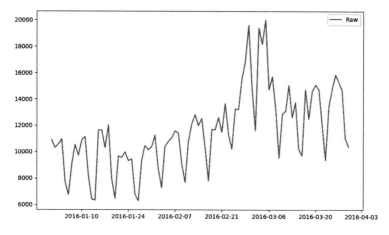

图 10.19　绘制的时间序列图

观察到序列随时间呈上升趋势，非平稳。下面对这种现象进行处理。

2. 时间序列平稳性检验模块

```python
# 绘制原始数据的折线图，颜色为红色，标签为"Raw"
plt.plot(data, 'r', label='Raw')
# 显示图例，位置在左上角
plt.legend(loc=0)
# 定义一个名为 tagADF 的函数，接收一个参数 t
def tagADF(t):
# 创建一个 DataFrame 对象，索引为指定的字符串列表，列名为"value"
result = pd.DataFrame(index=[
        "Test Statistic Value", "p-value", "Lags Used",
        "Number of Observations Used",
        "Critical Value(1%)", "Critical Value(5%)", "Critical Value(10%)"
    ], columns=['value'])

# 将参数 t 的各个元素赋值给 result DataFrame 的相应位置
result['value']['Test Statistic Value'] = t[0]
    result['value']['p-value'] = t[1]
    result['value']['Lags Used'] = t[2]
    result['value']['Number of Observations Used'] = t[3]
    result['value']['Critical Value(1%)'] = t[4]['1%']
    result['value']['Critical Value(5%)'] = t[4]['5%']
    result['value']['Critical Value(10%)'] = t[4]['10%']
# 返回 result DataFrame
return result
```

使用 ADF 进行检测：

```python
adf_Data = ts.adfuller(data.iloc[:,0])
```

ADF 检验是一种用于检测时间序列数据是否存在单位根的方法，即检查数据是否具有平稳性。

- ts.adfuller(data.iloc[:,0])表示调用 statsmodels 库中的 adfuller 函数来进行 ADF 检验。data.iloc[:,0]表示选取数据的第 1 列作为需要进行检验的时间序列数据。
- adf_Data 是一个包含检验结果的元组，其中：
  - adf_Data[0]是检验统计量。
  - adf_Data[1]是检验的 p 值。
  - adf_Data[4]是滞后阶数。
  - adf_Data[5]是观测值的数量。
  - adf_Data[6]是使用的观测值数量。
  - adf_Data[7]是自相关系数。
  - adf_Data[8]是偏自相关系数。

➤ adf_Data[9]是临界值。

如果 p 值小于预设的显著性水平（例如 0.05），则可以拒绝原假设（即数据是平稳的），认为数据存在单位根，即数据不具有平稳性。

基于时间序列不平稳的假设而进行平稳性检验：

```
tagADF(adf_Data)
```

代码中的 tagADF(adf_Data)函数调用了名为 tagADF 的函数，并将变量 adf_Data 作为参数传递给该函数。

得到的结果如图 10.20 所示，p 值为 0.69，表示 69%的可能性该序列非平稳。

```
                                  value
Test Statistic Value            -1.16364
p-value                         0.689038
Lags Used                             12
Number of Observations Used           77
Critical Value(1%)              -3.51828
Critical Value(5%)              -2.89988
Critical Value(10%)             -2.58722
```

图 10.20 p 值结果

3. 差分处理

查看检验结果中的 p 值来判断序列是否平稳，若不平稳则需要进行差分处理。

一阶差分处理：

```
diff = data.diff(1).dropna()
```

计算数据序列的一阶差分，并去除结果中的缺失值。

- data.diff(1)：使用 Pandas 库中的 diff()函数对数据序列进行一阶差分计算。这里的参数 1 表示差分的阶数，即相邻元素之间的差值。
- dropna()：使用 Pandas 库中的 dropna()函数去除结果中的缺失值（NaN）。

最终，diff = data.diff(1).dropna()将计算得到的数据序列的一阶差分结果赋值给变量 diff，并去除了其中的缺失值。

对一阶差分后的数据进行绘图：

```
# 创建一个大小为 10×6 的图形窗口
plt.figure(figsize=(10, 6))
# 绘制 diff 数据的折线图，颜色为红色，标签为"Diff"
plt.plot(diff, 'r', label='Diff')
# 显示图例，位置在左上角（loc=0）
plt.legend(loc=0)
```

差分处理后的图形如图 10.21 所示。

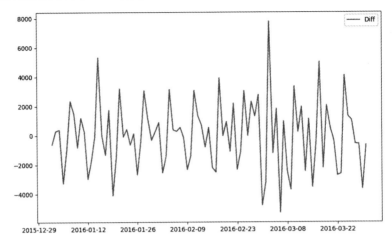

图 10.21 差分处理后的时间序列图

从图中可以勉强分辨出差分后的序列沿 0 上下波动。

下面，对差分后的数据再次进行平稳性检验：

```
adfdiff = ts.adfuller(diff.iloc[:,0])
tagADF(adfdiff)
```

- adfdiff = ts.adfuller(diff.iloc[:,0])表示调用 adfuller 函数来进行 ADF 检验。diff.iloc[:,0] 表示对 diff 数据框的第 1 列进行差分操作，然后传入 adfuller 函数进行检验。adfuller 函数返回一个包含检验结果的元组，其中第 1 个元素是检验统计量，第 2 个元素是 p 值，第 3 个元素是滞后阶数，第 4 个元素是使用的观测值数量，第 5 个元素是使用的 滞后阶数的最大值，第 6 个元素是使用的观测值数量的最大值。

- tagADF(adfdiff)是对 adfdiff 的结果进行处理。具体的处理方式取决于 tagADF 函数的 定义。

得到的结果如图 10.22 所示，可以看到 p 值非常小，认为该差分后的序列平稳。

	value
Test Statistic Value	-4.99386
p-value	2.28226e-05
Lags Used	12
Number of Observations Used	76
Critical Value(1%)	-3.51948
Critical Value(5%)	-2.90039
Critical Value(10%)	-2.5875

图 10.22 p 值结果

4. 若差分后的序列平稳，则进行 ARMR 模型中 p 值和 q 值的确定

通过传入限定的最大值，得到最佳的 p 值和 q 值（耗时较长）：

```
ic = sm.tsa.arma_order_select_ic(diff, max_ar=20, max_ma=20, ic='aic')
```

上述代码用于选择 ARMA 模型的阶数。其中，diff 是输入的时间序列数据；max_ar 和 max_ma
分别表示最大自回归阶数和最大移动平均阶数，默认值都是 20；ic 表示使用的信息准则，这里
使用的是 AIC（赤池信息准则）。

函数返回一个结果对象，包含了不同阶数下的 AIC 值、BIC 值等信息，可以用于进一步分
析。

5. 构建模型

得到最佳 p 值和 q 值：

```
# 将一个元组 (15, 9) 赋值给变量 order
order = (15, 9)
```

ARMA 模型建模和训练：

```
ARMAmodel = sm.tsa.ARMA(diff, order).fit()
```

上述代码使用 Python 的 statsmodels 库中的 ARMA 模型进行时间序列分析。

● 首先，sm.tsa.ARMA 是一个类，用于创建 ARMA 模型对象。其中，diff 是输入的时
间序列数据，order 是一个元组，表示 ARMA 模型的阶数，即自回归（AR）和移动平
均（MA）的阶数。

● 然后，fit() 方法用于拟合 ARMA 模型。该方法会根据给定的参数对模型进行训练，
并返回一个拟合后的模型对象。

● 最后，将拟合后的模型对象赋值给变量 ARMAmodel，以便后续使用该模型进行预测
或其他操作。

得到模型评分：

```
delta = ARMAmodel.fittedvalues - diff.iloc[:0]
score = 1- delta.var() / diff.var()
```

上述代码是计算 ARMA 模型的拟合优度（score）。

● 首先，ARMAmodel.fittedvalues 表示拟合后的 ARMA 模型的值。然后，通过减去原始
时间序列数据 diff.iloc[:0]得到残差值 delta。

● 然后，计算残差值的方差除以原始时间序列数据的方差，得到一个介于 0 和 1 之间的
值，表示拟合优度。具体计算公式为：1 - delta.var() / diff.var()。

● 最后，将计算得到的拟合优度赋值给变量 score。

绘图得到拟合曲线：

```
# 创建一个大小为 10×6 的图形窗口
```

```
plt.figure(figsize=(10, 6))
# 绘制原始时间序列数据 diff，用红色线条表示，并添加标签 "Raw"
plt.plot(diff, 'r', label='Raw')
# 绘制拟合后的 ARMA 模型数据 ARMAmodel.fittedvalues，用绿色线条表示，并添加标签
"ARMAmodel"
plt.plot(ARMAmodel.fittedvalues, 'g', label='ARMAmodel')
# 显示图例，包括原始数据和拟合后的 ARMA 模型数据的标签
plt.legend()
```

上述代码使用 matplotlib 库绘制了原始时间序列数据和拟合后的 ARMA 模型数据的图形。绘制的图形如图 10.23 所示。

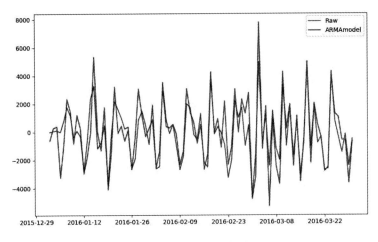

图 10.23　绘制的拟合图形

观察图形可以发现，模型曲线与一阶差分曲线拟合性较好。

6. 数据预测

时间序列如图 10.24 所示。

```
2016-03-31     5129.416808
2016-04-01     -295.682451
2016-04-02     -106.234124
2016-04-03      161.145449
2016-04-04     -951.234080
2016-04-05    -2118.235782
2016-04-06    -1589.403222
2016-04-07     3055.470540
2016-04-08     1292.143474
2016-04-09     -684.591084
2016-04-10      -77.436331
```

图 10.24　时间序列

输入起始时间和结束时间，进行数据预测（差分后的值，需要进行还原）：

```
p = ARMAmodel.predict(start='2016-03-31', end='2016-04-10')
```

上述代码表示使用 ARMA 模型进行预测，并将返回一个包含预测结果的数组 p。其中，ARMAmodel 是一个已经训练好的 ARMA 模型对象，predict 方法用于对模型进行预测。start='2016-03-31'表示预测的起始日期为 2016 年 3 月 31 日，end='2016-04-10'表示预测的结束日期为 2016 年 4 月 10 日。

7. 将预测得到的差分值进行还原

```
def revert(diffValues, *lastValue):
    # 遍历最后一个值的元组
    for i in range(len(lastValue)):
        # 初始化结果列表
        result = []
        # 获取当前最后一个值
        lv = lastValue[i]
        # 遍历差分值列表
        for dv in diffValues:
            # 计算新的值并添加到结果列表中
            lv = dv + lv
            result.append(lv)
        # 更新差分值列表为结果列表
        diffValues = result
    # 返回最终的差分值列表
    return diffValues 需要输入序列的最后一个值：
r = revert(p, 10395)
```

上述代码调用了一个名为 revert 的函数，并将参数 p 和 10395 传递给它。然后，将函数返回的结果赋值给变量 r。

得到还原后的结果如图 10.25 所示。

```
[15524.416807768694,
 15228.734357000194,
 15122.500232754224,
 15283.645681922655,
 14332.411602394113,
 12214.175819913242,
 10624.772597564915,
 13680.243137099917,
 14972.38661119129,
 14287.79552710992,
 14210.359196097286]
```

图 10.24　还原后的结果

10.5　主成分分析

本节介绍主成分分析（Principal Component Analysis，PCA）的概念与数据处理示例。

10.5.1　主成分分析的概念

主成分分析广泛应用于数据降维领域，旨在通过正交变换将原始数据映射到一组新的维度上。在此过程中，原始数据的 n 维特征被重塑为 k 维新特征，这些新特征被称为主成分，它们在原有特征的基础上重新构建，是线性无关的。

PCA 的工作原理是从原始空间中按顺序寻找一组相互正交的坐标轴。具体地，第 1 个新坐标轴选择的是原始数据中方差最大的方向，第 2 个新坐标轴选取的是与第 1 个坐标轴正交的平面中方差最大的，第 3 个新坐标轴是与第 1、2 个轴正交的平面中方差最大的，以此类推，可以得到 n 个这样的坐标轴。通过这种方法获得的新的坐标轴，大部分方差都包含在前面 k 个坐标轴中，而后面的坐标轴所含的方差几乎为 0。因此，我们可以选择忽略余下的坐标轴，只保留前面 k 个含有绝大部分方差的坐标轴。实际上，这就等同于仅保留包含绝大部分方差的维度特征，而忽略那些方差几乎为 0 的维度特征，从而实现对数据特征的有效降维。

值得注意的是，这种转换能够在新的维度（主成分）上进行，以最大限度地保留原始数据的变化和结构信息。在这个过程中，特征值和特征向量起着至关重要的作用。一个矩阵的特征值和特征向量总是成对出现，每个特征向量对应一个特定的特征值。特征向量可以被视为新的维度空间中的坐标轴，而特征值则表示数据在该轴向上的分布情况。例如，在 PCA 中，数据在特征向量方向上可以获得最大的方差，因此可以理解为在该方向上数据的区分度最高，信息量最大。使用主成分分析方法进行数据预处理的步骤如下：

步骤01 对原始资料矩阵进行标准化处理。
步骤02 计算相关系数矩阵。
步骤03 计算该相关系数矩阵的特征值和特征向量，并对特征值进行排序。
步骤04 确定主成分个数。
步骤05 建立相应主成分方程。
步骤06 计算主成分得分。
步骤07 建立排序指标，进行排序。

10.5.2　主成分分析案例

给出国内 35 个城市某年的十项社会经济统计指标数据，根据这十项指标，对这 35 个城市的经济发展水平进行综合评价排序。

1. 对原始资料矩阵进行标准化处理

```
# 使用 xlsread 函数读取名为"chengshi.xls"的 Excel 文件，并将数据存储在变量 zef_data 中
zef_data = xlsread('chengshi.xls');
# 使用 zscore 函数对 zef_data 中的数据进行标准化处理，并将结果存储在变量 z 中
z = zscore(zef_data)
```

得到的数据如图 10.26 所示。

1.1977	0.7149	0.6674	1.1390	0.9189	3.1113	2.5079	3.2677	3.6461	3.6018
0.5570	0.6125	0.3058	1.3990	-0.6652	1.3427	0.5439	0.7769	1.1365	0.8394
0.4914	-1.4940	1.8031	-0.1495	-0.6958	-0.9003	-0.3724	0.1012	-0.1547	-0.3345
-0.5940	1.0693	-1.0304	-0.5571	-0.7879	0.0172	-0.5484	-0.4053	-0.2385	-0.4168
-0.7678	-0.2339	-0.8938	-0.7459	-0.7494	-0.8349	-0.6636	-0.8144	-0.7997	-0.6873
0.1174	0.9093	0.0886	-0.2536	-0.2453	0.3405	-0.1177	0.4098	0.3259	-0.0252
-0.1312	0.0896	0.7057	0.0019	0.0330	0.6874	0.0492	0.1752	-0.1721	-0.1719
0.1440	-0.4423	0.6777	-0.2398	-0.5212	-0.1999	-0.3668	-0.2671	-0.0699	-0.2359
0.5889	-0.1036	1.5339	-0.4148	-0.3439	-0.3848	-0.2199	-0.0026	0.7761	0.0975
1.3169	1.5667	0.9057	4.5318	-0.3730	3.0124	4.3123	3.1335	2.7543	3.4700
-0.1460	0.3290	-0.2349	0.4584	0.3569	-0.0473	-0.0039	-0.1262	0.0649	0.1357
0.0022	-0.7525	0.2146	0.3531	0.6924	-0.0022	-0.2575	0.1542	-0.1390	-0.0032
-0.1442	-1.3638	0.2288	0.2177	1.0945	-0.1295	-0.1959	-0.1960	-0.5580	-0.2833
-0.3487	-0.9778	-0.6156	-0.5790	-0.5135	-0.9365	-0.5126	-0.7781	-0.7374	-0.6401
-0.0598	-1.2511	0.9936	-0.1820	-0.1461	-0.4152	-0.2363	-0.2307	-0.4683	-0.3959
-0.9164	0.0406	-0.9276	-0.2610	-0.6216	-0.8398	-0.2939	-0.7001	-0.7415	-0.4141
-0.3596	-0.4907	-0.5527	-0.5995	-0.6266	-0.7829	-0.5905	-0.6146	-0.5589	-0.5537
-0.1079	-0.4320	0.2902	-0.2084	-0.4186	0.0062	-0.2444	-0.3758	-0.3029	-0.3362
0.1662	-0.6695	1.2366	0.3031	0.2770	0.4899	-0.0108	-0.2391	-0.0592	-0.1753
0.0009	-0.8324	-0.5642	-0.3065	0.0008	-0.4540	-0.3311	-0.2138	-0.2866	-0.3832
0.2364	0.6488	-0.0003	-0.0886	-0.0586	0.3432	-0.0744	-0.1154	0.4917	0.1019
-0.0611	-1.0245	-0.0689	-0.5217	-0.1595	-0.5505	-0.4063	-0.4827	-0.4685	-0.4615
0.1323	0.8578	0.4110	1.4680	1.0752	1.1163	1.2921	2.2388	0.8969	1.4621
-0.9336	1.8981	-0.9632	1.1753	-0.1551	-0.6832	1.3941	0.4906	-0.2070	0.5537
-0.6205	-0.4447	-0.5187	-0.7131	-0.4915	-0.7733	-0.6117	-0.6868	-0.7637	-0.6383
-1.0571	2.1543	-1.2324	-0.7556	-0.4715	-0.8594	-0.6525	-0.7774	-1.0782	-0.7746
4.6348	-1.6546	3.1235	0.0175	3.9004	1.2330	0.2732	0.4217	1.3904	0.3311
0.7331	-0.8773	0.7647	-0.2469	2.7585	0.7283	-0.1257	0.1628	0.2950	0.0123
-0.5533	-0.1460	-0.8973	-0.6052	0.4900	-0.6952	-0.5548	-0.7516	-0.6409	-0.6007
-0.2668	-0.5653	-0.4417	-0.4718	-0.4475	0.0307	-0.1694	-0.3756	-0.2450	-0.2690
0.1125	-0.4265	-0.4982	-0.4659	-0.0105	-0.1784	-0.3056	-0.0967	0.0673	-0.2353
-0.6172	0.3920	-1.0057	-0.5371	-0.7976	-0.6395	-0.5883	-0.6144	-0.5136	-0.4977
-0.9070	0.2599	-1.2102	-0.7562	-0.8056	-0.9410	-0.7305	-0.9014	-0.9793	-0.7581
-0.9797	0.5519	-1.0985	-0.7611	-0.7722	-0.9663	-0.7003	-0.9080	-1.0214	-0.7900
-0.8599	2.0877	-1.1968	-0.6446	-0.7200	-0.2451	-0.4875	-0.6588	-0.6410	-0.5238

图 10.26　对原始资料矩阵进行标准化处理

2. 计算相关系数矩阵

```
# 计算变量 z 的相关系数矩阵，并将结果存储在变量 cor 中
cor = corrcoef(z)
```

得到的矩阵如图 10.27 所示。

```
cor =

    1.0000   -0.3444    0.8425    0.3603    0.7390    0.6215    0.4039    0.4967    0.6761    0.4689
   -0.3444    1.0000   -0.4750    0.3096   -0.3539    0.1971    0.3571    0.2600    0.1570    0.3090
    0.8425   -0.4750    1.0000    0.3358    0.5891    0.5056    0.3236    0.4456    0.5575    0.3742
    0.3603    0.3096    0.3358    1.0000    0.1507    0.7664    0.9412    0.8480    0.7320    0.8614
    0.7390   -0.3539    0.5891    0.1507    1.0000    0.4294    0.1971    0.3182    0.3893    0.2595
    0.6215    0.1971    0.5056    0.7664    0.4294    1.0000    0.8316    0.8966    0.9302    0.9027
    0.4039    0.3571    0.3236    0.9412    0.1971    0.8316    1.0000    0.9233    0.8376    0.9527
    0.4967    0.2600    0.4456    0.8480    0.3182    0.8966    0.9233    1.0000    0.9201    0.9731
    0.6761    0.1570    0.5575    0.7320    0.3893    0.9302    0.8376    0.9201    1.0000    0.9396
    0.4689    0.3090    0.3742    0.8614    0.2595    0.9027    0.9527    0.9731    0.9396    1.0000
```

图 10.27　相关系数矩阵

3. 计算该相关系数矩阵的特征值和特征向量，并对特征值进行排序

```
# 计算矩阵 cor 的特征值和特征向量
[vec, val] = eig(cor);
# 将特征值 val 取主对角线上的数值，排成一列数组
newval = diag(val);
# 对新的特征值数组 newval 进行降序排序
newy = sort(newval, 'descend');
```

结果如图 10.28 所示。

```
vec =

   -0.1367    0.2282   -0.2628    0.1939    0.6371   -0.2163    0.3176   -0.1312   -0.4191    0.2758
   -0.0329   -0.0217    0.0009    0.0446   -0.1447   -0.4437    0.4058   -0.5562    0.5487    0.0593
   -0.0522   -0.0280    0.2040   -0.0492   -0.5472   -0.4225    0.3440    0.3188   -0.4438    0.2401
    0.0067   -0.4176   -0.2856   -0.2389    0.1926   -0.4915   -0.4189    0.2726    0.2065    0.3403
    0.0404   -0.1408    0.0896   -0.1969   -0.0437   -0.4888   -0.6789   -0.4405    0.1861
   -0.0343    0.2360    0.0640   -0.8294    0.0377    0.2662    0.1356   -0.1290    0.0278    0.3782
    0.2981    0.4739    0.5685    0.2358    0.1465   -0.1502   -0.2631   -0.1245    0.2152    0.3644
    0.1567    0.3464   -0.6485    0.2489   -0.4043    0.2058   -0.0704    0.0462    0.1214    0.3812
    0.4879   -0.5707    0.1217    0.1761    0.0987    0.3550    0.3280   -0.0139    0.0071    0.3832
   -0.7894   -0.1628    0.1925    0.2510   -0.0422    0.2694   -0.0396    0.0456    0.1668    0.3799


val =

    0.0039         0         0         0         0         0         0         0         0         0
         0    0.0240         0         0         0         0         0         0         0         0
         0         0    0.0307         0         0         0         0         0         0         0
         0         0         0    0.0991         0         0         0         0         0         0
         0         0         0         0    0.1232         0         0         0         0         0
         0         0         0         0         0    0.2566         0         0         0         0
         0         0         0         0         0         0    0.3207         0         0         0
         0         0         0         0         0         0         0    0.5300         0         0
         0         0         0         0         0         0         0         0    2.3514         0
         0         0         0         0         0         0         0         0         0    6.2602


newy =

    6.2602
    2.3514
    0.5300
    0.3207
    0.2566
    0.1232
    0.0991
    0.0307
    0.0240
    0.0039
```

图 10.28　相关系数矩阵的特征值和特征向量

4. 确定主成分个数

```
newrate = newy/sum(newy);   # 求方差贡献率
```

上述代码首先计算了 newy 中每个元素与总和的余数，然后将这些余数相加得到方差贡献率，最后，将这个方差贡献率除以 newy 的总和，得到一个新的变量 newrate。

新变量 newrate 的结果如图 10.29 所示。

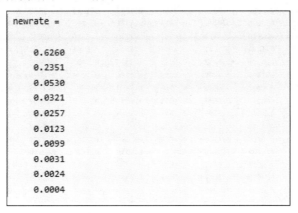

图 10.29　新变量 newrate

0.6260 和 0.2351 远大于后面的数值，因此留下前两个主成分即可。

5. 建立相应主成分方程

把 vec 最后两列留下，它们是主成分的系数，如图 10.30 所示。

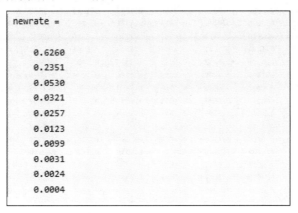

图 10.30　留下的主成分

两个主成分方程为：

$$X1 = -0.4191 \times FAC1 + 0.5487 \times FAC2 + \ldots + 0.1668 \times FAC10$$
$$X2 = 0.2758 \times FAC1 + 0.0593 \times FAC2 + \ldots + 0.3799 \times FAC10$$

6. 计算主成分得分

```
# 计算向量的点积
sco = z * vec;
```

得到的结果如图 10.31 所示。

```
sco =

  -0.0891   0.0216   0.2222   0.3641  -0.2957   1.9306   0.5594  -0.4799   1.0743   7.1934
  -0.0001  -0.3269  -0.3512  -0.6205   0.3922  -0.1147   0.5937   0.4695   0.9456   2.3723
  -0.0169   0.0433  -0.2005   0.5222  -0.4797  -0.4093   0.5040   1.8343  -1.7000  -0.3244
   0.0494   0.0214  -0.1218  -0.3047   0.1567   0.2042   0.6227  -0.5672   1.2869  -1.2816
  -0.0202   0.0466   0.0328   0.0544   0.1884   0.2876  -0.0839   0.2186   0.3809  -2.2691
   0.1342   0.1297  -0.2376  -0.0469  -0.2427  -0.0294   0.8191  -0.4409   0.4981   0.3329
   0.0498   0.3153   0.0852  -0.6438  -0.5363  -0.2077   0.2389   0.0905  -0.2021   0.3587
  -0.0553  -0.0382   0.0198  -0.0463  -0.1089  -0.1221   0.5292   0.6896  -0.5805  -0.4298
   0.0751  -0.3394   0.2110   0.5479  -0.4345  -0.2788   1.2710   0.6056  -0.9551   0.4272
   0.0139   0.1042   0.1283  -0.1621   0.6668  -0.8618  -0.5308   1.1461   2.9966   8.4253
  -0.0559  -0.3915   0.0024  -0.0457   0.0553  -0.2344  -0.3407  -0.3509   0.2890   0.1543
  -0.0743  -0.2234  -0.2604  -0.1475  -0.1892   0.0586  -0.7060   0.0900  -0.7793   0.1662
  -0.0350  -0.0815   0.0042  -0.2673  -0.1908   0.0650  -1.2707   0.1448  -1.3473  -0.3044
  -0.0097   0.0646   0.0248   0.2097   0.4041   0.3097  -0.3798   0.5863  -0.3534  -1.9579
  -0.0179   0.1240   0.1116  -0.0290  -0.3936  -0.1514  -0.1531   1.0720  -1.2353  -0.6021
  -0.0579  -0.0769   0.1336   0.1270   0.1426   0.0293  -0.3946   0.1837   0.7919  -1.8106
  -0.0161   0.0143  -0.0655   0.1748   0.2529   0.2573  -0.0151   0.3875  -0.0409  -1.7517
  -0.0188   0.1056   0.1127  -0.3146  -0.0221  -0.0239   0.1877   0.5146  -0.3355  -0.6083
  -0.0000  -0.0579   0.2855  -0.6432  -0.3549  -0.4078   0.0178   0.5566  -1.0925   0.4587
   0.1007   0.0498  -0.2158   0.1627   0.3793   0.4381  -0.4419   0.1929  -0.4462  -0.9179
   0.0508  -0.2062   0.0924  -0.1250   0.1443  -0.0120   0.6355  -0.4374   0.2646   0.3484
  -0.0064   0.1034   0.0367   0.1067   0.1661   0.2847  -0.2316   0.5056  -0.7851  -1.1965
  -0.0335   0.1369  -0.5282   0.1946  -0.8407  -0.0752  -0.7187  -0.5187   0.8937   3.5313
   0.0949   0.0011   0.2132   0.7842  -0.1493  -1.0186  -0.8578  -0.5021   2.6027   0.5625
  -0.0302   0.0791   0.0487   0.0686   0.0228   0.2242  -0.1379   0.2761  -0.0330  -1.9686
  -0.0874   0.0886  -0.0004   0.0955  -0.2510  -0.6968   0.4484  -1.3650   1.8280  -2.3713
  -0.0626   0.1688  -0.0441   0.2900   0.7580  -0.8106   0.4699  -1.4452  -5.7415   4.0473
   0.0956  -0.1221   0.1880  -0.3089  -0.4433   0.2627  -0.8883  -1.4101  -2.3768   1.1726
   0.0453  -0.1380   0.1128   0.0887   0.1050   0.1939  -0.6115  -0.6625  -0.1256  -1.7169
   0.0393   0.2042   0.1418  -0.2290   0.2662   0.5435  -0.0443   0.3325  -0.0305  -0.8463
   0.1396   0.0244  -0.1590   0.1429   0.3225   0.5438  -0.0141  -0.0874  -0.2729  -0.5537
  -0.0191  -0.0529  -0.0960   0.0687   0.2623   0.1586   0.1944  -0.0972   0.8548  -1.7961
  -0.0650   0.0523  -0.0207   0.0664   0.2170   0.1209  -0.0516  -0.1027   0.8322  -2.5616
  -0.0557   0.0589   0.0345   0.0734   0.0630  -0.0754   0.0445  -0.2381   0.9570  -2.5623
  -0.0612   0.0966   0.0587  -0.2082  -0.0330  -0.3826   0.7363  -1.1913   1.9373  -1.7202
```

图 10.31　主成分得分

倒数第 1 列是第一主成分在 35 个城市中的得分，倒数第 2 列是第二主成分在 35 个城市中的得分，以此类推。

倒数第 1 列的重要性是 0.6260，倒数第 2 列的重要性是 0.2351。

7. 建立排序指标，进行排序

因为所有向量指标都是同向的，所以可以用如下方式对城市进行排序。

```
# 计算 nowsco 的值，nowsco 是一个向量，表示当前分数与新比率的乘积之和
nowsco = sco(:, end) .* newrate(1) + sco(:, end-1) .* newrate(2);
# 对 nowsco 进行降序排序，得到排序后的索引值
[a,x] = sort(nowsco, 'descend');
```

结果如图 10.32 所示。

```
a =                          x =

      5.9790                       10
      4.7558                        1
      2.4208                       23
      1.7075                        2
      1.1837                       27
      0.9641                       24
      0.3256                        6
      0.2803                       21
      0.1770                        7
      0.1752                       28
      0.1646                       11
      0.0429                        9
      0.0303                       19
     -0.0792                       12
     -0.4056                        8
     -0.4108                       31
     -0.4597                       18
     -0.4997                        4
     -0.5074                       13
     -0.5370                       30
     -0.6028                        3
     -0.6214                       35
     -0.6674                       15
     -0.6796                       20
     -0.9234                       32
     -0.9336                       22
     -0.9473                       16
     -1.0546                       26
     -1.1043                       29
     -1.1062                       17
     -1.2401                       25
     -1.3088                       14
     -1.3310                        5
     -1.3790                       34
     -1.4079                       33
```

图 10.32　排序后的结果

以最后两列的主成分得分为排序指标，对城市进行排序。原本表上所列的第十个城市，综合指标排在第一；原本表上所列的第一个城市，综合指标排在第二，以此类推。排序完成。

10.6　本章小结

本章主要介绍了 Scikit-learn 库的安装与使用，并介绍了 Scikit-learn 库提供的一些常用算法，包括决策树、支持向量机、朴素贝叶斯、聚类、时间序列和主成分分析等，这些算法在数据处理分析中应用非常广泛。本章中通过实例介绍了算法的使用，以使读者能够理解这些算法并将它们用于工作实际。

10.7 动手练习

1. 获取数据。

（1）导入 Scikit-learn 的数据集模块。

（2）导入预置的手写数字数据集。

（3）生成数据用于聚类，100 个样本，2 个特征，5 个类。

2. 验证下列示例。

假设有一个包含 10 个样本和 3 个特征的数据集，每个样本都有相同的特征值，如下所示。

```
样本1: [2.5, 0.5, 1.5]
样本2: [2.5, 0.5, 1.5]
样本3: [2.5, 0.5, 1.5]
...
样本10: [2.5, 0.5, 1.5]
```

可以使用 Scikit-learn 库中的 PCA 类来对数据进行主成分分析。以下是一个简单的示例代码：

```python
import numpy as np
from sklearn.decomposition import PCA
# 创建数据集
X = np.array([[2.5, 0.5, 1.5],
              [2.5, 0.5, 1.5],
              [2.5, 0.5, 1.5],
              [2.5, 0.5, 1.5],
              [2.5, 0.5, 1.5],
              [2.5, 0.5, 1.5],
              [2.5, 0.5, 1.5],
              [2.5, 0.5, 1.5],
              [2.5, 0.5, 1.5],
              [2.5, 0.5, 1.5]])
# 创建 PCA 对象并指定要保留的主成分数量
pca = PCA(n_components=2)
# 对数据进行拟合和转换
X_pca = pca.fit_transform(X)
# 输出降维后的数据
print(X_pca)
```

运行以上代码，将输出降维后的数据，其中每一行表示一个样本在两个主成分上的投影。

3. 数据及拆分。

（1）将现有数据划分为训练集和测试集，测试集数量占比为 30%。

（2）将现有数据划分为 3 折。

第11章

数据分析案例

本章将会介绍两个案例，旨在将前面各章所讲解的知识运用到实际工作中，读者可据此来学习数据分析的具体步骤和分析方法，以提高自己的实战能力。

11.1 案例1：IMDB电影数据分析

11.1.1 案例描述

IMDB（Internet Movie Data Base，互联网电影数据库）是目前全球互联网中最大的一个电影资料库，在该电影资料库中有丰富的电影作品信息，包括影片演员、导演、电影题材、片长、剧情关键字、分级、评分等关于影片的基本信息，其中使用最多的就是 IMDB 的评分。

IMDB 创建于 1990 年 10 月 17 日，从 1998 年开始成为亚马逊公司旗下网站。IMDB 正式启动于 1993 年，目前已经成为互联网上第一个完全以电影为内容的网站。与之相似的国内网站有豆瓣网站。在电影数据分析项目中，选择的数据集是从 IMDB 网站上抓取的 5043 部电影数据，该数据集称为 IMDB5000 部电影数据集，文件名为 movie_metadata.csv。在该电影数据集中包含有 28 个属性，4906 张海报，电影时间跨度超过 100 年，共有 66 个国家及地区的影片，并包括 2399 位导演和数千位演员的信息。其中，IMDB5000 部电影数据集的 28 个属性信息见表 11.1。

表11.1 IMDB电影数据集属性信息

变　　量	描　　述
movie_title	电影片名
color	画面颜色
genres	电影题材
duration	电影时长
director_name	导演姓名
actor_1_name	男一号演员姓名

（续表）

变　　量	描　　述
actor_2_name	男二号演员姓名
actor_3_name	男三号演员姓名
num_critic_for_reviews	评论家评论的数量
num_user_for_reviews	用户评论数量
director_facebook_likes	脸书喜欢该导演的人数
actor_1_facebook_likes	脸书上喜爱男一号的人数
actor_2_facebook_likes	脸书上喜爱男二号的人数
actor_3_facebook_likes	脸书上喜爱男三号的人数
gross	总票房
num_voted_users	参与投票的用户数量
cast_total_facebook_likes	脸书上投喜爱的总数
movie_facebook_likes	脸书上被点赞的数量
facenumber_in_poster	海报中的人脸数量
plot_keywords	剧情关键字
country	国家及地区
content_rating	电影分级
budget	制作成本
title_year	电影年份
imdb_soore	IMDB 上的评分
movie_imdb_link	IMDB 地址
Aspect_ratio	画布的比例
language	语言

本例要求根据 IMDB5000 部电影数据集进行下列数据分析：

（1）电影出品国及地区的情况分析。

（2）电影数量分析。

（3）电影类型分析。

（4）电影票房统计及电影票房相关因素分析。

（5）电影评分统计及电影评分相关因素分析。

11.1.2　准备数据

在项目描述中，已经阐述了 IMDB5000 部电影数据分析的具体要求，并介绍了电影数据集 movie_metadata.csv 的结构。在确定了数据分析问题后，接下来是准备数据。在准备数据中，主要的任务是导入 movie_metadata.csv 数据集，其程序代码如下。

```
import pandas as pd
import matplotlib.pyplot as plt
# 加载数据
```

```
movies_df = pd.read_csv('d:/data/movie_metadata.csv',encoding="GBK")
movies_df.head()          # 输出默认前 5 行
movies_df.info()          # 输出 movies_df 的信息
movies_df.describe()      # 输出 movies_df 的基本统计量和分位数等值
```

11.1.3　数据清洗

当数据导入完成后，下一步要完成的工作就是数据清洗。在电影数据分析项目中，数据清洗的主要任务是对原始数据集进行缺失值和重复值的处理。其程序代码如下：

（1）统计每列缺失值个数：

```
column_null_number = movies_df.isnull().sum()
print('每列缺失值个数','\n',column_null_number)
```

（2）删除任何含有缺失值的行：

```
movies_df_nonull = movies_df.dropna()
print('每列缺失值个数','\n',movies_df_nonull.isnull().sum())
```

（3）删除重复数据：

```
movies_df_new = movies_df_nonull.drop_duplicates(keep='first')
```

（4）查看数据清洗后信息：

```
movies_df_new.count()
movies_df_new.head()      #输出默认前 5 行
```

（5）输出 movies_df_new 的基本统计量和分位数等值：

```
movies_df_new.describe()
```

通过删除缺失值和重复数据，获得一个数据清洗后的"干净"数据 movies_df_new，有效数据记录为 3723 条。

11.1.4　数据分析与数据可视化

在电影数据分析项目中，数据分析主要内容和相关程序代码如下：

1. 电影出品国及地区的情况分析

（1）统计每个国家及地区出品的电影数量：

```
country_group = movies_df_new.groupby('country').size()
country_group
```

（2）显示电影出品数量排名前 10 位的国家及地区：

```
group_head_10=country_group.sort_values(ascending=False).head(10)
```

```
group_head_10
```

（3）绘制电影出品数量排名前 10 位的柱形图：

```
group_head_10.plot(kind = 'bar')
```

绘制结果如图 11.1 所示。

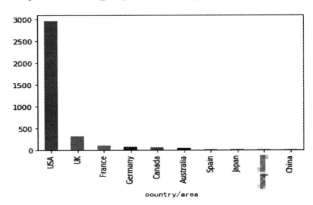

图 11.1　电影出品数量排名前 10 位的国家及地区

2. 电影数量分析

（1）按年份统计每年的电影数量：

```
group_year= movies_df_new.groupby('title_year').size()
group_year
```

（2）绘制每年的电影数量图形：

```
group_year.plot()
```

绘制结果如图 11.2 所示。

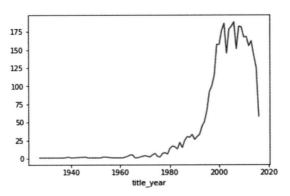

图 11.2　每年的电影数量

（3）按年份统计每年电影总数量、彩色影片数量和黑白影片数量并绘制图形：

```
movies_df_new['title_year'].value_counts().sort_index().\
plot(kind='line',label='total number')
movies_df_new[movies_df_new['color']=='Color']['title_year'].\
value_counts().sort_index().plot(kind='line',\
c='red',label='color number')
movies_df_new[movies_df_new['color']!='Color']['title_year'].\
value_counts().sort_index().plot(kind='line',c='black',\
label='Black White number')
plt.legend(loc='upper left')
```

绘制结果如图 11.3 所示。

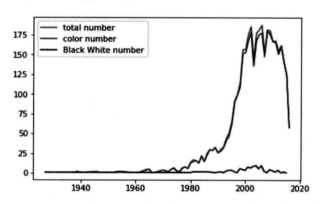

图 11.3　每年的电影总数量、彩色影片数量和黑白影片数量

3. 电影类型的分析

根据电影数据集中影片类型属性的格式，如"Action|Adventure|Fantasy|Sci-Fi"，可见影片类型是由表示影片类型关键字组成，每个影片类型关键字用"|"分隔符分隔。

（1）计算不同类型的电影数量，首先用 for 循环语句遍历 movies_df_new 数据框中电影类型（Genres）列，用 split()分隔该列中的每一行的字符串，并将分隔的字符串保存到 types 列表中，然后将列表转换成 types_df 数据框，再计算每一个电影类型数量。代码如下：

```
types = []
    for tp in movies_df_new['genres']:
    sp = tp.split('|')
    for x in sp:
    types.append(x)
    types_df = pd.DataFrame({'genres':types})
types_df_counts = types_df['genres'].value_counts()
types_df_counts
Drama        1876
    Comedy       1455
    Thriller     1105
```

```
Action          951
Romance         851
Adventure       773
Crime           704
Fantasy         504
Sci-Fi          492
Family          440
Horror          386
Mystery         378
Biography       238
Animation       196
War             150
Music           149
Sport           147
History         147
Musical          96
Western          57
Documentary      45
Film-Noir         1
Name: genres, dtype: int64
```

（2）绘制不同类型的电影数量图形：

```
types_df_counts.plot(kind='bar')
plt.xlabel('genres')
plt.ylabel('number')
plt.title('genres&number')
```

绘制结果如图 11.4 所示。

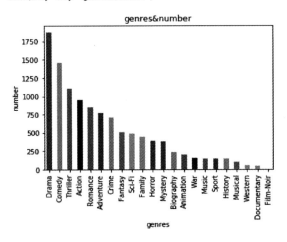

图 11.4　不同类型的电影数量

（3）绘制各个电影类型的比例饼图：

```
b1 = types_df_counts/types_df_counts.sum()
explode = (b1>=0.06)/20+0.02
types_df_counts.plot.pie(autopct='%1.1f%%',figsize=(8,8),\
label='',explode=explode)
```

```
plt.title('Movie Type Proportional Distribution Map')
```

绘制结果如图 11.5 所示。

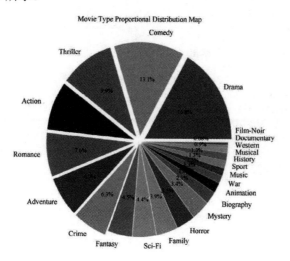

图 11.5　各个电影类型的比例

4. 电影票房统计及电影票房相关因素的分析

（1）每年票房统计：

```
year_gross = movies_df_new.groupby('title_year')['gross'].sum()
```

（2）绘制每年票房统计图：

```
year_gross.plot(figsize=(10,5))
    plt.xticks(range(1915,2018,5))
    plt.xlabel('year')
    plt.ylabel('gross')
    plt.title('year&gross')
```

绘制结果如图 11.6 所示。

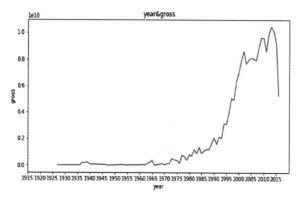

图 11.6　每年票房统计图

（3）查看票房收入排名前 20 位的电影片名和类型：

```
movie_grose_20 = movies_df_new.sort_values(['gross'],\
    ascending=False).head(20)
movie_grose_20[['movie_title','gross','genres']]
```

（4）绘制电影评分与票房的关系散点图：

```
plt.scatter(x= movies_df_new.imdb_score,y= \
    movies_df_new.gross/1000000000)
    plt.xlabel('imdb_score')
    plt.ylabel('gross')
    plt.title('imdb_score&gross')
```

绘制结果如图 11.7 所示。

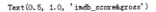

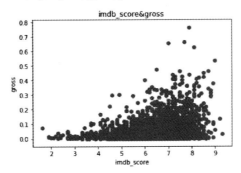

图 11.7　电影评分与票房的关系

（5）绘制电影时长与票房的关系散点图：

```
plt.scatter(x= movies_df_new.duration,y= \
    movies_df_new.gross/1000000000)
    plt.xlabel('duration')
    plt.ylabel('gross')
    plt.title('duration&gross')
```

绘制结果如图 11.8 所示。

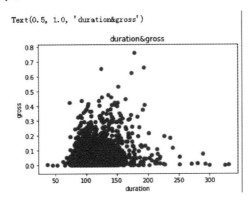

图 11.8　电影时长与票房的关系

5. 电影评分统计及电影评分相关因素分析

（1）显示在 IMDB 网站上评分排名前 20 位的电影的片名和评分：

```
movie_score_20 = movies_df_new.sort_values(['imdb_score'],\
    ascending=False).head(20)
movie_score_20[['movie_title','imdb_score']]
```

（2）绘制评分与受欢迎程度的关系散点图：

```
plt.scatter(x= movies_df_new.imdb_score,y= \
movies_df_new.movie_facebook_likes)
plt.xlabel('imdb_score')
plt.ylabel('movie_facebook_likes')
plt.title('imdb_score&likes')
```

绘制结果如图 11.9 所示。

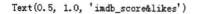

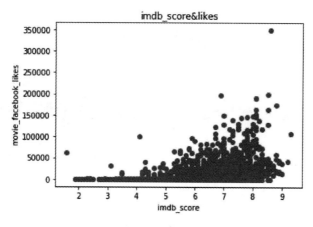

图 11.9　评分与受欢迎程度的关系

6. 分析总结

（1）电影高产地区主要集中在欧美地区。

（2）电影产业的高速发展始于 20 世纪 90 年代，彩色电影发展迅速，其中剧情片（Drama）、喜剧片（Comedy）、惊悚片（Thriller）、动作片（Action）、爱情片（Romance）是所有电影类型中产量较高的几种类型。

（3）电影票房收入从 20 世纪 90 年代后高速增长。

（4）票房收入排名前 20 位的电影主要有《阿凡达》《泰坦尼克号》《侏罗纪世界》和《复仇者联盟》等，类型主要为科幻、爱情、动作和冒险类，说明这类电影在一般情况下能产生较高的票房收益。

（5）评分前 20 位的电影主要有《肖申克的救赎》《教父》《蝙蝠侠：黑暗骑士》《教父

2》和《黄金三镖客》等。

（6）评分与受欢迎程度之间相关性不是很明显，但是大部分受欢迎度高的影片评分也是高的。

（7）从电影时长与票房的关系可见，电影时长过短或过长其票房效果都不佳，一般电影时长在 90~160 分钟最佳。

（8）评分与票房之间相关性不是很明显，但是大部分评分高的影片，票房基本上也较高。

11.1.5　思考练习

利用 IMDB5000 部电影数据集进行下列数据分析：

（1）电影时长与受欢迎程度的关系分析。

（2）评分排名前 20 位的导演。

（3）拍摄电影数最多的前 10 位导演。

（4）票房排名前 10 位的导演。

（5）票房排名前 5 位的男一号演员姓名。

（6）排名前 10 位最受欢迎的男一号演员。

11.2　案例 2：二手房房价预测分析

11.2.1　案例描述

二手房市场又称存量房地产市场。随着国家对新建商品房市场调控力度的加大和存量房市场的逐步扩大，进入市场的二手房数量不断增加，截至 2018 年 4 月，热点城市二手房销售量环比去年总体平稳增长，如图 11.10 所示。

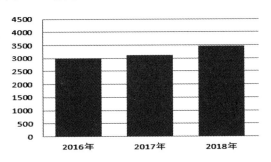

图 11.10　我国二手房市场规模情况

如今，房地产市场的需求还是在增加的，尤其是二胎政策提出以后，消费者的刚性需求在逐步增加，但是一手市场的供需失衡导致市场逐渐形成了一种阶梯消费。住房者根据自己的经济收入的变化逐步提高住房的品质，从租赁市场到二手房市场到商品房市场，商品房市场还分安置型、实用型、舒适型三个级别。

下面将通过数据分析技术实现"二手房数据分析预测系统"，用于对二手房数据进行分析、统计，并根据数据中的重要特征实现对房价的预测，最后通过可视化图表的方式进行数据的显示功能。

二手房数据分析预测系统可以将二手房数据文件中的内容进行分析与统计，该系统将具备以下功能：

（1）某城市各区二手房均价分析。

（2）某城市各区二手房数量所占比例。

（3）全市二手房装修程度分析。

（4）热门户型均价分析。

（5）二手房售价预测。

11.2.2　系统设计

1. 系统功能结构

二手房数据分析预测系统的功能结构主要分为 3 类：确认数据来源、实现数据分析以及绘制图表。其详细的功能结构如图 11.11 所示。

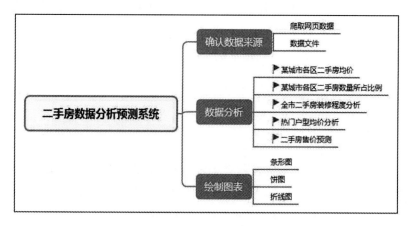

图 11.11　系统功能结构

2. 系统业务流程

在开发二手房数据分析预测系统时，需要先思考该程序的业务流程。根据需求分析与功能结构，设计出如图 11.12 所示的系统业务流程图。

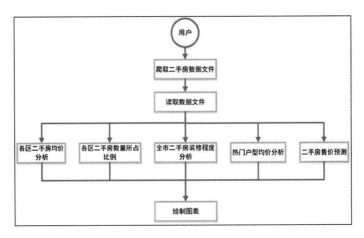

图 11.12　系统业务流程图

11.2.3　技术准备

1. sklearn 库概述

在 Python 中导入 sklearn 模块，sklearn 模块可以实现数据的预处理、分类、回归、PCA 降维、模型选择等工作。

2. 加载 datasets 子模块中的数据集

sklearn 模块的 datasets 子模块提供了多种自带的数据集，可以通过这些数据集进行数据的预处理、建模等操作，从而练习使用 sklearn 模块实现数据分析的处理流程和建模流程。datasets 子模块主要提供了一些导入、在线下载及本地生成数据集的方法，比较常用的有以下 3 种。

● 　本地加载数据：sklearn.datasets.load_。
● 　远程加载数据：sklearn.datasets.fetch_。
● 　构造数据集：sklearn.datasets.make_。

本地加载数据对于 sklearn 模块的使用者来说是一个比较方便的数据集，本地数据集中比较常用的加载函数及对应解释如表 11.2 所示。

表11.2　本地数据集中比较常用的加载函数及对应解释

加载数据函数	数据集名称	应用任务类型
datasets.load_iris()	鸢尾花数据集	用于分类，聚类任务的数据集
datasets.load_breast_cancer()	乳腺癌数据集	用于分类，聚类任务的数据集
datasets.load_digits()	手写数字数据集	用于分类任务的数据集
datasets.load_diabetes()	糖尿病数据集	用于分类任务的数据集
datasets.load_boston	波士顿房价数据集	用于回归任务的数据集
datasets.load_linnerud()	体能训练数据集	用于多变量回归任务的数据集

3. 支持向量回归函数

LinearSVR()函数是一个支持向量回归的函数，支持向量回归不仅适用于线性模型，还可以用于对数据和特征之间的非线性关系。支持向量回归可以避免多重共线性问题，从而提高泛化性能，解决高维问题。

LinearSVR()函数的语法格式如下：

```
class sklearn.svm.LinearSVR(epsilon = 0.0, tol = 0.0001, C = 1.0, loss
='epsilon_insensitive', fit_intercept = True, intercept_scaling = 1.0, dual = True,
verbose = 0, random_state = None, max_iter = 1000 )
```

LinearSVR()函数常用参数及说明如表 11.3 所示。

表11.3　LinearSVR()函数常用参数及说明

参　　数	说　　明
Epsilon	浮点数，默认=0.0Epsilon 参数作用于对 ε 不敏感的损失函数中，注意，该参数的值取决于目标变量 y 的尺度，如果不确定，请设置 epsilon=0
Tol	浮点数，默认=1e-4 残差收敛条件
C	浮点数，默认=1.0 正则比参数。正则化的强度与 C 成反比。必须严格为正
Loss	{'epsilon_insensitive', 'squared_epsilon_insensitive'}，默认='epsilon_insesitive'指定损失函数。对 ε 不敏感的损失函数（标准 SVR）为 L1 损失，而对 ε 不敏感的平方损失函数（"squared_epsilon_insensitive"）为 L2 损失
fit_intercept	布尔值，默认=Truej 是否计算该模型的截距项。如果设置为 false，则在计算中将不使用截距项（也就是说数据应已居中）
intercept_scaling	浮点数，默认=1 当 self,flt_intercept 为 True 时，实例向量 x 变为[x,self,ilntercept_scaling]，即在实例向量上附加一个定值为 intercept_scaling 的 "合成" 特征。请注意，截距项将变为 intercept_scaling*综合特征权重！与所有其他特征一样，合成特征权重也要经过 11/12 正则比。为了减轻正则化对综合特征权重（同时也对对截距项）的影响，必须增加 intercept_scaling
Dual	布尔值，默认 =True 选择使用什么算法来解决对偶或原始优化问题。当 n_samples>n_features 时，首选 dual=False
Verbose	整数型，默认值=0 是否启用详细输出。请注意，此参数针对 liblonear 中运行每个进程时设置，如果启用，则可能无法在多线程上下文中正常工作
random_state	整数型或 RandomState 的实例，默认=None 控制用于数据抽取时的伪随机数生成。在多个函数调用之间传递可重复输出的整数值，请参阅词汇表
max_iter	整数值，默认=1000 要运行的最大迭代次数

下面通过本地数据中的波士顿房价数据集，实现房价预测。示例代码如下：

```
from sklearn.svm import LinearSVR              # 导入线性回归类
from sklearn.datasets import load_boston       # 导入加载波士顿数据集
from pandas import DataFrame                    # 导入 DataFrame

boston = load_boston()                          # 创建加载波士顿数据对象
# 将波士顿房价数据创建为 DataFrame 对象
```

```
df = DataFrame(boston.data, columns=boston.feature_names)
df.insert(0,'target',boston.target)            # 将价格添加至 DataFrame 对象中
data_mean = df.mean()                          # 获取平均值
data_std = df.std()                            # 获取标准偏差
data_train = (df - data_mean) / data_std       # 数据标准化
x_train = data_train[boston.feature_names].values  # 特征数据
y_train = data_train['target'].values          # 目标数据
linearsvr = LinearSVR(C=0.1)                   # 创建 LinearSVR 对象
linearsvr.fit(x_train, y_train)                # 训练模型
# 预测，并还原结果
x = ((df[boston.feature_names] - data_mean[boston.feature_names]) /
data_std[boston.
    feature_names]).values
# 添加预测房价的信息列
df[u'y_pred'] = linearsvr.predict(x) * data_std['target'] + data_mean['target']
print(df[['target', 'y_pred']])                # 打印真实价格与预测价格
```

运行结果如下：

```
    target    y_pred
0     24.0  28.345521
1     21.6  23.848394
2     34.7  30.010946
3     33.4  28.499368
4     36.2  28.317957
5     28.7  24.354010
6     22.9  22.169311
.........................................
500   16.8  19.879188
501   22.4  23.803012
502   20.6  21.463153
503   23.9  26.741597
504   22.0  25.299011
505   11.9  20.997042
```

在以上的运行结果中索引从 0 开始，共有 506 条房价数据，左侧为真实数据，右侧为预测的房价数据。

11.2.4 二手房数据分析

1. 清洗数据

在实现数据分析前需要对数据进行清洗工作,清洗数据的主要目的是减小数据分析的误差。清洗数据时首先需要读取数据内容，然后观察数据中是否存在无用值、空值以及数据类型是否需要进行转换等。清洗二手房数据的具体步骤如下：

（1）读取二手房数据文件，然后打印文件内容的头部信息。代码如下：

```
import pandas                                    # 导入数据统计模块
data = pandas.read_csv('data.csv')  # 读取 csv 数据文件
print(data.head())                              # 打印文件内容的头部信息
```

打印出的文件内容的头部信息如表 11.4 所示。

表11.4 二手房文件内容的头部信息

Unnamed:0	小区名字	总价	户型	建筑面积	单价	朝向	楼层	装修	区域
0	中天北湾新城	89 万元	2 室 2 厅 1 卫	89 平方米	10000 元/平方米	南北	低层	毛坯	高新
1	桦林苑	99.8 万元	3 室 2 厅 1 卫	143 平方米	6979 元/平方米	南北	中层	毛坯	净月
2	嘉柏湾	32 万元	1 室 1 厅 1 卫	43.3 平方米	7390 元/平方米	南	高层	精装修	经开
3	中环 12 区	51.5 万元	2 室 1 厅 1 卫	57 平方米	9035 元/平方米	南北	高层	精装修	南关
4	吴源高格蓝湾	210 万元	3 室 2 厅 2 卫	160.8 平方米	13060 元/平方米	南北	高层	精装修	二道

提　示

观察表 11.4 中打印的文件内容头部信息，首先可以判断 Unnamed:0 索引列对于数据分析没有任何帮助，然后观察出"总价""建筑面积"以及"单价"所对应的数据并不是数值类型，所以无法进行计算。

（2）首先将索引列"Unnamed:0"删除，其次将数据中的所有空值删除，两次分别将"总价""建筑面积"以及"单价"对应数据中的字符删除仅保留数字部分，然后将数字转换为符点类型，最后再次打印文件内容的头部信息。代码如下：

```
del data['Unnamed: 0']                                        # 将索引列删除
data.dropna(axis=0, how='any', inplace=True)      # 删除 data 数据中的所有空值
#将单价中的单位"元/平方米"去掉
data['单价'] = data['单价'].map(lambda d: d.replace('元/平方米', ''))
data['单价'] = data['单价'].astype(float)         # 将房子单价转换为浮点类型
data['总价'] = data['总价'].map(lambda z: z.replace('万', '')) #将总价中的单位"万
元"去掉
data['总价'] = data['总价'].astype(float)         # 将房子总价转换为浮点类型
# 将建筑面积中的单位"平方米"去掉
data['建筑面积'] = data['建筑面积'].map(lambda p: p.replace('平方米', ''))
data['建筑面积'] = data['建筑面积'].astype(float)  # 将建筑面积转换为浮点类型
print(data.head())                                # 打印文件内容的头部信息
```

打印清洗后数据的头部信息如表 11.5 所示。

表 11.5 打印清洗后数据的头部信息

小区名字	总价	户型	建筑面积	单价	朝向	楼层	装修	区域
中天北湾新城	89 万元	2 室 2 厅 1 卫	89.0 平方米	10000.0 元/平方米	南北	低层	毛坯	高新
桦林苑	99.8 万元	3 室 2 厅 1 卫	143.0 平方米	6979.0 元/平方米	南北	中层	毛坯	净月
嘉柏湾	32 万元	1 室 1 厅 1 卫	43.3 平方米	7390.0 元/平方米	南	高层	精装修	经开
中环 12 区	51.5 万元	2 室 1 厅 1 卫	57.0 平方米	9035.0 元/平方米	南北	高层	精装修	南关
吴源高格蓝湾	210 万元	3 室 2 厅 2 卫	160.8 平方米	13060.0 元/平方米	南北	高层	精装修	二道

2. 各区房子数量比例

在实现各区房子数量比例时，首先需要将数据按区域进行分组并获取每个区域的房子数量，然后获取每个区域与对应的二手房数量，最后计算每个区域二手房数量的百分比。具体步骤如下：

（1）通过 groupby()方法对房子区域进行分组，并使用 size()方法获取每个区域的分组数量（区域对应的房子数量），然后使用 index 属性与 values 属性分别获取每个区域与对应的二手房数量，最后计算每个区域房子数量的百分比。代码如下：

```python
# 获取各区房子数量比例
def get_house_number():
    group_number = data.groupby('区域').size()      # 房子区域分组数量
    region = group_number.index                      # 区域
    numbers = group_number.values                    # 获取每个区域内二手房出售的数量
    percentage = numbers / numbers.sum() * 100       # 计算每个区域二手房数量的百分比
    return region, percentage                        # 返回百分比
```

（2）在主窗体初始化类中创建 show_house_number()方法，用于绘制并显示各区二手房数量所占比例的分析图。代码如下：

```python
#显示各区二手房数量所占比例
def show_house_number(self):
    region, percentage = house_analysis.get_house_number()    # 获取房子区域与
二手房数量百分比
    chart.pie_chart(percentage,region,'各区二手房数量所占比例')    # 显示图表
```

图 11.13 所示为各区二手房数量所占比例的分析图。

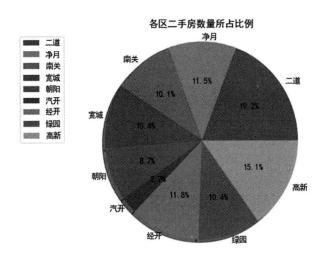

图 11.13　各区二手房所占比例分析图

3. 全市二手房装修程度分析

在实现全市二手房装修程度分析时，首先需要将二手房的装修程度进行分组并将每个分组对应的数量统计出来，再将装修程度分类信息与对应的数量进行数据的分离工作。具体步骤如下：

（1）通过 groupby()方法对房子的装修程度进行分组，并使用 size()方法获取每个装修程度分组的数量，然后使用 index 属性与 values 属性分别获取每个装修程度分组与对应的数量。代码如下：

```
# 获取全市二手房装修程度
def get_renovation():
    group_renovation = data.groupby('装修').size()   # 将二手房装修程度进行分组并统计数量
    type = group_renovation.index                      # 装修程度
    number = group_renovation.values                   # 装修程度对应的数量
    return type, number                                # 返回装修程度与对应的数量
```

（2）在主窗体初始化类中创建 show_renovation()方法，用于绘制并显示全市二手房装修程度的分析图。代码如下：

```
# 显示全市二手房装修程度分析
def show_renovation(self):
    type, number = house_analysis.get_renovation()  # 获取全市二手房装修程度
    chart.renovation_bar(type,number,'全市二手房装修程度分析')      # 显示图表
```

经过处理后的分析图如图 11.14 所示。

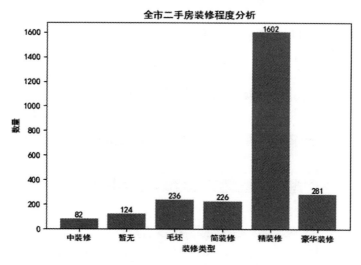

图 11.14　装修程度分析图

4. 热门户型均价分析

在实现热门户型均价分析时，首先需要对户型进行分组并获取每个分组所对应的数量，然

后对户型分组数量进行降序处理，提取前 5 组户型数据作为热门户型的数据，最后计算每个户型的均价。具体步骤如下：

（1）通过 groupby()方法对二手房的户型进行分组，并使用 size()方法获取每个户型分组的数量，使用 sort_values()方法对户型分组数量进行降序处理，然后通过 head(5)方法，提取前 5组户型数据，再通过 mean()方法计算每个户型的均价，最后使用 index 属性与 values 属性分别获取户型与对应的均价。代码如下：

```python
# 获取二手房热门户型均价
def get_house_type():
    house_type_number = data.groupby('户型').size()              # 二手房户型分组数量
    sort_values = house_type_number.sort_values(ascending=False)#将户型分组数量
进行降序处理
    top_five = sort_values.head(5)  # 提取前 5 组户型数据
    house_type_mean = data.groupby('户型')['单价'].mean()          # 计算每个户型的均价
    type = house_type_mean[top_five.index].index                 # 户型
    price = house_type_mean[top_five.index].values               # 户型对应的均价
    return type, price.astype(int)                               # 返回户型与对应的数量
```

（2）在主窗体初始化类中创建 show_type()方法，用于绘制并显示热门户型均价的分析图。代码如下：

```python
# 显示热门户型均价分析图
def show_type(self):
    type, price = house_analysis.get_house_type()    # 获取全市二手房热门户型均价
    chart.bar(price,type,'热门户型均价分析')
```

处理完成后将显示如图 11.15 所示的分析图。

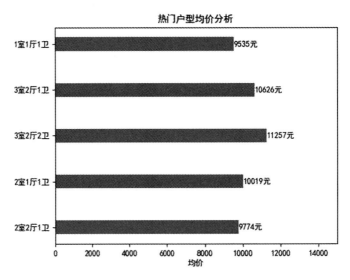

图 11.15　热门户型均价分析图

5. 二手房售价预测

在实现二手房售价预测时，需要提供二手房源数据中的参考数据（特征值），这里将"户型"与"建筑面积"作为参考数据来进行房价的预测，所以需要观察"户型"数据是否符合分析条件。如果参考数据不符合分析条件时需要再次对数据进行清洗处理，然后通过源数据中已知的参考数据"建筑面积"以及"户型"进行未知房价的预测。实现的具体步骤如下：

（1）查看源数据中"建筑面积"以及"户型"数据，确认数据是否符合数据分析条件。代码如下：

```
# 获取价格预测
def get_price_forecast():
    data_copy = data.copy()                # 复制数据
    print(data_copy[['户型', '建筑面积']].head())
```

打印"户型"以及"建筑面积"数据头部信息，结果如下：

```
      户型    建筑面积
0  2室2厅1卫   89.0
1  3室2厅1卫  143.0
2  1室1厅1卫   43.3
3  2室1厅1卫   57.0
4  3室2厅2卫  160.8
```

（2）从以上打印出的信息中可以看出，"户型"数据中包含文字信息，而文字信息并不能实现数据分析时的拟合工作，所以需要将"室""厅""卫"进行独立字段的处理，代码如下：

```
data_copy[['室', '厅', '卫']] = data_copy['户型'].str.extract('(\d+)室(\d+)厅(\d+)卫')
data_copy['室'] = data_copy['室'].astype(float) # 将房子的"室"转换为浮点类型
data_copy['厅'] = data_copy['厅'].astype(float) # 将房子的"厅"转换为浮点类型
data_copy['卫'] = data_copy['卫'].astype(float) # 将房子的"卫"转换为浮点类型
print(data_copy[['室','厅','卫']].head())        # 打印"室""厅""卫"数据
```

打印进行独立字段的处理后"室""厅""卫"的头部信息，结果如下：

```
     室    厅    卫
0  2.0  2.0  1.0
1  3.0  2.0  1.0
2  1.0  1.0  1.0
3  2.0  1.0  1.0
4  3.0  2.0  2.0
```

（3）将数据中没有参考意义的数据删除，其中包含"小区名字""户型""朝向""楼层""装修""区域""单价"以及"空值"，然后将"建筑面积"小于 300 平方米的房子信息筛选出来。代码如下：

```
del data_copy['小区名字']
del data_copy['户型']
del data_copy['朝向']
del data_copy['楼层']
del data_copy['装修']
del data_copy['区域']
del data_copy['单价']
data_copy.dropna(axis=0, how='any', inplace=True)    # 删除 data 数据中的所有空值
# 获取 "建筑面积" 小于 300 平方米的房子信息
new_data = data_copy[data_copy['建筑面积'] < 300].reset_index(drop=True)
print(new_data.head())                               # 打印处理后的头部信息
```

打印处理后数据的头部信息，结果如下：

```
       总价    建筑面积     室     厅     卫
0    89.0     89.0    2.0   2.0   1.0
1    99.8    143.0    3.0   2.0   1.0
2    32.0     43.3    1.0   1.0   1.0
3    51.5     57.0    2.0   1.0   1.0
4   210.0    160.8    3.0   2.0   2.0
```

（4）添加自定义预测数据，其中包含 "总价" "建筑面积" "室" "厅" "卫"，总价数据为 "None"，其他数据为模拟数据。然后进行数据的标准化，定义特征数据与目标数据。最后训练回归模型进行未知房价的预测。代码如下：

```
# 添加自定义预测数据
new_data.loc[2505] = [None, 88.0, 2.0, 1.0, 1.0]
new_data.loc[2506] = [None, 136.0, 3.0, 2.0, 2.0]
data_train=new_data.loc[0:2504]
x_list = ['建筑面积', '室', '厅', '卫']                 # 自变量参考列
data_mean = data_train.mean()                        # 获取平均值
data_std = data_train.std()                          # 获取标准偏差
data_train = (data_train - data_mean) / data_std     # 数据标准化
x_train = data_train[x_list].values                  # 特征数据
y_train = data_train['总价'].values                   # 目标数据，总价
linearsvr = LinearSVR(C=0.1)                         # 创建 LinearSVR 对象
linearsvr.fit(x_train, y_train)                      # 训练模型
# 标准化特征数据
x = ((new_data[x_list] - data_mean[x_list]) / data_std[x_list]).values
# 添加预测房价的信息列
new_data[u'y_pred'] = linearsvr.predict(x) * data_std['总价'] + data_mean['总价']
print('真实值与预测值分别为: \n', new_data[['总价', 'y_pred']])
y = new_data[['总价']][2490:]                          # 获取 2490 以后的真实总价
y_pred = new_data[['y_pred']][2490:]                 # 获取 2490 以后的预测总价
return y,y_pred                                      # 返回真实房价与预测房价
```

查看打印的 "真实值" 与 "预测值"，其中索引编号为 "2505" 和 "2506" 为添加的自定义的预测数据，打印结果如下：

真实值与预测值分别为：

```
         总价        y pred
0        89.0     84.714340
1        99.8    143.839042
2        32.0     32.318720
3        51.5     50.815418
4       210.0    179.302203
5       118.0    199.664493
. . . . . . . . . . . . . . . . . . . . . . . . . . .
2502     75.0    105.918738
2503    100.0    105.647402
2504     48.8     56.676315
2505      NaN     82.262082
2506      NaN    153.981559
```

（5）在主窗体初始化类中创建 show_total_price()方法，用于绘制并显示二手房售价预测折线图。代码如下：

```python
# 显示二手房售价预测折线图
def show_total_price(self):
    true_price,forecast_price = house_analysis.get_price_forecast()# 获取预测房价
    chart.broken_line(true_price,forecast_price,'二手房售价预测')    # 绘制及显示图表
```

全市二手房售价预测分析图如图 11.16 所示。

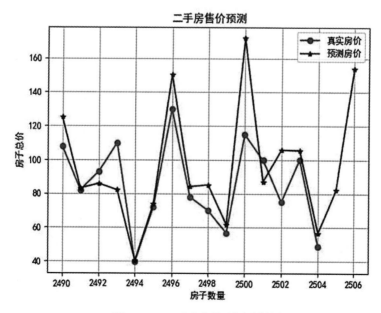

图 11.16　二手房售价预测分析图

> **提　示**
>
> 为了清楚地看清二手房售价预测，在折线图中仅绘制了索引编号为"2490"以后的预测总价，其中预测房价折线多出的两点为索引编号"2505"与"2506"的预测房价。

11.2.5　案例小结

本节使用 Python 开发了一个二手房数据分析预测系统，该项目主要应用了 Pandas 与 sklearn 模块实现数据的分析处理。其中 Pandas 模块主要用于实现数据的预处理以及数据的分类等，而 sklearn 模块主要用于实现数据的回归模型以及预测功能。最后需要通过一个比较经典的绘图模块 Matplotlib 将分析后的文字数据绘制成图表，从而形成更直观的可视化数据。在开发中，数据分析是该项目的重点与难点，需要读者认真领会其中的算法，以便读者开发其他项目。